북방 농업의 이해

북방 농업의 이해

발행일	2018년 5월 30일

지은이	서 완 수		
펴낸이	손 형 국		
펴낸곳	(주)북랩		
편집인	선일영	편집	권혁신, 오경진, 최예은, 최승헌, 김경무
디자인	이현수, 허지혜, 김민하, 한수희, 김윤주	제작	박기성, 황동현, 구성우, 정성배
마케팅	김회란, 박진관, 조하라		
출판등록	2004. 12. 1(제2012-000051호)		
주소	서울시 금천구 가산디지털 1로 168, 우림라이온스밸리 B동 B113, 114호		
홈페이지	www.book.co.kr		
전화번호	(02)2026-5777	팩스	(02)2026-5747

ISBN 979-11-6299-142-8 13520(종이책)   979-11-6299-143-5 15820(전자책)

잘못된 책은 구입한 곳에서 교환해드립니다.
이 책은 저작권법에 따라 보호받는 저작물이므로 무단 전재와 복제를 금합니다.

이 도서의 국립중앙도서관 출판예정도서목록(CIP)은 서지정보유통지원시스템 홈페이지(http://seoji.nl.go.kr)와
국가자료공동목록시스템(http://www.nl.go.kr/kolisnet)에서 이용하실 수 있습니다.
(CIP제어번호: CIP2018015106)

(주)북랩 성공출판의 파트너
북랩 홈페이지와 패밀리 사이트에서 다양한 출판 솔루션을 만나 보세요!

홈페이지 book.co.kr • 블로그 blog.naver.com/essaybook • 원고모집 book@book.co.kr

4차 산업 시대에 생각해보는
식량과 기근의 문제

북방 농업의 이해

서완수 지음

북한 핵 문제 탓에 뒷전으로 밀린
인류의 고민거리, 기근.
한반도를 둘러싸고 있는
중국, 러시아, 몽골, 북한 등
북방 나라들의 기근 문제를 심층 진단한다!

북랩 book Lab

머리말

북방이란 우리의 이웃 나라인 중국, 러시아, 몽골, 북한 등이다. 한 가지 공통분모는 모두 사회주의 국가로부터 시장경제를 이행했거나 진행 중이라는 점이다. 다만 북한은 제일 가깝고 한반도 내의 같은 민족이면서도 자유롭게 갈 수 없는 땅으로 남아 있고, 여전히 이념의 벽을 넘지 못하고 있다. 한국 여권 소지자가 별도로 비자를 받지 않고 입국할 수 있는 국가는 170여 개국이나 된다. 하지만 북한만은 국내 허가를 받아야 가는 먼 북방이다.

북방농업연구소는 1996년 설립되었으며, 해마다 2회에 걸쳐 《북방농업연구》를 펴내고 있다. 『북방 농업의 이해』는 여기에 발표되었던 글들을 모으고 자료를 새로 찾아 넣어 변화된 상황들을 설명하려고 노력했다. 책은 5장으로 나누었다. 북한을 제외하고 조사를 위한 답사를 하며 농업연구 관계자, 교수, 농민들을 현장에서 많이 만났다. 특히 중국엔 여러 해에 걸쳐 오가면서, 농촌 현장과 시험연구의 논과 밭을 찾아 다녔다. 따라서 이 책은 연구서라기보다는, 보고서에 가까운 책이다. 출장은 연구소의 각 분야 연구위원들과 동행했다.

1장에서는 중국 농업의 변천과 문제점, 농업 생산의 변화, 도시와 농촌, 지역 간, 계층 간의 소득, 그리고 한·중 FTA를 논의했다. 러시아와 관련해서는 전반적인 소개와 농업분야, 그리고 우리와 밀접한 관계를 가진 극동연방관구의 연해주 중심으로 농업 생산, 우리의 기업농 진출과 교역을 다루었다. 몽골은 사막을 빼고 '초원의 나라'라고 할 만큼 넓은 풀밭으로 가축이 많아, 농업 생산의 대부분이 목축에 집중돼 있다. 또한 기후변화와 함께 몽골 정부의 작물증산 정책, 그리고 밀과 유채, 채소 재배가 도입되면서 농업부문이 변화하는 추세에 있다. 몽골에 대해서는 이런 내용과 우리나라의 진출 가능성을 담아 보려고 했다. 북한은 가보지 않은 땅이지만 통계청과 FAO 통계를 이용했고, 농업분야에서 북한에 다녀온 인사들의 이야기를 들었다. 끝으로 5장에서는 한국의 해외 농업개발 현황과 문제점을 다루었다. 부록에서는 세계 기아의 문제와 가장 비극적이었던 몇 가지 예에서 기근의 원인과 경과를 찾아보았다. 또 우리나라 역사상 가장 비참했던 경신·을병 대기근을 짚어 보았다. 20세기 이후 기아와 빈곤은 대부분 전쟁과 이념의 갈등으로 인한 것이었다.

1995년 중국이 크게 변화되기 전, 베이징(北京)에서 옌지(延吉), 선양(沈陽) 등을 여행할 기회가 있었다. 유황을 탈취하지 않은 휘발유로 도시의 거리는 냄새로 지독했다. 풍부한 노동력으로 임금 수준은 우리의 10~15분의 1이었다. 2016년 20년 후 다시 찾아간 그곳의 변화는 상전벽해(桑田碧海), 그것이었다. 지리적으로 가까운 중국은 역사적으로 우리에게 정치, 경제, 군사, 문화 등으로 가장 많은 영향을 미쳐 왔다. 이념의 벽으로 오가지 못했던 중국은 개혁개방 40년에 이르는 오늘날, 다시 모든 면에서 한국을 압도하는 영향력을 행사하려고 한다. 농업분야에서도 마찬가지다.

한 나라의 수준을 가늠해 보는 기준으로 그 나라의 박물관, 시장과 농촌을 꼽는다. 이곳들을 둘러보면 주민들의 과거 역사와 현재, 그리고 생활수준을 알 수 있기 때문이다. 중국은 고속 성장을 이어가고 있다. 하지만 도시와 농촌, 계층, 지역 간의 소득 격차가 크고 농촌 지역의 인프라가 부족한 점, 환경오염 등은 해결해야 할 가장 큰 과제이다. 몽골의 지하자원은 풍부하지만, 자원 의존적인 수출로 인해 국제가격이 떨어지면 경제가 휘청거릴 지경으로 영향을 받는다. 러시아도 예외가 아니다.

원고를 정리하면서 난감한 일도 겪었다. 몇 달 동안 정리해 놓은 원고가

바이러스 감염으로 복구되지 않아 처음부터 다시 시작했다. 책이 나오기까지 여러 사람들의 도움을 받았다. 농촌진흥청의 용역 사업은 해외 농업·농촌 조사를 가능하게 해주었다. ㈜효림인트라는 20년간의 출연금으로 연구소의 운영과 《북방농업연구》의 출간을 크게 도와주었다. 북방농업연구소 조수연 박사와 성균관대 명예교수 오호성 박사는 초고를 끝까지 읽고 조언을 아끼지 않아, 책의 완성도를 높여 주었다. 참으로 송구하고 감사한 마음을 전한다.

한글 편집이 그리 익숙하지 않은 탓으로 연구소의 황해경 실장과 가족의 도움도 많이 받았다. 책상 앞에 앉아 있는 시간을 줄이고 운동을 해야 한다며 밖으로 끌어 한결같이 곁을 지켜준 아내 권태목에게 한없는 고마움과 사랑을 전한다.

용인시 수지구 성복동에서
2018년 5월
서완수

목차

머리말 4

 제1장 중국의 농업

1. 농업 생산의 기초와 체제의 변천 16

　가. 농업 기반 16
　　1) 농업지대의 구분 16　2) 수자원 18　3) 경지 19　4) 농촌 인구 20
　나. 농업 체제의 변천 22
　　1) 인민공사 체제(人民公社體制) 23　2) 농가생산 도급책임제(農家生產都給責任制) 25

2. 농업 생산량의 변화 28

　가. 1차 산업의 위상과 구성 28
　나. 경종부문의 구조 변화 31
　다. 원예작물 36
　라. 축산물 생산과 소비량 39

3. 중국 농업 문제와 정책 방향 42

　가. 삼농의 문제 42
　나. 농민공의 문제 43
　다. 도·농, 지역, 계층 간의 소득격차 47
　라. 중국의 농촌 현대화와 향진기업 50
　　1) 농촌 현대화 정책 50　2) 향진기업(鄉鎮企業) 52

4. 한·중 자유무역협정FTA 55
   가. 농업부문의 민감성과 타결 내용 55
   나. 한·중 농산물 무역의 전망 59

5. 맺는 말 62
참고문헌 66

 제2장 러시아의 농업

1. 러시아 연방의 개관 71
   가. 러시아 연방의 성립 71
   나. 러시아 연방의 행정구역 구성 71
   다. 경제 74

2. 러시아의 농업 76
   가. 러시아 연방 76
   나. 극동 연방관구(Far Eastern Federal District) 85

3. 극동 연방관구 연해주의 농업 88
   가. 연해주 농업의 자연환경 89
   나. 농축산물 생산 90

4. 한국 농기업의 연해주 진출 96
   가. 도전의 땅 연해주 96
   나. 한국의 농기업 진출 97
   다. 연해주 진출의 문제점 100
   라. 한·러와 한·연해주 교역 현황 106

5. 맺는 말 110
참고문헌 115

제3장 몽골의 농업

1. 몽골의 농업환경과 경제기반 120

    가. 자연조건 120

    　　1) 기후 120

    　　2) 토지의 이용 122

    나. 몽골의 경제적 기초 123

    다. 국제 경쟁력 125

2. 몽골의 농축산물 생산과 경영 및 유통 127

    가. 농업 생산 127

    　　1) 목축업 생산 128

    　　2) 농작물 생산 132

    나. 농축산물 경영 135

    　　1) 목축업 135

    　　2) 농산물 139

    다. 농축산물의 유통 142

    　　1) 축산물 142

    　　2) 곡물과 채소 146

    　　3) 축산물 가공 147

3. 한·몽 교역 동향 148

    가. 일반 무역 148

    나. 한·몽 농축산물 수출입 151

4. 몽골 농업 진출 가능성 152

    가. 김치 제조업 152

    나. 생태 관광상품의 개발 153

    다. 물류창고업(농산물 저장) 154

    라. 사료사업(농후사료, 건초사업) 155

5. 맺는 말 156

참고문헌 160

제4장 북한의 농업

1. 농업 생산 자원 164

   가. 자연환경 165

   나. 토지 자원 167

   다. 노동력 171

2. 식량 생산과 부족의 실상 175

   가. 자연재해 175

   나. 식량 생산 177

   다. 축산물 생산 182

   라. 공산체제의 붕괴 184

   마. 주체농법 186

3. 식량 부족의 원인과 개선책 189

   가. 제도적인 원인 189

   나. 투입재의 부족 192

   다. 재배 기술의 상대적 후진성 196

   라. 농지기반 조성과 관개시설 복구 200

4. 맺는 말 203

참고문헌 206

제5장 한국의 해외농업 개발현황과 문제점

1. 해외 농업개발의 필요성 210
   가. 우리나라 식량작물 생산과 수입 211
   나. 세계 주요 곡물의 수확면적과 생산량 216
   다. 곡물의 국제무역과 국내도입 219
   라. 국제 곡물가격의 동향 222

2. 해외 농업 진출의 현황 225
   가. 북방아시아 229
   나. 동남아시아 232
   다. 중앙아시아 237
   라. 기타지역 238

3. 진출지역 농업개발의 문제점 240
   가. 투자국과 기지국과의 토지 임차관계 240
   나. 해외생산의 농산물 도입 243

4. 맺는 말 245

참고문헌 249

☞ **부록: 세계의 역사적 기아에 관한 기록과
　　　　조선왕조의 대기근**

1. 기근(飢饉)의 원인과 측정 254

　　가. 기근과 기아(饑餓)의 정의 254

　　　　1) 자연적인 재해 254

　　　　2) 물리·인위적 원인 256

　　나. 기근의 측정: 세계기아지수(Global Hunger Index: GHI) 256

2. 세계의 역사적 기근에 관한 기록들 260

　　가. 세계의 역사적인 기근 260

　　　　1) 아일랜드(Ireland) 대기근 260

　　　　2) 우크라이나(Ukraine)의 홀로도모르(Holodomor) 264

　　　　3) 중국 허난성(河南省) 대기근 266

　　　　4) 마오쩌둥(毛澤東)의 대약진 운동(1958~1962년) 269

　　　　5) 상트페테르부르크(레닌그라드) 공방전 271

　　　　6) 일본의 에도(江戸) 4대 기근 273

　　나. 세계의 주요 기근 발생 연표 274

3. 조선왕조의 기록적인 기근 278

　　가. 경신 대기근 278

　　나. 을병 대기근 279

4. 맺는 말 283

참고문헌 288

제1장
중국의 농업

중국의 인구는 약 14억 명으로 세계인구의 약 20%를 차지한다. 2016년 기준 농촌 거주 인구는 전 인구의 약 42.6%이다. 경제활동 인구 중 농업에 종사하는 비율이 높지만, 경지 면적은 전 국토의 14%에 불과하다. 호당 경지 면적은 영세하고, 노동집약적인 자급농업이 특색이라고 볼 수 있다. 중국은 약 2억 5,000만 농가가 있으며, 농가 호당 평균 경지 면적은 0.5ha 정도이다.

중국은 예로부터 농업 국가였다. 경자유전(耕者有田)은 중국인의 꿈이었지만, 수많은 역대 왕조를 거치면서도 농민이 가난을 면한 경우는 거의 없었다. 특히 지난 세기 마오쩌둥(毛澤東) 치하의 1959~1962년 기간 중, 2천만 명 이상이 굶어죽는 사건이 발생했다. 재해가 가장 큰 원인이라고 하지만, 새로운 농촌구조 인민공사 체제하에서 일어난 일이다.

그러던 중국이 1978년 개방과 개혁을 시작하면서 전 산업분야의 놀라운 경제 성장을 이룩했다. 중국의 GDP는 영국, 독일, 일본을 넘어 이제 세계경제의 G2에 들어섰다. 중국의 동해안을 중심으로 발해만 일대의 경진익(京津翼) 지역, 중부의 양자강 하구를 중심으로 한 장강(長江) 델타 지역, 그리고 중국 남부의 주강(珠江) 델타 지역의 경제개발 권역화는 중국을 세계의 공장지대로 불리게 할 정도로 발전시켰다.

중국은 세계적인 농축산물 생산 국가이다. 농업부문의 식량생산은 1978년 3억 476톤을 좀 넘는 수준이었다. 그러나 2016년 약 6억 1,625만 톤으로, 약 200% 이상 증가되었다. 산업이 공업화되어 감에 따라 1차 산업 비중은 1980년 30%를 넘었으나, 해마다 계속 감소 추세에 있다.

  1992년 한국과 중국이 국교 정상화를 이루고 25년이 지난 오늘날 한·중은 정치, 국방, 외교, 경제와 무역, 교육문화 등 전 분야에서 과거의 단절되었던 기간을 뛰어넘었다. 2004년 한·중 무역은 한·미 무역을 앞서기 시작했고, 연간 2,000억 달러 이상의 교역으로 한국은 대중국 무역 의존도가 약 24%에 이르고 있다. 2012년 5월 중국 정부와의 FTA 협상을 시작한 지 3년이 지난 후 타결되었고, 국회의결을 거쳐 발효되었다. 이제 초민감 품목을 제외한 산업분야의 상품에 대한 상대국 진출 가능성을 논의할 수 있게 되었고, 관세인하 추세는 거스를 수 없는 대세로 변했다. 한국은 공산품이나 서비스 분야에서는 우위를 갖는다 할지라도, 농업 분야에서는 가격 면에서 경쟁력이 없다는 것이 일반적인 견해이다.

1
농업 생산의 기초와 체제의 변천

농업은 자연의 영향을 가장 많이 받는 산업으로서 주어진 토지, 기후, 수자원에 의해 좌우된다. 부존자원이 풍부하더라도, 농업기술이나 사회간접자본이 빈곤하면 생산성은 뒤처질 수밖에 없다. 중국은 넓은 땅을 가지고 있어 지역에 따라 농업 활동의 형태가 다르고, 주민들의 식생활에도 차이가 있다. 장강(長江=揚子江)을 중심으로 북쪽 지역은 강수량이 부족해 밭농사가 일반적이고, 남쪽 지역은 벼농사가 대부분을 차지한다. 동부 지역에서는 맥작과 미작이 이루어지는 반면, 서쪽의 주변부에서는 목축과 오아시스 농업이 이루어고 있다.

가. 농업기반

1) 농업지대의 구분

중국의 권역 구분은 기후, 지형, 행정 등 편의에 따라 구분되고, 일정하게 고정돼 있는 것은 없다. 다만 역사적으로 오랫동안 사용돼 오던 구분이 고정되어 일반적으로 통용되고 있을 뿐이다. 동북지역(黑龍江, 吉林, 遼寧), 화북지역(內蒙古自治區, 河北, 山西), 화동지역(山東, 江蘇, 安徽, 浙江, 江西, 福建), 화중지역(河南, 湖北, 湖南), 화남지역(廣東, 廣西自治區, 海南), 서북지역(陝西, 寧夏自治區, 甘肅, 靑海, 新疆自治區), 서남지역(貴州, 四川, 雲南, 西藏自治區)의 6개 권역으로 나눈다. 그러나 농업지대 구분은 좀 더 세분화되어 9개 지역으로 나누고, 지역의 위치와 기후, 주요 농산물 생산을 설명하고 있다(표 1-1).

표 1-1. 중국의 농업지대 구분

구분	지역	기후	주요 농산물
1. 동북부 농업지대	흥안령 산맥의 동부지역, 요령성, 길림성, 흑룡강성, 191개 현, 953km²	평균기온 4~9℃, 무상일수 80~180일, 강수량 500~700mm	대두, 옥수수, 벼, 춘파맥, 잡곡 (조, 수수)
2. 북부 농업지대	만리장성 이북 내몽골, 북경시 이북, 산서성, 섬서성, 영하회족 자치구 130개 현	강수량 남부 500mm, 강수량 서부 200~300mm, 평균기온 5~10℃, 무상일수 100~150일	목축업의 발전, 낙농, 양, 염소, 육우, 양계 사육, 유지작물, 잡곡 재배
3. 동부 농업지대	북경, 천진, 하북성, 산동성, 하남성, 안휘성, 강소성 등 375개 현 444천km²	평균기온 12.5~13.5℃, 무상 기간 175~220일, 강수량 500~800mm	밭작물 중심. 사과, 배, 잡곡 등 연 2모작 벼- 녹비, 벼-추파맥, 대두
4. 황토고원 농업지대	중남부 산서성, 서부 하남성, 남부 감숙성, 동부 청해성의 황토고원 지대로 1,000~1,500m	온대기후 지대 9~11℃, 무상 기간 200~220일, 강수량 400~500mm	축산, 내한성의 밭작물 재배 위주에서 고랭지 채소 재배로 전환
5. 양자강 중 하류 농업지대	강소성, 절강성, 강서성, 호북성 서부, 호남성, 복건성, 광동성, 광서장족 자치구 544개 현, 969천km²	내수면 어업 발달. 평균기온 16~18℃, 강수량 800~2000mm, 무상 기간 210~300일	토양이 비옥해 곡물과 경제작물 주산지. 벼, 유채, 양잠, 담수어업
6. 서남부 농업지대	호남, 호북의 서부, 운남성, 사천성, 귀주성, 섬서성의 일부, 광서장족 자치구 북부, 432개 현	아열대, 평균기온 16~19.5℃, 강수량 800~2000mm	논 면적 40%, 벼, 유지작물, 사탕수수 담배, 차, 감귤, 양잠
7. 남부 농업지대	복건성, 광동성, 광서장족 자치구, 운남성 남부, 191개 현 496천km²	평균기온 21~24℃, 무상 기간 300~365일, 강수량 1500~2000mm	벼 연중재배 가능, 곡물 3~4회, 채소, 양잠, 사탕수수, 열대과일 주산지
8. 북서부 농업지대	내몽골 서부, 영하회족 자치구 북부, 감숙성 중북부, 신강위구르 자치구	한랭 건조기후, 강수량 250mm, 95%, 사막과 황무지, 경지 면적 2% 미만	유목 형태의 목축업이 성행, 관개농업으로 채소, 과수농업의 주산지
9. 서남부 농업지대	서장, 청해성, 감숙성, 사천성 서부, 운남성 서북부 지역 중국 면적의 23%, 고도 4,500m의 고원	한랭 건조, 250~500mm, 여름 평균기온 10℃, 절대무상 기간이 없음	축산업이 주종. 동남부 낮은 계곡은 보리 완두, 감자, 유채 재배

자료: 중국의 지대구분과 농업특성, 1993, 국제농업학회지에서 작성

2) 수자원

수자원을 좌우하는 것은 강수량이다. 몬순기후 지대에 속한 중국은 강우량에 있어서도 당연히 계절풍의 영향을 받는다. 계절풍의 한계선을 따라 사막화와 토양유실, 호수의 염기화 등의 뚜렷한 특징이 나타나고 있다. 장강(揚子江)을 중심으로 남부지역에는 1,000㎜ 이상의 많은 비가 내리는 곳이 있지만, 북쪽과 서쪽으로 진행될수록 강우량은 적어진다. 경지 면적이 넓고 인구가 많은 화북지역과 동북3성 지역은 6월에서 9월 사이에 강우량이 집중돼 있다.

중국의 서북, 동북과 화북 지역의 성(省)은 연간 평균 강우량이 600㎜ 이하인 곳이 대부분이다. 중국 땅 전체의 약 절반가량이 고원과 사막을 포함하는 건조지대로 구성돼 있다. 중국 수자원의 또 다른 특징은 남쪽의 양자강과 북쪽의 황하를 포함하는 몇 개의 강들이 대륙을 가로질러 흐를 뿐이고, 다른 강들은 상대적으로 그리 길지 않거나 이웃나라들과 수자원을 공유하는 경우가 많다는 것이다. 한 예로 압록강과 두만강은 한반도와 접해 황해와 동해로, 흑룡강과 우수리강은 러시아와 국경을 이루고 만주의 내부를 흐르는 송화강과 삼강(三江)에서 만나 아무르강을 이루면서 타타르(Tatar)해협*으로 흐른다.

중국의 동쪽으로 흐르면서 중국 전역을 통과하는 중요한 세 강은 황하, 장강, 주강(珠江)이다. 내륙하의 대표적인 강은 신강 자치구의 타림하(塔里木河)가 대표적이다. 분지 주위나 고산지구에서 발원하는 내륙 하천은 대부분 산지의 눈과 얼음이 녹은 물이 그 수원을 조달하고 있어서 산지에서는 하천의 유량이 풍부하다. 하지만 산지를 벗어나면 사막으로 유입되거나 증발이 심해, 일반적으로 하천의 길이가 짧고 수량이 적다.

중국의 동남부와 서북부는 현저한 고도차이가 존재하고, 그에 따른 자원분포의 불균형 현상도 있으며, 특히 수자원의 동남부 편중 현상이 뚜렷하다.

---

* 러시아 하바롭스크 지방과 사할린 섬 사이에 있는 해협.

3) 경지

중국의 국토면적은 세계 4위이다. 그러나 1ha의 경지 면적에서 부양해야 할 인구는 선진국 평균 1.8명, 개도국 평균 4.0명인 데 비해, 중국은 평균 8.0명으로 많다. 전체 토지 중 농업용지의 비중이 매우 낮아서 중국의 경지 면적은 1.35억ha를 약간 상회하는 수준이며, 이는 전체 토지 면적 960만k㎡의 약 14%에 불과하다.

표 1-2. 토지 이용에 따른 분류와 면적

이용 유형(만k㎡)			지형(만k㎡)		
구분	면적	%	구분	면적	%
경지	134.9	19.7	산지	320	33.3
과수원	14.3	2.1	고원	250	26.0
산림지	252.9	37.0	분지	180	18.8
목초	219.4	32.1	평원	115	12.0
기타 농용지	23.7	3.5	구릉	95	9.9
주택지 및 광산	31.8	4.6			
교통운수 용지	3.7	0.5			
수리시설	3.6	0.5			

자료: 『중국통계연감 2017』

경지 외에 앞으로 이용 가능 황무지가 3,535만ha, 이용 가능 초지가 3억 1,333만ha, 경지 면적 중 가뭄의 영향을 받지 않고 물을 댈 수 있는 면적은 2016년 67,140.6천ha로서, 1980년 44,888. 1천ha보다 19,651.4만ha나 증가해 30% 이상 증가했다. 화학비료 사용량도 1980년에 비해 약 4.6배 증가해, 5,984.1만 톤을 사용했다(표 1-3).

표 1-3. 경지의 관개 면적과 비료 사용량

연도	경지 관개 면적 (천ha)	사용량				
		(만 톤)	질소	인산	가리	복합비료
1980년	44,888.1	1,269.4	934.2	273.3	34.6	27.2
1985년	44,035.9	1,775.8	1,204.9	310.9	80.4	179.6
1990년	47,403.1	2,590.3	1,638.4	462.4	147.9	341.6
1995년	49,281.2	3,593.7	2,021.9	632.4	268.5	670.8
2000년	53,820.3	4,146.4	2,161.5	690.5	376.5	917.9
2005년	55,029.3	4,766.2	2,229.3	743.8	489.5	1,303.2
2010년	60,347.7	5,561.7	2,353.7	805.6	586.4	1,798.5
2016년	67,140.6	5,984.1	2,310.5	830.0	636.9	2,207.1

자료: 『중국통계연감 2017』

4) 농촌 인구

<그림 1-1>에서 2016년 중국의 농촌 인구는 전체 인구의 45.2%로, 1950년 88.8%에 비하면 반 가까이 감소했다. 그러나 선진국의 농촌 인구 비율에 비하면 아직도 높다고 할 수 있다. 중국은 2011년에 처음으로 도시 인구가 농촌 인구를 앞서기 시작했다. 영국의 경우 공업화 추진 후 약 200년, 미국은 약 100년, 일본은 약 30년 걸린 '도시화 비율 50% 고지'를 중국은 30여 년 만에 넘은 것이다.

그림 1-1. 연도별 도시와 농촌의 인구 구성 변화(1950~2016년)

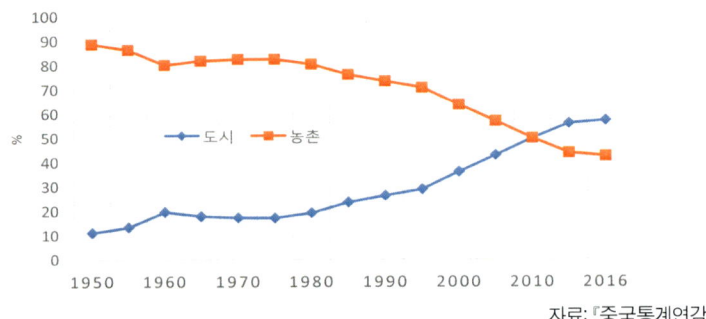

자료: 『중국통계연감 2017』

농촌 인구가 모두 농업에 종사하는 것은 아니다. 농촌에도 2, 3차 산업 부분이 존재하고 있기 때문이다. 그러면 농촌 잉여 노동력은 어떻게 측정되는가? 쉽게 말해 주어진 조건하에서 벼 1톤을 생산하는 데 현재 10명이 종사한다. 그러나 이 중 4명을 뽑아내고 6명이 1톤을 생산할 수 있다면, 4명은 잉여 노동력이라고 할 수 있다. 농업 종사 노동력에서 현재 생산기술 조건하에서 농업이 수요로 하는 노동력 수량을 뺀 것이다.

중국 발전개혁위원회의 장기 추계에 따르면, 농촌 인구는 2020년엔 6억 5,000만 명 수준으로 줄고, 도시 인구는 같은 기간 5억 4,000만 명에서 8억 3,000만 명으로 보고 있다.

1978년에 비해 식량 생산량은 두 배로 증가했지만, 아직도 농촌을 떠나는 농민공은 계속 증가하고 있다. 2008년 농민공은 22,542만 명으로 진입한 이후 계속 증가해 2016년 28,171만 명으로 집계되고 있다. 농민공의 수적 증가와 함께 나타난 또 하나의 현상은 '민 공황(民工荒: 농민공의 부족 현상)'이 연해지역에서 내륙으로 확산되고, 계절성 문제에서 보편성 문제로 바뀌고 있다는 점이다. 이런 현상이 나타난 근본 원인은, 농촌의 잉여 노동력이 부족해지면서 농민공 수급 관계에 심각한 변화가 나타나고 있기 때문이다.

2004년부터 민 공황이 출현했으나, 당시에는 주로 주강삼각주(珠三角), 저장성(浙江省) 동남부, 푸젠성(福建省) 동남부 등 일부 지역에 국한되었다. 그런데 2009년 이후 출현한 민 공황은 위의 지역뿐만 아니라 장강 삼각주(長三角), 환발해(环渤海), 나아가 중서부 지역까지 포함한다. 다시 말하면 민 공황이 전국적으로 확대된 것이다. 공급 측면에서 농촌 잉여 노동력 감소의 주요 원인은 두 가지 방면으로 나누어 볼 수 있다. 첫째, 인구증가 둔화가 일반 노동력의 주요 원천인 농촌의 인구증가량 감소를 초래했고, 둘째, 교육 발전과 대학의 입학정원 확대로 노동시장에 진입하는 농촌 신규 노동력 수가 감소했기 때문이다. 이에 대해서는 중국의 농업 문제에서 좀 더 살펴보기로 한다.

나. 농업 체제의 변천

산업이 발달되지 않은 시대에 중앙정부의 재원은 토지로부터 나오는 산물에서 시작되었다. 왕조의 보다 많은 재원확보를 위해 토지를 중심으로 한 조세제도를 제정하고 시행하며 변천해 왔다.

1911년 손문(孫文)이 주도한 신해혁명(辛亥革命)으로 청(淸) 왕조가 무너지고 중화민국이 탄생했다. 당시 장개석과 마오쩌둥이 이끄는 국민당과 공산당의 국공 합작 항일전쟁으로 일본이 패망함에 따라 중국은 전승국의 지위를 얻었다. 그러나 다시 양 세력 간의 치열한 내전을 치르면서 장개석 국민군은 기득권의 지위와 우세한 전력, 그리고 상당한 미국의 원조 등 절대적으로 유리한 조건을 차지했다. 그러나 전술 부재와 내부적 부패가 만연되었다. 반면 장개석 군대에 쫓겨 연안 대장정(延安大長征) 등 엄청난 고난과 시련을 겪으면서도 특히 농촌의 민심을 얻은 마오쩌둥의 공산군은 마침내 1949년 말경 장개석을 대만으로 몰아내고 중국대륙의 패자로 등극, 그해 10월 북경에서 중화인민공화국 수립을 정식 선포했다.

공산당은 농촌을 중심으로 신 해방구를 설정하고 도시를 거점으로 하는 국민당에 대항해 전국적으로 확대해 갔다. 오랜 기간에 걸친 항일전쟁 뒤의 내전이라 정세는 복잡했고, 철저한 토지개혁을 수행하기도 쉽지 않았다. 그럼에도 이 당시에 '중국토지법대강(中國土地法大綱)'이 제정되어 공포되었다. 이 대강은 과거 해방구에서 실시된 토지법에 비해 토지의 강제적 분배라는 더욱 급진적인 내용을 담고 있었다.

내전에서 승리했다고 하나, 중국 공산당이 물려받은 객관적 조건은 반봉건 반식민지 유산과 붕괴 직전의 경제 상황이었다. 따라서 반봉건적 식민 잔재를 청산하고 경제구조를 전면적으로 개편해 경제 회복의 기초를 다지는 것이야말로 정부수립 초기의 지상 과제였다. 이런 과제를 해결하기 위해 중국 정부가 추진한 중점 사항은 세 분야이다. 첫째, 관료자본의 몰수, 둘째, 재정경제 업무의 통일적 관리, 셋째, 토지개혁의 철저한 진행 등이었다.

이 중 토지개혁과 관련된 내용만 요약하면 다음과 같다. ① 지주계급에 의한 봉건적 수탈의 대상인 토지에 대해 종래의 토지소유제를 폐지하고, 새로운 농민적 토지소유제를 실행한다. ② 농업 생산력을 발전시킨다. ③ 신중국의 공업화를 위한 토대를 마련한다.

이런 토지개혁으로 인한 사회구조가 변하고 의욕이 향상되면서 생산성 회복이 두드러졌다고는 하나, 대부분의 농촌 인구가 빈곤의 수준을 탈피한 것은 아니었다. 1인당 경작 면적은 영세했고, 경영 방법은 낙후했으며, 각종 자연재해 등으로 생산성 제고에는 한계가 있었다. 이런 난관을 극복하기 위해 공산당과 정부는 사회주의화를 서두르고 농업 부문의 집단화, 협동화 사업을 구체화해 나갔다.

그 과정은 초기의 농업 생산 호조조(互助組)* 결성에서 시작하여 초급 및 고급 농업합작사(合作社)**를 거쳐, 인민공사 체제로 변모했다.

1) 인민공사 체제(人民公社體制)

중국 정부가 처음으로 실시한 경제계획인 제1차 5개년 계획 기간(1953~1957년)에 농업 생산성은 연평균 4.5%의 성장을 보였다. 하지만 같은 기간에 인구가 폭발적으로 증가하고 자연재해가 겹치면서, 식량 수급 상황은 오히려 악화되었다. 이런 애로사항을 극복하기 위해 1958년부터 한편에선 '대약진운동(大躍進運動)'을 전개하고, 다른 한편에선 '인민공사(人民公社)'를 조직하기에 이르렀다. 정부는 '농촌에 있어서 인민공사 문제의 결

---

* 빈농과 중농을 중심으로 약 6~10호 내외의 농가를 한 단위로 조직, 토지, 가축, 농기구 등 대부분 생산 자재는 사적 소유를 계속 허용하면서, 일부 대 농구를 중심으로 공동 이용이 이루어졌다. 계절적 혹은 연중 농업 협력체로서의 역할을 담당토록 했다.

** 사회주의 제도의 우월성을 확보하기 위해 1952년부터는 초급 농업합작사 제를, 1956년부터는 고급 농업합작사 제를 적극 보급. 초급 농업합작사는 대략 30~40호를 한 단위로 구성하고, 토지, 가축, 농기구 등의 사적 소유는 인정하면서, 이들 생산수단 중 일부와 노동력을 합작사에 제공해 집단적으로 작업하는 형태이다. 대략 5개 내외의 초급 합작사를 통합해 하나의 고급 합작사를 구성했다.

의(1958년 5월 29일)'를 발표하고, 종래 고급 합작사를 통합, 확대해서 인민공사 조직에 착수했다.

당시 인민공사가 이미 26,578개 있었다. 그러므로 3~4개의 향(鄕) 단위가 1개의 인민공사를 구성하고, 하나의 현(縣)에 평균 14개의 인민공사가 존재하게 되었다. 1개의 인민공사는 대략 5,000여의 농가를 포괄하는 거대조직이 되었다. 당시의 총 경지 면적이 약 9천 3백만ha(14억 畝) 정도였으므로, 1개 인민공사당 약 3,330ha(약 5만 畝)를 경영하게 된 것이다.

인민공사는 '인민공사 관리위원회-생산대대-생산대'로 이어지는 3단계로 구성돼 있었다. 관리위원회는 통괄기구로서 구역 내 모든 산업과 행정업무를 총괄했다. 생산대대는 관리위원회의 지도를 받아 납세, 식량공급, 소득분배, 생산대의 지도 등을 담당했는데, 독립채산제로 운영했다. 생산대는 농민들로 구성된 기초 생산단위이다.

인민공사란 마오쩌둥이 실천에 옮기려던 이상향 건설이었다. 농민이 원하는 때에 원하는 만큼 일하고, 먹고 싶을 때 배불리 먹을 수 있는 사회를 건설하기 위해 국가 권력을 이용한 사례라고 볼 수 있다. 설상가상으로 1959~1961년 사이에 극심한 자연재해가 발생하여 농업 생산이 격감했다. 이 시기에 2,000만 명 이상의 아사자가 발생했다.

주요 농산물에 공정가격을 설정하고 농민은 이 공정가격으로 전량을 국가에 매각할 것이 강요되었다. 이 공정가격은 낮게 책정돼 있었고, 농민은 마음대로 농산물을 판매하는 것이 금지되었다. 한편 도시와 농촌 호적을 구분해 농민이 도시로 이주하는 것을 엄격하게 제한했다. 도시 노동자의 저임금을 보장해 주고, 호적제도로 도시 인구 증가를 막았던 것이다.

농산물 가격통제, 투입재의 상대적 고가격 정책, 한정된 농지에 높은 인구 압력 등 복합적인 요인으로 농산물은 증수로 연결되지 않았다. 모든 것이 인민공사의 것이었고, 토지에 얽매인 농민은 노동자에 불과했으며, 출구 없는 피폐 상황에 놓여 있었다. 이런 폐색 현상을 돌파한 것은 농가생산 도급책임제의 도입이었다. 〈표 1-4〉는 시기별로 주요 사건과 함께 농업 체제의 변화를 약술한 것이다.

2) 농가생산 도급책임제(農家生產都給責任制)

1950년대부터 1970년대 사이에 실시된 중국 농업의 공사화(公社化)와 기계화 운동은 성공할 수 없었다. 이는 중국 농업이 자연, 경제 등 내부조건의 요구를 무시하고, 줄곧 강제적인 변화만을 추구했기 때문이다. 1978년부터 시작된 개혁개방은 한 시대의 종언인 동시에 새로운 시대의 시작이었다. 그것이 농촌에서는 인민공사의 해체와 가정연산승포책임제(家庭联产承包责任制) 시행이라는 토지제도의 개혁으로 나타났다.

'가정연산승포책임제'에서 가정은 개별 농가를 의미하고, '연산'은 생산과 연계한다는 의미이며, '승포'는 청부 혹은 도급을 의미한다. 따라서 농가생산 도급책임제는 비록 1980년대에 농촌 토지제도 개혁의 핵심으로 시작했지만, 지금까지 약간의 수정 보완을 거친 당시의 제도가 그대로 시행되고 있다. 따라서 농가생산 도급책임제를 이해하는 것은 농촌경제와 토지제도를 이해하는 데 큰 도움을 준다.

농가생산 도급책임제는 농가가 집체 소유의 토지를 포함한 주요 생산수단을 도급받아 생산에 임하는 생산경영 방식이다. 인민공사가 해체되었지만, 토지소유권이 집체 단위에 귀속하면서 발생한 독특한 형식의 생산경영 방식이다.

표 1-4. 중국 농업 체제의 주요 역사적 변천

시기	주요 사건	농업 체제의 변화
1949년 이전	국민당(장제스)과 공산당(마오쩌둥)의 내전	지주제
1949년	중화인민공화국 공산정권 수립	토지개혁, 농업의 집단화 추진 합작사 (토지와 농기구, 가축의 공동 소유)
1958년	사상개조대 약진 운동, 1959~1962년 기간 중 재해로 2천만 명 이상 아사	인민공사 설립: 26,000여 개 공사가 생김. 하나의 공사는 공장, 상점, 병원경영, 교육기관과 민병대를 갖춘 종합조직임
1966년	문화대혁명 (1966~1976년)	철저한 사회주의 농업 체제, 인민공사의 강화 (토지의 국가소유, 농민은 임금 노동자)
1978년 이후	개혁과 개방 정책으로 전환	인민공사 해체(1984년), 농가생산도급책임제 실시 (토지는 공유이나 토지의 장기 임대, 사용권, 양도 등 사유에 가까운 토지이용 인정), 만원호(萬元戶)*의 등장

　사실 농촌개혁의 발단은 1978년 12월 12일, 가난한 농촌의 대명사였던 안후이성 펑양현 샤오강촌(安徽省 凤阳县 小岗村)에서 시작되었다. 촌락의 전 농가 18세대가 비밀회의를 열어, 협의 끝에 3개 항목으로 이루어진 서약서를 만들고 선서한 후 지장을 찍었다.

　내용은 ① 위쪽(정부)은 속여도 아래(동료)는 속이지 않으며, 어떤 일이 있어도 외부에 누설하지 않는다. ② 국가 상납분과 집단 보유분을 절대 속이지 않는다. ③ 만일 발각되어 체포되는 사람이 나올 경우 아이들은 18세까지 전 농가가 책임지고 양육한다는 것이었다. 샤오강촌 농민들이 정부의 승인 없이 몰래 실시하려 한 것은, 각 농가가 농작업을 도급받아 정액 상납분을 뺀 나머지를 자신들의 몫으로 나눈다는 청부생산(나중에 '농가생산 책임제'로 불림)의 내용이다.

　1978년 당시 아직 인민공사 체제가 완전히 해체되지 않고 있는 상황에

---

* 경영의 확대, 무역 등으로 많은 소득을 올리는 농가

서 농지를 개별 농가가 나누어서 독자 경영을 한다는 것은 인민공사 시기의 통일 경영을 부정하고 개혁을 시도하는 것이다. 따라서 사회주의 체제를 부정하는 것으로도 해석할 수 있었다.

그런데 소강촌의 모험은 1년여 후인 1979년 10월 기적으로 변해 있었다. 1979년 샤오강촌(小岗村)의 식량 생산량은 66톤이었는데, 이 규모는 1966~1970년까지 5년 동안 샤오강촌에서 생산한 총 식량생산에 맞먹는 양이었던 것이다. 1980년 5월 31일 덩샤오핑(鄧小平)이 샤오강촌 일을 공개적으로 지지하면서, 전국적으로 보급할 수 있는 길까지 열렸다. 중앙 정부의 적극적 지지하에 1983년에는 전국 농촌의 약 93%에서 유사한 형태의 도급제가 실시되었다.

처음에는 3년으로 짧았던 청부기간이 후에 15년, 나중에는 30년으로 연장되어, 농촌의 경제적인 구조에 큰 변화를 주었다. 사회주의의 상징이며 20년간 계속되어 온 인민공사 체제가 샤오강촌 비밀회의가 있은 지 불과 수년 만에 해체돼 버린 것이다. 농가생산 도급책임제란 개별 농민 가구에 농토, 즉 땅을 빌려주고, 이들의 농사짓는 방식, 즉 농업 경영의 자주권을 인정하고, 또 국가에 바칠 일정량의 생산물을 제외하고 잉여 농산물을 팔아 개인적 소득을 올릴 수 있게 하는 제도이다. 이 방법이 시행되면서 엄청난 생산 효율성 증대와 함께 생산 의욕을 일으켜 식량생산 증대를 가져왔다.

그뿐 아니라 농민은 자신이 일해 마련한 자금을 밑천으로 비농업 분야로 진출했다. 향진기업의 급성장이 시작된 것이다. 토지의 집단소유와 호적제도는 그대로 남아 있었지만, 농촌은 큰 변모를 경험하게 되었다. 향진기업은 '중국의 농촌 현대화와 향진기업'의 논의에서 더 다루기로 한다.

농업 생산량의 변화

가. 1차 산업의 위상과 구성

중국의 식량 생산량은 1978년 개혁개방 이래 35여 년이 지난 오늘날 2016년 기준 61,625만 톤으로, 1978년도보다 두 배 정도를 생산했다. 이 같은 결과는 본격적으로 시행된 국가 경제발전 계획이 순조롭게 추진되고, 소기의 성과를 이루었기 때문이다.

<그림 1-2>은 중국의 산업별 생산액 구성의 변화 추이를 보여준다. 개방개혁 당시의 산업구성 비율은 1차 산업 비중이 3차 산업을 앞서고 있어 27.9%를 나타내고 있으나, 2016년에는 8.6%로 감소돼 있다. 반면 3차 산업의 비중은 51.6%로 2차 산업을 앞서가고 있다. 이는 산업구성이 선진국 유형으로 바뀌고 있음을 보여준다. 2016년 중국의 GDP는 74조 4127.2억 위안으로, 이 중 1차 산업이 차지하는 비중은 6조 3,670.7억 위안이었다.

그림 1-2. 중국의 산업 구성의 변화(1978~2016년)

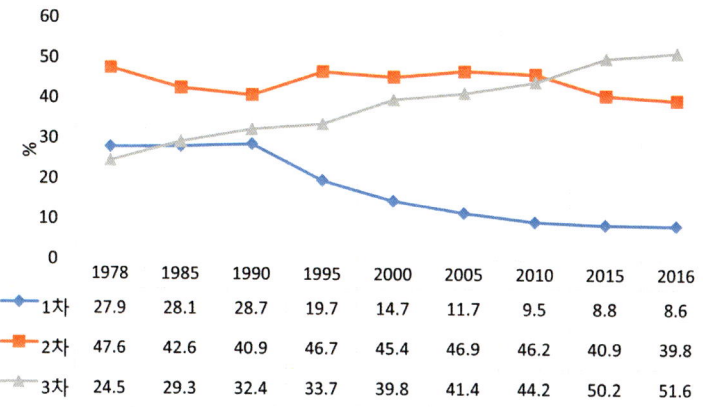

자료: 『중국통계연감 2017』

<표 1-5>는 개혁개방 이후의 산업별 고용구조의 추이를 나타내고 있다. 1978년 총 취업자는 40,152만 명에서 2016년 총 고용인원 77,603만 명으로, 1.9배 이상 증가했다.

표 1-5. 산업별 고용구조의 변화(1978~2016년) (단위: 만 명(%))

구분	1978년	1990년	2000년	2010년	2016년
총취업자	40,152	64,749	72,086	76,105	77,603
1차 산업	28,318 (70.5)	38,914 (60.1)	36,043 (50.0)	27,931 (36.7)	21,496 (27.7)
2차 산업	6,945 (17.3)	13,856 (21.4)	16,219 (22.5)	21,842 (29.7)	22,350 (28.8)
3차 산업	4,890 (12.2)	11,979 (18.5)	19,823 (27.5)	26,332 (34.6)	33,757 (43.5)

자료: 『중국통계연감 2017』

개방 초기의 고용구조는 70.5%가 1차 산업 부문에 종사했고 2, 3차 산업에는 각각 17.3, 12.2%가 고용되어 일하고 있었다. 38년이 지난 2016년 1차 산업 고용 비중은 30% 미만으로 감소한 반면, 2, 3차 산업은 각각 28.8, 43.5%로 크게 늘어났다. 특히 3차 산업의 고용인구가 크게 팽창하여, 구조 구성의 3배 이상이 되었고, 2차 산업이 17.3%에서 28.8%로 변동되었다. 고용구조의 조정이 크게 변화했지만 1차 산업 부문의 생산물이 감소한 것은 아니며, 산업별 성장과정에서 2, 3차 산업에 비해 상대적으로 저성장이 지속됐기 때문이다.

중국의 공업화와 도시화가 빠르게 진행됨에 따라 농업부문 종사 인구는 크게 감소 추세를 보인다. 1978년 28,318만 명이던 1차 산업 취업인구는 2016년 21,496만 명으로 약 42.8%나 대폭 감소했고, 6,822만 명 이상이 2, 3차 산업으로 자리를 옮겼다.

<그림 1-3>은 1980년과 2016년의 농림축수산업의 생산액 구성을 보여준다. 개방 초기의 1차 산업 생산은 농업부문에 편중되어 76%나 되었고, 축산 18%, 그리고 임업과 수산이 각각 4%와 2%를 점유했다. 2016년 생산액 구성은 큰 폭으로 달라져 있었다. 농업부문이 20%나 줄어든 반면 축산과 수산업이 크게 신장되어, 각각 30%와 11%로 구조가 조정되었다.

그림 1-3. 농·림·축·수산업의 생산액 구성의 변화

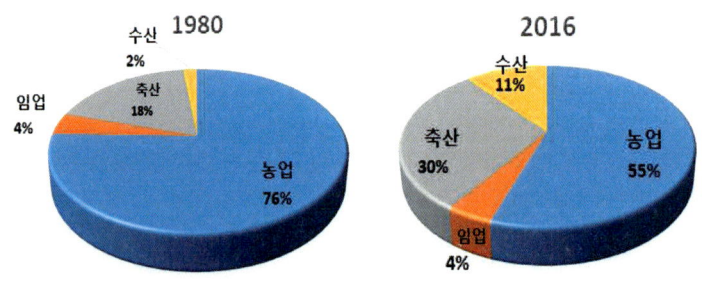

나. 경종부문의 구조 변화

1980년 과수원과 차밭을 포함한 중국의 재배면적(파종면적)은 146,380천 ha로, 이 중 80.0%가 식량작물 재배면적이었다. 유료작물(유채, 참깨, 해바라기 등) 5.4%, 면화 3.4%, 그리고 채소 재배가 2.2% 정도를 차지했다. 이 같은 경작 유형에서 2016년 식량작물과 섬유작물(면화, 마) 재배면적은 감소한 반면, 채소, 유료작물, 과수원 등의 경제작물은 크게 증가세를 보였다. <그림 1-4>는 1980년과 2016년의 파종 면적 합계를 100으로 보고 비교한 것이다.

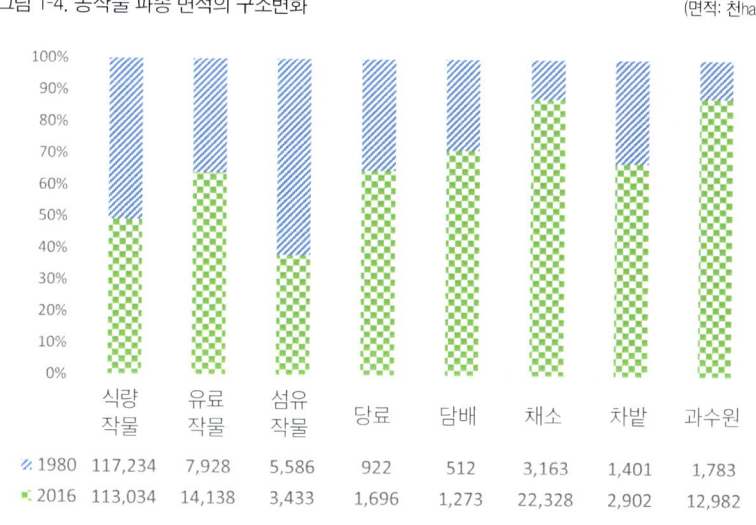

그림 1-4. 농작물 파종 면적의 구조변화 (면적: 천ha)

	식량작물	유료작물	섬유작물	당료	담배	채소	차밭	과수원
1980	117,234	7,928	5,586	922	512	3,163	1,401	1,783
2016	113,034	14,138	3,433	1,696	1,273	22,328	2,902	12,982

자료: 『중국통계연감 2017』

중국은 전 세계 경지 면적의 7%를 가지고 있지만, 세계인구의 20%를 부양한다. 개혁개방 이후 식량작물의 면적은 감소했으나, 생산량은 놀라운 증가세를 보였다. 1978년 30,476.5만 톤 정도를 생산했으나, 1987년 4억 톤을 넘어선 지 20년 후인 2007년 5억 톤, 그리고 6년 후인 2013년 6억 톤을 돌파하는 기록을 세웠다. 이는 단위 면적의 수량 증가로 감소된 면적의 생산량을 크게 앞섰기 때문이다.

표 1-6. 연도별 주요 식량작물 생산량 (단위: 만 톤)

연도	식량	곡물	벼	밀	옥수수	대두	서류
1978년	30,476.5	24,671.5	13,693.0	5,384.0	5,594.5	757	3,174.0
1980년	32,055.5	25,771.0	13,990.5	5,520.5	6,260.0	794	2,872.5
1985년	37,910.8	31,820.0	16,856.9	8,580.5	6,382.6	1,050	2,603.6
1990년	44,624.3	38,437.9	18,933.1	9,822.9	9,681.9	1,100	2,743.3
1995년	46,661.8	41,611.6	18,522.6	10,220.7	11,198.6	1,350	3,262.6
2000년	46,217.5	40,522.4	18,790.8	9,963.6	10,600.0	1,541	3,685.2
2005년	48,402.2	42,776.0	18,058.8	9,744.5	13,936.5	1,635	3,468.5
2010년	54,647.7	49,637.1	19,576.1	11,518.1	17,724.5	1,508	3,114.1
2015년	62,143.9	57,228.1	20,822.5	13,018.5	22,463.2	1,179	3,326.1
2016년	61,625.0	56,538.1	20,707.5	12,884.5	21,955.2	1,294	3,356.2
성장율(%)	1.9	2.2	1.1	2.3	3.7	1.4	0.1

자료: 『중국통계연감 2017』

<표 1-6>은 개방 초기부터 최근까지의 식량생산 시계열 자료이다. 연 성장률을 보면 식량은 1.9%, 곡물은 2.2%로 성장해 왔다. 특히 옥수수가 3.7%, 밀은 2.3%, 벼는 1.1%씩 매년 성장해 식량증산을 선도했다. 그러나 서류는 정체된 상태로 0.1%의 성장으로 큰 변동이 없었다. 식량생산이 계속 증산만 실현했던 것은 아니다. 2002년 식량생산은 457백만 톤, 2003년 430백만 톤으로 1990년대 초의 수준으로 떨어졌다가 2004년부터 다시 증가해, 2006년 490백만 톤으로 회복되었다. 2008년 자연재해와 사천성 지진 등에도 불구하고 밀 등 하곡의 증산으로 5억 톤 이상의 식량을 생산했다.

대두는 1.4% 성장을 보였다. 콩은 원래 만주 일대와 한반도가 원산지로 알려져 있고, 중국 내 수요의 100%를 자급자족했다. 그러나 2000년부터 대두 수입을 자유화하면서 수입 콩이 해마다 큰 폭으로 늘어났다. 2016년 대두 수입량은 8,391만 톤으로, 세계 최대 수입국가로 부상해 국제 대두가격에 지배적 영향을 주는 국가가 되었다.

〈그림 1-5〉는 10년마다의 식량작물별 생산량을 보여준다. 옥수수의 생산량이 가장 많이 증가하여 2012년부터 벼 생산량을 앞서게 되었다. 이 같은 획기적 생산증가는 품종개량과 비배 관리뿐 아니라, 생산자가 상품화해 용이하게 판매할 수 있게 되었기 때문이다. 그럼에도 중국은 2010년 옥수수 수출국에서 순수입국으로 전환한 후 세계 3위(일본, 한국)의 옥수수 수입국이 되었다. 2016년 중국 옥수수 수입량은 317만 톤이었다. 밀도 2009년 수입을 시작한 후 해마다 수입량이 증가해, 2016년 341만 톤을 해외에서 도입했다.

　중국은 미국에 이어 세계 2위의 옥수수 생산국이자 옥수수 소비 1위 국가로서, 소비량의 90% 이상을 국내 생산에 의존한다. 2016년 재배면적은 36,768천ha이다. 동북3성과 화북지방이 옥수수 주요 생산지이다. 한국과 동남아시아 국가를 대상으로 수출도 하고, 주로 미국과 아르헨티나 등에서는 수입도 하고 있다. 중국 전 지역이 옥수수 재배 지역이다. 그중에서도 길림성과 흑룡강성은 중국 최대의 옥수수 생산지이며, 산동성과 하남성이 버금가는 주산지이다. 소비는 사료용이 64%, 공업용 소비가 28%, 식용은 5% 정도이다.

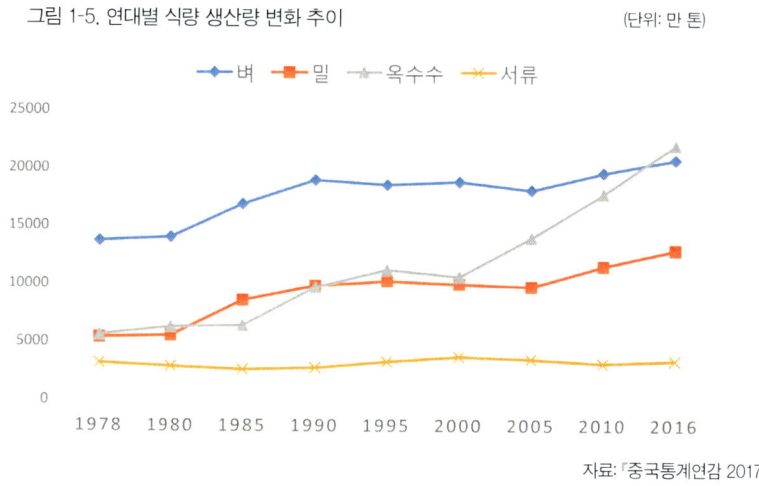

그림 1-5. 연대별 식량 생산량 변화 추이　　　　　　　　　(단위: 만 톤)

자료:『중국통계연감 2017』

<표 1-7>은 중국의 2016년 곡물별 주산지의 면적과 생산량을 보여준다. 벼 재배는 2016년 30,178천ha로, 경지 면적의 약 16%이며, 생산량은 20,708만 톤이었다. 벼도 중국의 전 지역에서 생산되지만, 양자강을 중심으로 북쪽에서는 동북 3성을 중심으로 단립종(Japonica)이, 남쪽에서는 장립종(Indica: 약 66%)이 생산되고 있다. 호남성, 강서성, 흑룡강성이 벼 주산지이며, 강소성, 안휘성과 호북성도 버금가는 생산지이다. 세계의 벼 재배면적은 인도가 4,200백만ha로 가장 많다. 하지만 생산량은 중국이 앞서고 있어 세계 생산량의 약 30%를 차지한다. 한국은 중국의 최대 쌀 수출 대상국이다. 2014년 204천 톤, 2015년 185천 톤, 2016년 189천 톤을 수입했다.

　밀은 2016년 24,187천ha를 재배했고 12,885만 톤을 생산했다. 밀은 중국 식량 중에서 쌀, 옥수수에 이어 3위에 위치하고, 쌀과 나란히 중국의 주식이다. 전 세계 밀 생산량에서 차지하는 중국 밀 생산량 비율은 대략 17~18% 정도이다. 중국 식량 생산량 중 밀이 차지하는 비율은 대략 20% 전후이다.

표 1-7. 주요 곡물별 주산지의 면적과 생산량(2016년)　　　　　　(단위: 면적 천ha, 생산량: 만 톤)

벼			옥수수			밀		
지역	면적	생산량	지역	면적	생산량	지역	면적	생산량
계	30,178	20,708	계	36,768	21,955	계	24,187	12,885
湖南	4,085	2,602	黑龍江	5,217	3,127	河南	5,466	3,466
江西	3,316	2,013	吉林	3,657	2,833	山東	3,830	2,345
黑龍江	3,203	2,255	內蒙古	3,209	2,140	安徽	2,467	1,386
江蘇	2,294	1,931	河南	3,317	1,746	河北	2,314	1,433
安徽	2,266	1,402	河北	3,191	1,753	江蘇	2,190	1,220
湖北	2,131	1,694	山東	3,207	2,065	四川	1,088	413
廣西	1,960	1,137	遼寧	2,259	1,466	新疆	1,289	723
四川	1,990	1,558	山西	1,625	889	陝西	1,083	445
廣東	1,889	1,087	雲南	1,513	757	湖北	1,108	428
기타	7,044	5,029	기타	9,573	5,179	기타	3,352	1,026

자료: 『중국통계연감 2017』에서 작성

1990년대 약 1억 톤이었던 밀 생산량은 파종 면적 감소로 2000년부터 감소하기 시작했다. 2003년에는 9,000만 톤을 밑도는 상황이 되었지만, 그 후 증산이 이어져 최근에는 1억 2,885만 톤 정도이다. 1990년대와 비교해 경작 면적이 감소하고 있는데도 생산량이 늘고 있는 것은 단수가 증가하고 있기 때문이다. 중국의 밀 생산은 2000년대 초반 일련의 정책 전환에 의해 봄 밀 생산이 축소되고, 겨울 밀 생산에 주력하게 되었다.

그림 1-6. 밀 수확 전 간작으로 파종한 옥수수(河北省)

그림 1-7. 벌판을 가득 채운 옥수수(吉林省)

〈표 1-8〉은 식량 생산의 노동생산성을 알아보기 위해 1인당 식량 생산량을 계산한 것이다. 2000년 1인당 평균 생산량은 1,282.4kg이었으나 2016년 2,866.8kg로서 두 배 이상 증가한 것으로 나타났다. 이는 노동 인력의 감소뿐 아니라 10년 이상의 연속 풍년, 기계화, 비배관리, 수리관개를 통해 농업재해를 크게 줄였기 때문으로 분석된다.

표 1-8. 식량 생산의 노동 생산성(2000~2016년)

연도	식량 생산량 (억 근)	1차 산업 취업인구 (만 명)	평균 생산량 kg/1인당	전년비 성장 (%)
2000년	9,244	36,042.5	1,282.4	-
2002년	9,141	36,640.0	1,247.4	0.31
2005년	9,680	33,441.9	1,447.3	7.37
2006년	9,961	31,940.6	1,559.3	7.74
2008년	10,574	29,923.3	1,766.9	8.25
2010년	10,930	27,930.5	1,956.7	6.50
2012년	11,791	25,773.0	2,287.5	6.50
2014년	12,140	22,790.0	2,663.9	6.97
2016년	12,325	21,496.0	2,866.8	7.61

*주: 근(斤): 500g   자료: 『중국농촌통계연감(2017)』

다. 원예작물

1980년 이후 농작물 재배 면적과 채소 재배 면적을 대비해 본 것이 〈표 1-9〉이다. 1980년 316만ha이던 채소 재배는 2016년 2,233만ha로 농작물 재배의 13.4%를 차지했다. 2000년대에 들어서 재배면적의 증가세가 둔화되기는 했지만, 채소 생산량은 여전히 높아지고 있었다. 일반작물 재배의 면적 증가율보다 채소 재배 면적의 증가율이 높아, 7배 가까이 증가했다. 이 같은 현상은 동부해안 지역을 중심으로 한국과 일본을 비롯한 각국에 대해 신선 채소 수출이 크게 늘어났기 때문이다.

표 1-9. 연도별 채소 재배 면적과 생산량 추이(1980~2016년)

연도	채소 재배 면적(만ha)	농작물 재배 면적(만ha)	비율(%)	채소생산량(만 톤)
1980년	316	14,637	2.2	-
1985년	475	14,362	3.3	-
1990년	634	14,836	4.5	19,519
1995년	952	14,988	7.1	25,726
2000년	1,524	15,630	11.1	42,399
2005년	1,772	15,549	11.4	56,451
2010년	1,900	16,067	11.8	65,099
2014년	2,141	16,545	12.9	76,006
2016년	2,233	16,665	13.4	79,780

자료: 『중국통계연감(2017)』, 『중국농촌통계연감(2017)』

중국 채소생산의 괄목할 만한 발전은 시설 채소이다. 일반적으로 식량작물의 재배면적은 감소하고 있으나, 채소, 과일의 재배면적은 늘어나고 생산량도 크게 증가하고 있었다. 특히 산동성의 채소 생산은 괄목할 정도로 발전해 경종부문에서 제일의 중요 산업으로 발전했다. 산동성의 제남(濟南)에서 유방(濰坊)시를 거쳐 청도에 이르는 벌판에는 마치 바다와 같이 넓은 비닐하우스가 있다.

그림 1-8. 겨울 채소 생산이 가능한 무가온 온실(山東省)

그림 1-9. 참게 양식으로 유기농 쌀 생산(遼寧省)

수광(壽光)시를 중심으로 발전되기 시작한 무가온(無加溫) 온실은 햇빛을 이용해 채소를 생산하는 기술이다. 이는 흙벽을 약 4m 높이로 쌓고 적토(積土)벽의 남쪽은 콘크리트나 벽돌조로 수직면으로 조성하고, 북쪽은 흙을 쌓아서 경사지게 만들었다. 북쪽 적토 벽의 구조는 밑면이 약 3m, 윗면이 약 1m 정도이고, 높이는 약 4m로 돼 있다. 흙을 쌓은 벽의 남쪽은 폭 12m 정도의 반원형 앵글 골조로 돼 있고 0.1mm 이상의 비닐을 덮는다. 여름에는 필요에 따라 차광망을 덮으며, 겨울 야간에는 보온용 부직포나 엿마름 등을 덮고, 이들을 벗길 때는 적토벽 위로 걷어 올리도록 돼 있다.

온실 내부에는 점적 또는 스프링클러 같은 관수시설이 있다. 난방시설은 없으며 겨울에도 북벽이 보온 및 방풍 역할을 하므로, 겨울 최저기온이 4~5℃ 이하로는 내려가지 않는다는 것이다. 넓이는 약 2무(1,333㎡≒400평)이며, 하우스 한쪽에 부대관리실이 축조돼 있다. 그곳에서 양수기 및 관수조절 장치 및 온도 관리를 한다. 온실 내에서 관리인(농민)이 주거할 수 있도록 돼 있다. 이와 같이 무가온 온실에서 모든 채소를 생산해, 상대적인 저임금과 결합되어 한국 채소 생산비의 20~30% 전후의 생산비용이면 가능한 것이다.

라. 축산물 생산과 소비량

<표 1-10>은 중국의 연도별 주요 육류 생산의 변화하는 추이를 보여주고 있다. 생산량에서 대종을 이루는 것은 돼지고기이며, 그다음 우유, 가금란(家禽卵), 가금육 순이다. 2016년 돼지고기 5,299.1만 톤, 쇠고기 716.8만 톤, 양고기 459.4만 톤, 우유 3,602.2만 톤, 가금란 3,094.9만 톤, 가금육 1,888.2만 톤을 생산했다. 가장 많이 성장한 것은 낙농업이다. 연평균 11.0%가 성장하여 20년 전에 비해 5.7배의 놀라운 성장을 이어 왔다. 다음은 양고기로 5.1%, 쇠고기 4.0%, 가금육 3.0%, 가금란은 2.3%씩 성장했다. 이 같은 성장 추세는 소득증가와 함께 육류 소비 수요가 크게 늘어나면서 나타난 성과라고 볼 수 있다. FAO에 따르면 중국은 세계의 최대 돼지고기 생산국이다. 전 세계 생산량의 약 45%를 점유하는 제1의 양돈 생산국이다.

중국의 돼지 사양 형태는 가족이 운영하는 사육 규모 1~5두 형태가 대부분으로, 각 가구가 퇴비 생산이나 자체 육류 소비를 위한 부업 형태라고 할 수 있다. 이 경우 곡류 부산물, 채소류, 조사료 및 잔반이 주 사료원이 된다. 농후사료나 사료 첨가제가 때때로 이들에 의해 사용되기도 한다. 비록 이런 형태는 생산성이 낮지만, 전체 생산의 79%를 차지한다.

다음으로 전업 형태의 생산자들이다. 이런 형태는 각 호당 연간 100~3,000두 규모의 비육돈을 생산한다. 이 경우 배합사료와 농후사료가 주 사료원이다.

세 번째는 집약적인 기업 양돈 농장이다. 호당 사육 규모는 일반적으로 5,000두를 상회한다. 교잡종이 주로 사양되고 있으며, 사료는 거의 전부가 배합사료 공장에서 나오는 완전 배합사료를 쓰고 있다.

표 1-10. 연도별 주요 육류 생산의 성장 추이 (단위: 만 톤)

연도\종류	돼지고기	쇠고기	양고기	우유	가금란	가금육
1996년	3,158.0	355.7	181.0	629.4	1,965.2	-
2000년	3,966.0	513.1	264.1	827.4	2,182.0	1,191.1
2004년	4,341.0	560.4	332.9	2,260.6	2,370.6	1,351.4
2008년	4,620.5	613.2	380.3	3,555.8	2,702.2	1,533.6
2012년	5,342.7	662.3	401.0	3,743.6	2,861.2	1,822.6
2016년	5,299.1	716.8	459.4	3,602.2	3,094.9	1,888.2
성장률(%)	3.5	4.0	5.1	11.0	2.3	3.0

자료: 『중국통계연감 2017』, 『중국농촌통계연감 2017』

중국의 국민 1인당 연평균 소득이 크게 향상됨에 따라 식품 소비가 선진국 형태로 바뀌어 가고 있다. 〈그림 1-10〉은 2016년 중국 도시와 농촌 주민 1인당 육류 소비량을 나타낸 것이다. 도시 주민 연간 1인당 육류 소비량은 60여 년 전의 4kg에 비해 획기적으로 증가했다. 그만큼 주민들의 생활수준이 개선되었기 때문이라고 할 수 있다. 또한 최근 품질과 안전성에 대한 관심이 증가하여, 양적인 만족에서 품질과 안전을 중시하는 방향으로 전환되고 있다. 반면 농촌 주민 1인당 육류 소비는 37.1kg로, 도시 주민의 60% 수준에 그치고 있어 도·농 격차가 크게 나타났다.

그림 1-10. 2016년 도시와 농촌의 육류 소비량 (단위: kg)

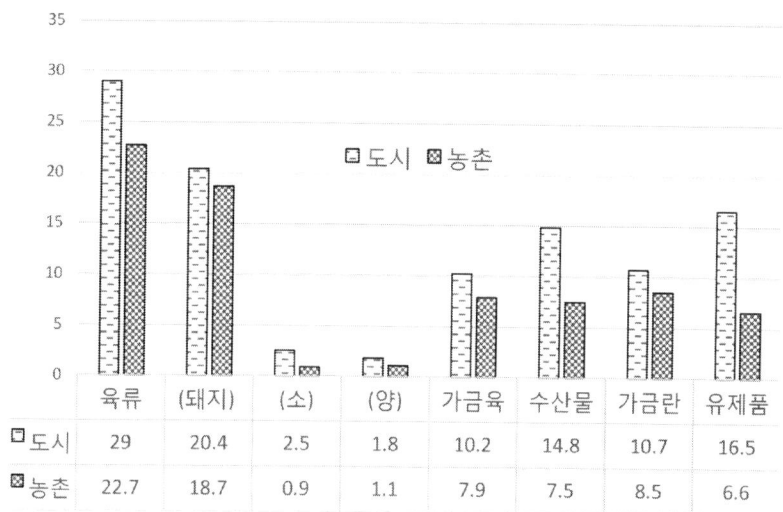

도시이건 농촌이건 간에 연간 육류 소비 중에서 돼지고기가 가장 큰 비중을 차지한다. 도시에서는 46%, 농촌에서는 52%로 많이 소비되었고, 수산물 소비는 도시에서 14.8kg, 농촌에서는 도시의 50% 정도로, 7.5kg의 소비에 그쳤다. 쇠고기나 양고기 소비량은 낮은 수준이고, 수산물과 함께 돼지고기나 가금육보다는 우등재로서, 농촌시장의 킬로그램당 육류 가격은 양고기 가격이 가장 높았다.

중국 농업 문제와
정책 방향

가. 삼농의 문제

삼농(三農) 문제란 중국의 농업, 농촌, 농민 문제를 의미한다. 왜 문제인가? 중국 내의 각종 격차와 깊은 연관을 가지기 때문이다. 첫째, 중국 정부는 공업화 정책 추진을 위한 예산 확보를 농업 부문에서 가져온다는 것이다. 농민들로부터 낮은 가격에 농산물을 구매하고 이를 도시민들에게 값싸게 판매하는 것은 '농업' 측면의 희생이라는 것이다. 농산물 생산비 계산을 할 때, 토지가 국가 소유로 되어 있는 사회주의 체제에서 토지 자본의 이자 계산은 포함하지 않고 있다. 또 생산비의 임금 계산에서 고용 노임과 자가 노임의 평가가 달라, 이는 기회비용을 제값으로 평가하지 않기에 논의의 대상으로 남는다. 또한 자본용역비 항목도 들어 있지 않아 차입금, 토지임대, 운영 자본에 대한 이자 계산이 빠져 있어, 태생적으로 농산물 가격이 낮게 평가되고 있다.

둘째, 중국 정부는 공업화 우선 정책을 추진하면서, 각종 '인프라' 구축을 도시 중심으로 건설했다. 따라서 농촌은 소외되었다. 따라서 이는 개혁개방 후 도·농의 격차를 더욱 심화시키는 계기가 되어 '농촌'이 희생한 것이었다는 것이다.

셋째, 1958년 이후 시행한 호구제도로 인해 농민들은 도시에 나가 일해도 도시민과 같은 경제, 사회, 복지 혜택을 받지 못했다. 이는 '농민'의 희생이고 농촌의 빈곤을 대물림하게 한다는 것이다. 더욱이 중화인민공화국 정부수립은 농촌·농민에 깊은 뿌리를 두고 있다는 점에서 중국 정부는 삼농 문제를 깊이 인식하고, 매년 2월 발표하는 중앙문건 1호*에 삼농 문제를 12여 년 이상 다루며 그 해결을 꾀하고 있는 것이다.

선부론(先富論)**에 입각해 동해안 지역에 외국인 제조업 투자와 사회간접자본 투자를 집중한 결과, 이들 지역에서는 생산성 제고로 경제 수준이 크게 향상되었다. 그러나 농촌 지역의 생산성은 상대적으로 낙후되어, 도시와 농촌의 빈부격차가 심화되고 있다. 그뿐만 아니라 동부해안 지역과 서부 지역, 도시 내의 중산층과 농민공들의 생활수준은 중국 사회의 뿌리 깊은 구조적 문제다.

나. 농민공의 문제

농민공(農民工)이란 농민외출무공(農民外出務工)의 줄임말로서, 농촌을 떠나 도시에서 일하는 하급 노동자로 일하는 사람들을 말한다. 농촌에 토지를 가지고 있지만 도시에서 비농업에 종사하며, 임금을 주요 수입원으로 삼고 있다. 자기가 태어난 성(省) 소재지를 떠나 다른 곳에서 일하는 노동자가 좁은 의미의 농민공이라면, 자기가 태어난 성내에서 이동하는 사람들을 포함해서 넓은 의미의 농민공이라고 할 수 있다.

이들의 등장은 개혁개방 이후부터이다. 1992년 도시에서 식량 배급표를 없앤 후 농민들도 도시에서 물건을 구매할 수 있게 되자, 농민공들의 도시 진입이 본격화되었다. 그러나 이들 농민공은 저임금, 열악한 노동

---

* 중국 공산당의 공식 지침으로, 국무원과 전국인민대표대회 등은 이 지침에 맞춰 정책을 마련하거나 법률을 제정하게 된다. 매년 처음 발행하는 문건이 1호 문건이며, 여러 정책분야 중 가장 중요한 분야의 지침이 1호 문건으로 채택된다. 12년 연속 삼농 문제를 다루었다.

** 1992년 10월 제14차 전국 대표 대회에서 사회주의 시장 경제를 채택하고 중국식 사회주의가 본격화되었다. 동 대회는 등소평의 중국적 특색을 지닌 사회주의 건설 이론을 전체 당의 지도적 위치로 확립하고, 이 이론으로 전체 당을 무장하도록 제기했다. 등소평은 경제 특구, 도시 등 특정 지역이 먼저 돈을 벌어 나머지 지역을 돕게 한다는 내용의 일부 선부론에 따라 개혁개방 정책을 본격화했다.

환경, 공공 서비스로부터의 배제 등, 대우를 받지 못했다. 도시로 이동한 농민들은 현지 시민에게만 배타적으로 공급되는 교육, 의료, 주거, 사회보험 등 도시 공공재를 사용하지 못하고, 주로 공사현장의 일용직 노동자, 가사 도우미 등 임시 직종에 종사하게 되었다. 이들 대부분은 도시 노동자들의 반도 안 되는 저임금으로 쏟아져 나오는 3D업종의 인력 수요를 감당했다.

그들의 숙소는 공장 기숙사, 공사현장, 임시숙소 또는 도시 변두리의 동향 사람들과 함께 동향촌을 이루어 거주하는 형태가 됐다. 농민공의 증가는 도시의 실업 문제, 공공 서비스 제공, 사회안전망 구축 문제 등, 도시 관리에 커다란 부담으로 작용하게 되었다. 1980년 개혁개방과 함께 현대화와 도시화가 급속도로 진행되면서 2, 3차 산업이 재빠르게 농업의 자리를 대신했다. 이에 따라 농촌을 떠나는 농민들의 수도 계속 늘어났다. 특히 1990년대 말 중국 정부가 농민의 도시이주 제한을 완화하면서 동부 연안도시로 농민들의 이동 러시가 일어났다. 이들은 처음에 도시로 유입돼 '임시로' 건축, 운송 등 노무에 종사하는 농촌의 잉여 노동력 정도로 간주되었다.

농민들이 비농업에 종사하기 위해 주로 연해개방 지역 신도시로 이주하는 경향을 민공조(民工潮)라고 했다. 농민공들은 개혁기 도시에 저렴한 노동력을 제공함으로써 고도 경제성장에 중요한 역할을 해왔다. 중국 정부나 언론매체가 농민공 증가를 사회 문제로 주목하는 이유는, 도시에 비공식적으로 거주하는 이들의 급증이 사회·정치적 불안 요인으로 작용할지도 모른다는 우려 때문이다.

농민공의 이동으로 비롯되는 사회구조의 변화는 갈수록 심각한 정치·경제·사회적 문제를 양산하고 있다. 2016년 농민공의 수는 28,171만 명에 이른다. 중국에서의 빈곤 문제는 농촌에서의 의식주 문제 외에도 삶의 질에 있어서 도시 지역과 비교되지 못한다.

〈표 1-11〉을 보면, 농촌을 떠나 도시에서 일하는 중국의 빈곤층 노

동자인 농민공(農民工)은 중국 전체 인구의 20% 이상을 차지한다. 고향을 떠난 외지 근로 농민공이 1억 6,934만 명, 고향에서 일하는 현지 농민공이 1억 1,237만 명으로 집계되고 있다.

중국 통계국이 발표한 '2016 전국 농민공 모니터링 조사' 보고서에 따르면, 취업 업종별로는 절반이 넘는 50.2%의 농민공이 공장 및 건축현장 노동자로 2차 산업에 종사하고, 49.8%가 도소매업, 숙박 요식업, 교통 운수 등 3차 산업에서 일하는 것으로 나타났다. 그런데 2차산업 부문, 특히 제조업에 종사하고 있는 농민공의 수치가 꾸준히 감소 추세를 보이고 있다는 것이다. 왜일까? 그것은 임금 수준과 임금 증가율과 관련이 있다.

표 1-11. 연도별 분류별 농민공 수와 임금 수준 (단위: 만 명)

연도	농민공 계	외출 농민공	가족이 고향에 있음	가족이 함께 떠남	본지(省內) 농민공	월 임금 (元/인)
2008년	22,542	14,041	11,182	2,859	8,501	1,340
2010년	24,223	15,335	12,264	3,071	8,888	1,690
2012년	26,261	16,336	12,961	3,375	9,925	2,290
2014년	27,395	16,821	13,243	3,578	10,574	2,864
2016년	28,171	16,934	-	-	11,237	3,275

*주: 元≒169원(2018년 3월 10일)   자료: 1. 『중국주호조사연감 2015』
2. 『중국 농민공 현황 및 특징, 2017』, 인천발전연구원

교통·운수나 건축업에 비해 제조업은 노동의 강직성에 비해 상대적으로 낮은 임금수준에 있고 임금 증가율도 낮거나 더 높지 않기 때문이다. 농민공의 근무지 지역분포는 일감이 많은 동부 지역이 압도적으로 높아 56.8%, 화중·남부 지역에 20.4%, 서북 지역 19.5%, 동북 지역에는

3.2% 정도가 분포돼 있다.

  농민공 가운데 남성은 65.5%, 여성은 34.5%이며, 연령대는 16~20세가 3.3%, 21~30세 28.6% 31~40세 22.0%, 41~50세가 27.0%인 것으로 보고되고 있다. 학력은 중등학교 59.4%, 고등학교 출신이 17.0%로, 대부분 중·고등 학력의 농촌 노동력이 대거 도시 인력시장으로 이동하고 있음을 알 수 있다. 농민공 모니터링 조사에서 농민공의 노동여건을 보면 연평균 노동시간 10개월, 월평균 노동시간 25.2일, 1일 평균 노동시간 8.7시간이었고, 하루 8시간 이상 노동하는 농민공의 비중은 37.3%로 높았다. 또한 고용주와 노동계약을 체결하지 않고 일에 종사하는 비중은 64.9%로 매우 높고, 타지 진출 농민공보다 현지 농민공이 계약 없이 종사하는 비중이 68.6%로 더 높았다고 지적한다. 따라서 임금체불이나 권익침해 사례에서 불이익을 받을 수 있는 소지가 큰 것으로 지적되고 있다.

  농민공의 총규모는 지속적으로 늘고 있지만, 증가세는 2011년부터 둔화되고 있다. 특히 타지로 나가는 농민공 증가세는 둔화되고 있다는 것이다. 이는 호적 소재지로부터 가까운 곳에서 취업 기회를 찾는 현지 농민공이 늘어나기 때문이다. 이런 추세는 중국 정부의 권역 거점도시를 중심으로 한 지역발전 전략 재편과 밀접한 관련이 있는 것으로 판단된다.

  농민공은 상하이(上海), 광둥(廣東) 등 동부 연안에서는 제조업종, 충칭(重慶)과 시안(西安) 등 서부 내륙지방에서는 건축업종에서 일하고 있다. 서부 대개발 등으로 중서부 지역의 개발이 집중되면서 농민공이 대거 내륙으로 이동하고 있다. 2016년 농민공의 월평균 수입은 3,275위안(약 554,000원)으로 조사되었다.

  여기서 중국의 호적제도를 약간 짚어 볼 필요가 있다. 1954년 9월 20일 발표된 중국 헌법은 공민의 거주 이전의 자유를 허용했다. 그러나 도시 인구가 증가하자 1955년 6월 9일 국무원 제11차 회의에서 '국무원 호구 등기제도 설립에 관한 지시에 관해'라는 문건이 통과되었는데, 이것이 바로 호구제도의 발단이었다. 본격적으로 도시 인구를 제한하기 위한 도농분리 정책이 실시된 것은 1958년 1월 9일 중국 공산당이 '호구등기조례'를 공포하면서부터이다. 1966년 이후 정치색이 짙은 문화혁명의 시작으로 농민의 도시 유입은 더욱 엄격하게 통제되었다.

농민공의 도시 생활은 임금 중에서 기본 생계비를 제외하고 고향으로 송금하기 때문에, 도시 주민과 같은 소비수준을 누리기 힘들다. 그러므로 도시 생활에 동화되지 못하는 심리적 고독감을 느낀다. 또 이들은 도시 생활에 동화되어 도시인으로 변신하지도 못하고 농민으로 돌아가지도 않으면서, 도시에서 변경 집단화되고 있다. 즉, 도시에 거주하나 호적제도 제한 등의 이유로 인해 도시인으로 동화될 수 없고, 농민이라고 하기엔 이미 도시 생활에서 많은 부분이 변했다. 그렇기 때문에 일종의 뿌리를 상실한 변경 집단이다.

다. 도·농, 지역, 계층 간의 소득격차

중국은 도시와 농촌뿐만 아니라 동부해안 지역과 서부 지역, 그리고 상위 소득층과 하위 소득층과의 격차가 심각하다. 왜 이 같은 소득 불균형 사태가 일어나게 되었는가? 개혁개방 이전에는 균형발전 정책을 추진해서, 중서부 내륙 지역이라도 동부해안 지역과 차이가 없었다. 그러나 개방 이후 동해안 연해 지역을 먼저 발전 중심지로 삼는 '불균형 발전' 정책이 시행됨에 따라 달라지기 시작했다.

중국 변화의 선구자라고 할 수 있는 덩샤오핑은 "능력 있는 자가 먼저 부자가 되고, 그 효과를 확대해 모두가 잘사는 사회를 만들자"는 선부론(先富論)을 주장했다. 이를 대부분의 중국인들은 수용했고, 역사상 전례 없는 발전을 이룩하는 계기를 만들었다. 그러나 이는 사회주의의 절대평등사회에서 능력 위주의 사회로 전환되는 동기를 만들게 되었고, 동시에 빈부격차를 창출해 내는 시작이 되었다.

<그림 1-11>은 도시의 1인당 가처분소득과 농촌의 1인당 순수입 증가의 변화를 보여준다. 당해 연도의 농촌에 대한 도시의 소득 배율을 보조축에 나타냈다.

소득배율은 1985년 1.86배가 가장 낮았고, 2009년 3.33배, 2010년 3.23배, 2016년 2.72배로 감소 추세를 보였다. 2008년 이후 농촌의 순수입 증가율이 도시 지역의 가처분소득 증가율을 근소하게나마 앞서고 있는 것은 농산물 가격의 상승에 기인한 것이다. 공산품이 극심한 시장 경쟁 탓에 원가상승분을 가격에 전가시키기 어려웠던 반면, 농산물 가격은 정부의 보조금 정책 등에 힘입어 크게 상승했기 때문이다. 그러나 소득 이외의 혜택을 고려하면 도시와의 소득격차는 더 커진다. 즉 도시민이 받는 혜택으로 의료보험, 교육비 보조, 양로금 등을 고려하면 더욱 격차가 있다는 것이다.

그림 1-11. 연도별 도시와 농촌의 소득 변화 추이

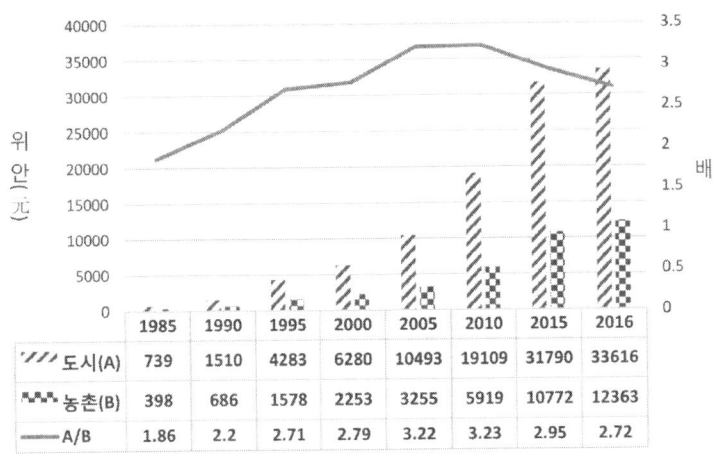

자료: 『중국통계연감(2017)』

<표 1-12>에서 보면, 중국 동부 지역은 1인당 가처분소득이 2016년 30,654.7위안에 달하지만, 서부 지역은 18,406.8위안으로 동부 지역의

약 60%에 불과하다. 지역의 도·농 간에도 서부 지역에서는 2.9배, 다른 세 지역에서는 2.4~2.5배의 소득 차이를 나타냈다. 표를 만들지는 않았으나 지역 간의 1인당 GDP도 큰 차이를 보였다. 예를 들면 2016년 화동 지역의 강소성, 절강성의 GDP는 각각 96,887위안, 84,916위안인 반면, 운남성(雲南省)과 감숙성(甘肅省)의 1인당 GDP는 각각 31,093위안, 27,643위안으로, 강소성의 약 32%를 조금 넘는 수준이고, 감숙성의 경우는 28.5% 수준이었다.

표 1-12. 중국의 지역별 1인당 가처분소득(2016년)   (단위: 元/인)

지역 구분*	전체	도시	농촌
동부 지역	30,654.7	39,651.0	15,498.3
중부 지역	20,006.2	28,879.3	11,794.3
서부 지역	18,406.8	28,609.7	9,918.4
동북부 지역	21,008.4	29,045.1	12,274.6

자료: 『중국통계연감(2017)』

〈표 1-13〉은 중국의 전국 가구 65,000여 호를 조사해 분석한 것이다. 저수입 가구(5528.7元)의 소득은 고수입 가구(59,259.8元)의 10%에도 미치지 못한다. 도시에서의 소득 불균형보다 농촌에서의 불균형이 더 심각하다. 도시에서의 저수입 가구와 고수입 가구 소득 격차는 5.4배인 반면, 농촌에서의 그것은 9.5배에 이르러, 농촌에서의 소득 불균형이 더 큰 것으로 조사되었다. 도시와 농촌의 저수입 가구 소득격차는 약 4.3배인 한편, 고수입 가구의 소득층에서는 2.1배로, 저소득층에서 불평등이 심화돼 있다. 임금에 있어서의 격차는 공산당, 정부 및 국유기업 등에 근무하는 이른바 특권층으로의 부의 편중이 심각하며, 국유기업 간부와 일반 근로자 간 평균 소득격차는 수십 배에 달한다는 지적도 있다.

---

* 동부: 北京, 天津, 河北, 上海, 江蘇, 浙江, 福建, 山東, 廣東, 海南.
  중부: 山西, 安徽, 江西, 河南, 湖北, 湖南.
  서부: 內蒙古, 廣西, 重慶, 四川, 貴州, 雲南, 西藏, 陝西, 甘肅, 靑海, 寧夏, 新疆.
  동북부: 遼寧, 吉林, 黑龍江.

표 1-13. 중국의 가구 5분위별 1인당 가처분소득(2016년)   (단위: 元/인, %)

구분	전체	%	도시	%	농촌	%
저수입 가구	5,528.7	9.3	13,004.1	18.5	3,006.5	10.6
중수입 하	12,898.9	21.8	23,054.9	32.8	7,827.7	27.5
중수입 중	20,924.4	35.3	31,521.8	44.8	11,159.1	39.2
중수입 상	31,990.4	54.0	41,850.6	59.5	15,727.4	55.3
고수입 가구	59,259.8	100.0	70,347.8	100.0	28,448.0	100.0

자료: 『중국통계연감(2017)』

라. 중국의 농촌 현대화와 향진기업

1) 농촌 현대화 정책

중국 삼농(三農) 문제는 중국만의 문제가 아니다. 산업화를 거치면서 어느 나라에나 있을 수 있는 것이지만, 중국은 특별히 다르다. 중화인민공화국 설립 이전 마오쩌둥의 공산당은 농촌을 근거지로 삼아 혁명전쟁을 했고, 도시는 매국노, 매판 자본가, 부패관료의 거주지이자 부패와 타락의 온상으로 간주했다. 반면 농촌은 전쟁을 수행하는 혁명기지이고, 사회주의 '신중국'의 희망이고 근거지라고 홍보해 왔다. 이런 중국이 개혁개방 이후 경제 발전으로 도농 격차가 벌어지며 중국의 삼농 문제는 아킬레스건이 되었다.

도·농 격차의 개선을 위해 중국 정부가 내세운 것이 '사회주의 신 농촌 건설'이며, 지역 간의 격차를 완화하기 위해 세운 국가 프로젝트가 '서부 대개발 계획'이다. 서부 대개발은 중국의 동부 연해지구 중심의 경제발전으로 뒤처진 내륙 서부 지구를 경제성장 궤도로 끌어올리기 위해 중국 정부가 실시하고 있는 개발 정책이다. 2000년 3월 전국 인민대표대회에서 정식 결정된 4개의 주요 프로젝트가 핵심이다. 즉, 서전동송(西電東送)으로 서부 지역에서 생산한 전기를 동부지역으로 보내고, 남수북조(南水北調)로 남부의 풍부한 수자원을 북부의 수자원 부족 지대로 송수관이나 송수로를 통해서 보낸다. 서기동수(西気東輸)는 서부 지역의 풍족한 천연가스를 개발해 동부 지역으로 보낸다. 칭짱 철도(青蔵鐵道) 건설은 청해성 시닝(西寧)과 서장 자치구 라싸(拉薩) 간 약 2,000㎞를 연결하는 철도 건설이다.

사회주의 신 농촌 건설은 농촌 발전을 최우선 과제로 삼는다. 핵심을 정리하면, 농가소득을 높이고 농산물 가격 안정을 도모하는 한편, 농촌의 생활여건을 개선하는 내용으로 요약된다. 이는 1970~1980년대 우리나라 새마을운동의 '중국 이전'이라고 보면 크게 틀리지 않을 것이다.

신 농촌 건설 5개 강령은 다음과 같다. ⓐ 정부가 주도하되 농민들의 자발적 참여를 권장한다. ⓑ 실사구시(實事求是)에 역량을 집중하여 추진하며 ⓒ 쉬운 일부터 추진하고, 어려운 일은 나중에 진행시킨다. ⓓ 중요한 일부터 찾아내 우선 추진한다. ⓔ 형식주의를 배제하고 농민들이 원하는 것을 진행한다.

중국 농촌의 현대화 계획은 농민의 권익을 배려하고 농촌을 소비시장으로 육성한다는 적극적인 정책이라는 점에서 높이 평가될 수 있다. 하지만 막대한 재원을 확보하고 장기간 지속적으로 추진되어야 한다는 어려움이 있다. 각종 정부 지원에 힘입어 농촌 지역 소득증가율이 도시 지역 소득증가율을 2009년부터 넘어섰다. 그러나 도농 소득이 평준화되고 현재의 3배나 되는 도시의 가처분소득을 따라잡으려면 수십 년이 소요될 개연성이 크다.

소득 불평등 상태를 반영하는 지니계수는 1978년 0.317, 2008년 0.491을 정점으로 매년 개선되고 있는 것으로 발표되었다. 중국 국가통계국에 따르면, 중국의 지니계수는 2015년 0.462에서 2016년 0.465로 악화됐고, 지난해(2017년)에는 0.467까지 상승했다. 0~1로 표시되는 지니계수는 1에 가까울수록 불평등 정도가 심하다는 의미이다. 유엔은 '사회 불안을 초래할 수 있는 수준'의 기준을 0.4로 제시하고 있다. 최근 수년간 지수 상승이 다소 주춤했으나 0.4~0.5 사이에 고착화돼 있다. 개혁개방 이후 산업화와 경제개발로 엄청난 사회적 부가 발생했다. 그러나 부의 분배를 수치로 나타낸 지니계수로 볼 때 빈부격차는 좁혀지지 않고 있다.

　동부 연안 지역의 차별적인 생산성 향상이 결국 소득격차를 불러왔고, 이런 구조가 중국 특유의 호구제(戶口制) 등을 통해 고착되었다. 현대판 신분제도라고 볼 수 있는 호구제도를 전면적으로 폐지하지 못하는 것은 엄청난 후유증 때문이다. 도시 실업인구가 급증하게 되고, 농촌 역시 사회주의 근간인 토지공유제를 지탱하기 어렵다.

　중국 정부는 농업 생산과 농민수입 증대를 위해 농업세를 폐지했고, 담뱃잎을 제외한 농산물에 대한 농업특산세도 폐지했다. 또 대두, 소맥 등 농작물에 대한 가격 보조금이나 농민들의 농기구 구매 보조금도 확대했다.

　중국은 공산당 창당 100주년이 되는 2021년께 모든 인민이 먹고사는 데 지장이 없고 문화생활도 즐길 수 있는 '전면적인 소강(小康) 사회' 진입을 목표로 하고 있다. 이 같은 목표 달성을 위해선 유사 이래 늘 빈곤에 시달려 온 농촌 문제를 우선적으로 해결하지 않으면 안 된다는 게 중국 지도부의 인식이다.

　2015년 중국 중요 1호 문건은 농업의 6차산업화로 특성화된 작물을 재배하고, 농산품 가공업, 농촌 서비스 산업을 발전시키며, 1촌 1품(一村一品), 1향 1업(一鄕一業) 등 각지의 특성화 작물을 재배토록 하여 지역경제 발전을 도모한다는 것이다. 또한 농촌의 재산권 방향은 소유권과 경영권을 분리해 농지의 거래를 촉진시킨다는 방침도 명확히 하고 있다. 중국의 농민들은 '소유와 경영권'을 보유하고 있다. 농민들은 소유권을 양도하지 않은 채 도시로 이주한다. 고향으로 돌아와 다시 농업에 종사하려면 소유권을 손에 쥐고 있어야 한다. 그러므로 농민들은 소유권을 유지하면서 경영권만 타인에게 양도할 수 있는 것이다.

2) 향진기업(鄕鎭企業)

　여기서 먼저 중국의 행정 단위를 기술하고 향진기업으로 넘어가기로 한다. 중국은 지방 행정을 4계층의 수직 구조로 나누어 통치하고 있다. 최상

층을 제1급 행정구역이라고 부르고, 중화인민공화국의 광대한 영역을 23개의 성, 5개의 자치구, 4개의 직할시에 수평 분할하고 있다. 특별 행정구는 엄밀하게는 제1급 행정구역은 아니지만, 실질적으로는 그것과 동등하게 다루고 있다. 성급 행정구(省級行政区)는 1급 행정구(33개임)로 직할시(北京, 上海, 重慶, 天津), 성(23개 省), 자치구(內蒙古, 寧河, 新疆, 廣西, 西藏), 특별 행정구는 1국 2체제로 홍콩과 마카오를 말한다.

제2계층의 지급(地級)의 행정 단위는 지급시, 자치주, 지구 등이 있다. 우리나라로 비교하면 도 단위 행정구역이다. 자치주나 지구는 프리펙처(Prefecture)로, 지급은 프리펙처 레벨 시티(Prefecture-level city)로 번역된다.

제3계층의 행정 단위가 현과 현급시이다. 중국의 현은 카운티(County)로 번역되고, 우리나라의 군 단위에 해당된다. 제4계층에 해당되는 것이 향급의 행정 단위로, 향(鄕)이나 진(鎭) 등으로 불린다. 향은 타운십(Township), 진은 타운(Town)으로 번역된다. 향은 우리의 면 단위, 그리고 진은 읍(邑) 단위의 행정 단위로 보면 적합할 것이다. 지급 행정구역에는 성마다 다르게 불리는 곳도 있다. 예를 들면 내몽고에서는 맹(盟)으로 불리는 것 등이다. 향급 행정구는 4급 행정구로 40,466개, 촌급 행정구(村級行政区)는 가장 낮은 5급 행정구이며 704,386개나 된다(위키백과).

따라서 향진기업이란 농촌의 향, 진, 촌에서 비농업 부문에 종사하는 기업을 말한다. 농촌 지역의 2, 3차 산업 발생으로 농가소득과 연계돼 있다. 1978년 이전에 집단농장, 그리고 인민공사 체제에서 야기된 근로 의욕의 상실을 농가생산 도급 책임제를 도입함으로써 획기적으로 개혁했다는 것이 중국 개혁의 첫 번째 가장 큰 성과라고 할 수 있다.

농촌의 공업화 정책은 기존의 도시 중심의 공업화 전략을 수정하여 농촌 지역의 공업화를 본격적으로 추진하기 시작했다. 즉, '농업에 종사하지 않더라도 농촌을 떠나지 않으며, 공장에 취업하더라도 도시로 이주하지 않는다'는 전략 아래 농촌 개혁을 통해 발생한 잉여 경제자원을 경공업 생산에 투입하는 방식을 택했던 것이다. 이런 전략의 핵심적인 실천 방안의 중심에 농촌 기업인 '향진기업'이 있었다. 향진기업이란 한마디로 중국 각 지역의 특색에 맞게 농민들이 공동으로 설립한 소규모 농촌 기업이다.

농촌 개혁 초기 단계에서는 주로 농산물의 증산이나 농산물 가격 인상이 농가소득 향상에 크게 기여했다. 그러나 1980년대 후반부터는 농산물 가격이 정체됐고, 이것이 농가 소득의 정체를 가져왔으며, 이어 농업 기피 현상을 가져왔다. 그리고 호적제도 때문에 기본적으로 농민들이 자유롭게 이동할 수가 없었다. 농촌에 있는 비농업 부문, 농촌에 거주하지만 농업에 종사하지 않는 사람들의 발전을 겨냥해서 향진기업을 육성한 것이다.

즉, 중국 지도부는 당시 향진기업을 통해 농촌의 과잉 인구 문제와 남아도는 노동력 문제를 해결하고, 잘사는 농촌과 가난한 농촌 간의 소득 격차를 줄이며, 동시에 도시와 농촌 간의 불균형 성장 문제도 해결하려고 했던 것이다. 특히 향진기업은 각 마을 주민들끼리 경영하는 것이므로, 외국 기업들이 들어오는 경제 특구와는 달리 외부로부터의 개방 물결이 유입될 가능성이 없다는 점에서도 안심할 수 있는 제도였던 것이다.

이에 호응하여 지방 정부도 지역 내 농촌 기업인 향진기업의 발전을 위해 다양한 지원책을 내놓았다. 기업 설립의 결정에서부터 자금 마련, 공장 부지 제공, 생산설비의 도입, 경영진과 기술자 초빙, 원자재 입수와 제품의 판로 확보까지, 기업 설립에 필요한 모든 것들을 도와주었다. 그 결과 1978년 중국 농촌에 있는 향진기업 수는 152만, 종업원 수는 2,826만 명이었다. 2002년에는 향진기업의 수가 약 2,100만 개에 이르러 약 15배 가까이 늘어났다. 향진기업의 생산규모는 전국 농촌 총생산 규모의 60% 이상을 차지할 정도로 급성장했다.

2016년 향진기업에 취업한 노동인구는 3억 6,175만 명으로, 전체 고용인구(77,603만 명)의 46%를 점유했다. 향진기업이 성공할 수 있었던 요인은 농촌의 값싼 노동력과 순발력이었다. 값싼 노동력을 이용해 향진기업은 도시보다 훨씬 저렴한 제품을 내놓았다. 가격이 싸기 때문에 시장에서 경쟁력을 가지고 높은 소득을 올릴 수 있었던 것이다.

4
한·중 자유무역협정(FTA)

FTA를 체결하는 1차적인 목적은 관세를 철폐하거나 낮추어 가고, 서비스, 투자, 정부조달, 지적 재산권, 기술표준 등을 포함하는 포괄적인 무역협정을 지향하려는 것이다. 중국과의 FTA 추진은 2005~2006년에 민간 공동연구를 거치고, 다시 2007~2010년에 산·관·학 분야로 확대 공동연구를 시행하고, 양국 입장이 기록된 보고서를 채택했다. 그동안 농업 문제의 민감성으로 교착 상태를 몇 년간 거치기는 했으나, 2012년 5월부터 정부 간 본격적인 협상을 거쳐 2014년 11월 타결을 보게 되었다. 결국 민간 연구기관을 포함 10년간의 연구와 협상을 통해 2015년 12월 20일 한·중 FTA가 발효되었다.

가. 농업부문의 민감성과 타결 내용

중국과의 FTA 협상 중 농업부문에서 가장 반대가 심했던 것은 그동안 미국이나 유럽연합과 맺은 FTA와 다른 전면적인 피해를 예상했기 때문이다. EU와의 FTA로 인해 집중적으로 피해를 보는 품목은 양돈과 육류 가공품 및 유가공품이 대표적이다. 미국과의 FTA에서는 한우 및 육우를 비롯해 육류 가공품 및 유가공품, 그리고 열대 과일 수입 증가에 따른 국내 감귤 산업의 피해가 대표적이다. 이처럼 FTA로 인한 직접 피해 분야가 한국의 특정 품목에 집중되는 이유는, EU 및 미국의 특정 수입 품목과 한국의 주요 생산 품목이 서로 경쟁관계에 있기 때문이다. 그러나 중국의 경우에는 전 방위적으로 모든 농축산물에 직접적인 피해를 가져올 수 있다.

그 첫째 이유는 중국이 생산하는 주요 농축산물 품목이 한국과 매우 유사하기 때문이다. 쌀을 비롯하여 곡물류, 과일류, 채소류, 임산물, 특작, 축산물 등 거의 모든 농축산물 품목에 있어서, 한국이 생산·공급하는 품목을 중국도 대부분 생산·공급하고 있는 것이다. 더욱이 한국의 농가 및 농기업들이 한중 외교관계가 회복된 이후 중국의 농업 분야에 진출해서 생산 활동을 해왔기 때문에, 주요 품목들이 동일할 뿐만 아니라 품목별 종류, 즉 품종도 매우 유사하다. 한국의 모든 농축산물들이 중국산 농축산물과 직접적으로 대체관계에 있다고 해도 무방할 정도이다.

둘째로 생산비 격차로 한국의 농산물 가격은 경쟁 대상이 되지 않는다. 중국의 농산물 생산비 가운데 토지비용과 임금은 각각 한국에 비해 20~30% 수준으로 매우 낮다. 한 예로 산동성 서우광(壽光)시의 채소 생산은 겨울에도 난방비를 들이지 않고 온실에서 재배가 가능한 상태다. 그 반면에 우리나라에서는 난방을 해야 채소나 화훼 농사를 할 수 있다. 대부분의 작물 생산비는 한국 생산비의 20~30% 정도에 불과하다.

표 1-14. 한·중 FTA와 한·미, 한·유럽연합 FTA 농산물 양허 내용의 비교 (단위: 품목)

민감도	양허 유형	한·중 FTA	%	한·미 FTA	%	한·EU FTA	%
일반 품목	즉시 철폐	216	13.4	550	37.9	610	42.1
	5년 철폐	209	13.0	329	22.7	295	20.4
	10년 철폐	164	10.2	384	26.4	334	23.1
	소계	589	36.6	1263	87.0	1239	85.5
민감 품목	15년 철폐	202	12.5	148	10.2	146	10.1
	20년 철폐	239	14.8	10	0.7	10	0.7
	소계	441	27.4	158	10.9	156	10.8
초민감 품목	TRQ	7	0.4	15	1.0	14	1.0
	부분 감축	26	1.6				
	양허제외	548	34.0	16	1.1	40	2.8
	소계	581	36.1	31	2.1	54	3.7
총 합계		1,611	100.0	1,452	100.0	1,449	100.0

자료: 『한·중 FTA 타결과 농업부문의 과제 2014』, 농촌경제연구원

셋째는 지리적 인접성이다. 인천이나 부산에서 배로 약 14~20시간이면 중국 동해안에 모두 왕래할 수 있는 위치에 있어서, 농축산물의 물류 운송에 소요되는 기간이 짧고 비용도 그만큼 낮다. 그동안 다른 FTA에서 비교적 안전지대로 분류되던 신선채소류, 과채류, 사과, 배, 포도 등과 같은 과일류도 냉장 운송이 가능함에 따라 심각한 타격 대상이 된다. 현재는 각종 동식물 검역 규제로 인해 중국산 축산물과 과일류 등이 한국에서 수입금지 품목으로 설정돼 있지만, 만약 이런 동식물 검역 규제까지 완화될 경우 축산물 및 과일류의 직접적인 피해는 더욱 심각해질 것이다.

이런 여러 정황을 고려해 양국 당사자 간의 긴 '밀당'과 협상 끝에 타결된 내용은, 초민감 품목을 대폭 확장해서 여기에 포함시킴으로써 농가의 피해를 줄이기로 한 것이다.

〈표 1-14〉는 대표적인 한·미, 한·유럽연합 간의 FTA와 한·중 FTA 민감

도 정도에 따른 양허 유형별 품목 수와 그 비중을 나타내고 있다. 우리나라 상품의 표준품목 분류(HSK)는 12,232개로, 이 중 식품을 포함한 농산물은 1,611로서 13.2%이다. 한·중 FTA에서는 581개 품목이 초민감 품목으로 분류되고, 양허제외가 548개 품목으로 지정되었다. 한·미 FTA나 한·EU FTA에서 각각 16, 40개 품목에 비하면 대폭 높아진 것으로, 전체 품목의 34.0%에 해당된다. 이처럼 초민감 품목이 많고 양허제외가 많은 것은 우리나라 생산자에게 직접적인 피해를 입힐 수 있기 때문이다(그림 1-12).

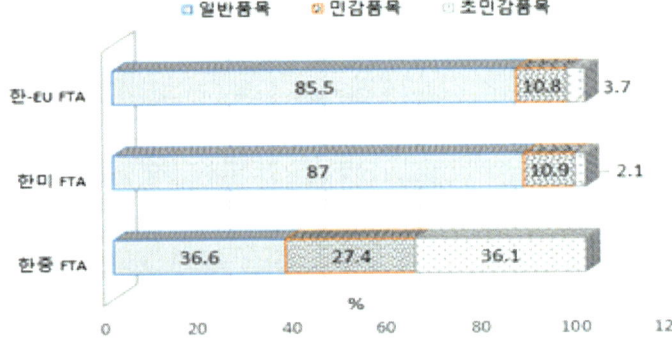

자료: 『한·중 FTA 타결과 농업부문의 과제 2014』, 농촌경제연구원

일반품목에서 즉시 철폐 216(13.4%), 5년 후 철폐 209(13.0%), 10년 후 철폐 164(10.2%)이며, 민감 품목에서 15년 철폐 202(12.5%), 20년 철폐 239(14.8%)이다. 초민감 품목에서는 TRQ(저율관세 할당)* 7개(0.4%) 양허제외가 548개(34.0%)이다. 쌀을 비롯한 식량 작물, 양념채소(고추, 마늘, 양파), 무, 배추, 토마토, 딸기 등 채소류와, 사과, 배, 감귤 등 과일류, 돼지고기, 소고기 등 육류, 그리고 인삼, 버섯 등 특용작물 대부분이 관세 철폐 대상에서 제외돼 있다.

---

* Tariff rate Quotas: 정부가 허용한 일정 물량에 대해서만 저율 관세를 부과하고, 이를 초과하는 물량에 대해서는 높은 관세를 부과한다.

나. 한·중 농산물 무역의 전망

중국은 한국의 제1의 무역 상대국이다. 연간 전체 교역액의 약 24%를 중국과 거래하고 있어, 미국과 유럽연합의 교역액을 합친 무역액보다 많다. 중국 입장에서 한국은 미국과 일본에 이어 제3의 무역 대상국으로서 중요한 위치를 차지하고 있다.

2016년 한중 교역액은 211,413백만 달러(수출+수입)로서 한국은 37,453백만 달러의 흑자를 나타내고 있지만, 농림축수산물을 따로 놓고 보면 1998년 이후 계속 적자 행진을 이어왔다. 또한 적자폭이 해를 거듭할수록 증가되고 있는 추세를 보였다. 2016년 세계 경기 둔화로 교역액이 감소한 가운데 중국과의 무역도 감소했다. 2016년 농림축수산 무역에서는 4,177.2백만 달러의 적자를 보였다.

<그림 1-13>은 중국과의 농림축수산물 교역 중 약 55%의 비중을 차지하는 농산물 무역만을 따로 살펴본 것이다. 과거 18년간 일방적으로 적자폭이 늘고 2016년 수입액이 감소함으로써 적자폭이 다소 줄어든 양상을 보인다. 중국의 신선채소나 과일과 경쟁한다는 것은 힘겨워 보인다. 가격뿐 아니라 품질에서도 소비자의 구미에 맞게 생산하기 때문이다.

정부는 쌀을 비롯해 소, 돼지, 닭고기 등의 축산물과 과실류 등 주요 농산물에 대해서는 양허제외를 했기 때문에, 농업 분야의 큰 피해는 없을 것이라는 설명이다. 이에 따르면 품목 수 기준 29.8%, 수입액 기준 60.0%가 우리 측 관세철폐 대상에서 제외되었다는 것이다. 총 548개 품목에 대해 양허 대상에서 뺐고, 대두, 참깨 등 7개 제품에 대해서는 농업에 영향을 적게 미치는 수준에서 저율관세할당(TRQ) 물량을 제공한다는 것이다. 결과적으로 농업 분야는 가장 낮은 수준의 개방이 이뤄지게 됐다고 강조했다.

'양허제외'란 무엇인가? 기존의 수입 조건을 유지하겠다는 의미이고, '수입 금지'를 의미하는 것은 아니다. 양허는 앞으로 개방을 축소하지 않겠다는 국가 간의 약속을 뜻한다. 양허제외는 시장 개방에서는 제외시킨다는 의미이며, 관세 혜택을 받지 못하고 FTA가 발효돼도 똑같은 관세가 부과된다. 촘촘한 그물망으로 우리 농산물의 보호를 위한 장치로서 한·미나 한·EU 간의 FTA와는 달리 양허제외된 농산물이 많은 것은 인정된다. 그렇다면 그동안 우리의 식탁에 오르던 중국 농산물 수입이 감소하고 우리 농산물이 제값을 받을 수 있을까?

그림 1-13. 한중 농산물 교역 추이(1998~2016년)

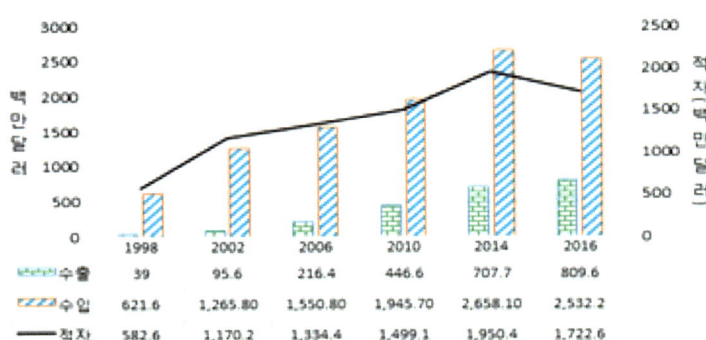

이미 중국산 농산물의 범람으로 피해가 지속되고 있는 현실은 설명하지 않고 있다. 중국은 가장 가까운 인접국인 데다 농산물 품목과 소비 성향이 비슷한 조건에서 '서류 제출의 전자화', '48시간 내 통관 원칙', '부두 직통관제' 등의 수입절차가 간소화되면, 국내 유통되는 신선 농산물과 다를 바가 없다. 수도권 인근에서 시도되고 있는 근교농업을 '대륙형 근교농업'이 잠식하는 형태와 다를 것이 없다.

여기다 양허제외된 주요 농산물을 일차 가공해 다른 품목으로 세번(稅番, Tariff line, 관세율상 분류된 상품번호)이 매겨지면, 관세가 감축되는 수입으로 둔갑할 수 있다는 점도 불안 요인으로 꼽힌다. 일례로 당근, 무, 배추 등은 양허제외이지만, 채소류 혼합물은 현 27%의 관세를 20년간 단계적으로 철폐토록 돼 있다. 더욱이 조제저장 처리된 기타 채소의 경우 기존

20%의 관세를 향후 5년간 10% 균등 감축해서 수입하면 되는 것이다. 무, 배추 대신 김치(20% 관세)로 기존 관세의 10% 감축된 조건에서 수입해 올 수 있다. 한마디로 양허제외된 농산물을 가공된 농산물로 세번(稅番)을 바꾸어 수출하면, 낮은 관세로 들어올 수 있다는 이야기다.

우리의 대 중국 농산물 수출은 대부분 가공식품에 머물고, 그중에도 주류, 당류, 면류, 과자류가 주종을 이룬다. 이는 농민 생산자의 직접 소득이라고 볼 수 없으며, 원료도 국산이 아닐 수 있다. 원예작물 중에서는 채소류(토마토 가공품, 종자 등), 화훼류(난류), 과실류(유자 가공품, 과실 혼합물)가 수출되고 있지만, 신선채소와 과일은 언제나 밀려나 있다.

맺는 말

중국의 강한 힘과 자신감은 어디서 오는 것인가? 우리는 중국에 대해 알아갈수록 넓고 크고 많다는 것에 놀란다. 우리가 부족하거나 없는 것을 가지고 있기 때문일 것이다. 그들의 땅, 사람들, 그리고 많은 민족 구성과 다양한 문화의 공존을 보면 그렇다. 1978년 이후 개혁개방을 하며 일어난 경제발전과 국제무대 등장은 옛 '죽의 장막' 시절의 중국이 아니다.

2000년대에 들어서며 영국, 독일, 일본의 GDP를 넘어 경제대국으로 올라 G2의 서열에 들었다. 원자탄을 비롯한 무기개발, 유인 우주선 발사, 무인 달 탐사, 베이징 올림픽, 상하이 국제박람회, 건국 60주년 행사, AIIB(아시아 인프라 투자은행)의 국제 금융조직 등뿐 아니라, 국내의 고속철도, 고속도로, 항공산업, 통신, 에너지 등 전 분야에서 굴기(崛起)를 거듭하고 있다.

중국 농업의 근본적인 문제는 과다한 농촌 인구와 경지가 협소한 영세농 구조라는 것과 노동력의 질이 낮다는 점이다. 이런 가운데 정책적으로 식량과 섬유작물의 재배를 강조하고 경제작물을 등한시하는 체제 하에서는 농업 발전이나 농가소득의 향상을 기대하기 어려웠다. 1949년 건국 이후 1978년의 개혁개방 이전까지, 30년간 나름대로 경제 발전을 이룩한 것으로 평가된다. 그러나 농업의 저생산성과 저소득, 그리고 농촌의 빈곤 문제는 크게 개선되지 못했다.

1978년 12월 중국공산당 덩샤오핑(鄧小平) 정권이 탄생하면서, 이른바 중국식 사회주의 시장경제 체제로의 개혁개방을 추진했다. 이후부터 산업구조는 상대적으로 생산성이 낮은 농업에서 생산성이 높은 비농업으로 이행되어, 1978년 국내총생산 중 1차 산업 비중은 27.9%였으나, 2016년 8.6%로 지속적으로 하향되었다. 반면 2차 산업은 약 40~48% 사이에서 큰 변화가 없고, 3차 산업은 1978년 24.6%에서 2016년 51.6%로 크게 향상되었다. 1차 산업 가운데 내부적으로는 목축업과 어업이 차지하는 비중이 지속적으로 높아진 반면, 농업의 비중은 상대적으로 낮아졌다.

노동인구의 취업별 구성에서도 크게 달라졌다. 특히 서비스 산업으로의 인구 이동이 많았다. 개방 초기의 고용구조는 70.5%가 1차 산업 부문에 종사했고 2, 3차 산업에는 각각 17.3%, 12.2%가 고용되어 일하고 있었다. 지난 2016년 1차 산업 고용 비중은 30% 미만으로 감소한 반면, 2, 3차 산업은 각각 28.8%, 43.5%로 늘어났다. 특히 3차 산업의 고용인구가 크게 팽창하여 구조구성의 3배 이상, 그리고 2차 산업은 17.3%에서 28.8%로 변동되었다.

1978년의 개혁개방 이후 중국 농업부문의 변화는 한마디로 역동적이라고 할 수 있다. 농림축수산업의 생산액 구성에서도 개방 초기 1980년 1차 산업 생산은 농업 부문에 편중되어 76%나 되었고, 축산 18%, 임업과 수산이 각각 4%, 2%를 점유했다. 그러나 2016년 생산액 구성은 큰 폭으로 달라져 농업 부분이 21%나 줄어든 반면, 축산과 수산업이 크게 신장되어 각각 30%와 11%로 크게 증가되어 조정되었다.

식량작물재배 면적은 감소하는 추세를 보이지만, 채소와 과수 재배 면적은 7배 이상, 유료작물 1.8배, 담배와 차 같은 경제작물은 증가 추세를 보였다. 특히 채소 재배 면적은 농작물 재배 면적의 12.9%를 점유할 정도로 매년 증가 추세를 보였다. 식량 재배 면적이 줄어들어도 전체 식량 생산량은 오히려 크게 증가했다. 1978년 개방할 당시에 식량 생산량은 3억 톤을 좀 더 넘는 수준에 있었으나, 2013년 사상 처음으로 6억 톤을 넘어섰다. 이후 6억 톤 이하로 떨어지지 않았고, 2016년 6억 1,625

만 톤을 생산했다. 이 같은 성과는 품종개량, 관개면적의 증가, 화학비료 사용 증가, 기계화 동력의 증가, 병충해 방제 등으로 단위 면적당 수량이 크게 높아지고, 식량을 시장에 내다 팔 수 있는 토지 소유의 도급제 실시로 증산 의욕이 높아졌기 때문이다. 이는 세계 7%의 경지 면적을 가진 중국이 세계 인구의 20% 인구를 부양할 수 있게 되었다고 그들 스스로 자랑하는 정도에 이르게 되었다.

식량의 자급률은 대두를 제외하고 곡물은 90% 이상, 육류, 채소, 과실 등은 거의 100%에 달하고 있다. 중국의 축산업 발전 속도는 농업과 임업의 발전 속도에 비해 훨씬 빨랐다. 1978년과 비교하면, 2016년의 축산업 생산액(31,703억元)은 명목상 약 151배 증가했으며, 연평균 성장률은 15.1%에 달했다. 특히 식생활의 다양화로 육류 소비가 늘어나고, 우유 생산량은 연간 11.0%씩 성장해서 2016년 3,602.2만 톤을 생산했다. 육류 소비 구조가 개선되어, 육류 가운데 소고기와 양고기가 우등재로 소비 행태가 이행되는 추세를 보였다.

개혁개방 후 38년 동안 중국 농민소득은 지속적으로 증가하고 농민의 생활수준이 크게 개선되었다. 농민의 수입 동향을 보면, 농민 1인당 연평균 순수입은 1978년 133.6위안에서 2016년 12,363위안으로 상승하여 약 80배 이상 증가했다. 이 기간 동안 연평균 소득성장률은 13.0%로, 동기간 동안의 농업 성장률보다 더 높았다. 그러나 도시와 농촌, 동부와 서부 지역, 그리고 계층 간의 소득격차는 매우 높고, 가까운 장래에 해소될 문제도 아니었다.

중국은 농업 경영에서 규모화된 경영 주체를 지향하고 있다. 고질적인 영세농에서 탈피해 선진국 같은 대규모 기계화 농업의 꿈을 갖고 있다. 토지는 도급하거나 농민공으로 농촌을 떠난 후 남은 유동 토지를 이용해서 규모화, 집약화하고, 상품 농산물을 생산하려는 것이다.

중국 3농정책의 핵심은 '사회주의 신 농촌 건설'이며, 지역 간의 격차를 해소하기 위해서는 '서부 대개발 계획'을 추진하고 있다. 농촌의 잉여 노동을 줄이고, 향촌의 인구를 도시화하고, 영농 규모를 확대해 노동생산성을 강화하고, 국제 경쟁력을 높이는 것이다. 그 구체적 실천을 위한 노력에는 농업 현대화 발전 가속화, 농촌 기초 인프라 건설 및 공공 서비스 강화, 농민의 소득증대 계획이 포함된다. 향진기업은 지역 간에 그 분포가 다르긴 하지만, 농촌의 비농업 부문, 2, 3차 산업 부분을 담당하면서, 농촌의 고용과 지역 특산물 생산에 크게 기여하고 있다.

한·중 교역액에서 농림축수산업이 차지하는 비중은 3% 정도에 지나지 않는다. 그러나 그동안 국내에 들어온 중국 농산물이 국내시장에 미치는 영향은 대단히 컸다. 작부 체계, 농산물의 소비유형, 가격 경쟁력, 인접성 등으로 보아 우리에게 절대적으로 불리한 조건임에도 FTA를 정책적으로 성사시킨 것은 2, 3차 산업의 유리한 점 때문이다. 1,611품목의 농산물 중 581품목이 초민감 품목으로 분류되고, 양허제외가 548개 품목으로 지정되었다.

양허제외 품목의 지정으로 농산물 대량 수입으로 인한 농가 피해는 막을 수 있다고 장담할 수는 없다. 지정된 '양허제외' 품목이라 할지라도 가공처리로 관세를 낮출 수 있는 길이 있고, 중국 농산물에 대한 성가가 높아져 국내 소비자가 찾는다면 수입량은 증가할 수밖에 없을 것이다.

세계의 GDP는 2016년 상위순위로 100개 국가를 합하면 약 72조 8,987억 달러이다. 이 중 미국이 25.4%, 중국이 15.6%를 차지하여 G2국가가 100개국 GDP의 41%를 점유하고, 중국은 미국 GDP의 62%에 육박하고 있다. 과거처럼 9% 이상의 경제성장을 지속한다면, 멀지 않은 장래에 미국을 능가할 것이다. 중국의 강한 힘과 자신감은 그들의 경제발전과 식량자급이 그 원천이다. 한 자녀 정책의 제한을 푸는 것도 여기에 기인한다. 경제발전으로 인한 환경오염, 농업용지의 감소, 수자원 고갈 등의 문제 외에도 삼농 문제, 빈부격차, 인권유린과 부정부패, 가짜 상품이 양산되며 언론이 통제되는 나라로 부정적인 측면이 있지만, 미국과 맞설 수 있는 잠재력을 가진 국가라는 점은 부정하지 못할 것이다.

참고문헌

1. 고재모, '중국의 토지제도 변천 과정과 실태', 《대중국 종합연구 협동연구 총서》 2011-03-32, 경제·인문사회연구회, 2011
2. 관세청, '한중 FTA 100문 100답', 2015
3. 국토연구원, '중국의 12차 5개년 계획에 제시된 중국의 국토전략·특성, 한국에 대한 시사점', 2011
4. 김수한, 유다형, 신문경, '중국 농민공 현황 및 특징', 인천발전연구원, 2017
5. 문정구, '중국의 농업구조 개혁과 전망', 《중국 연구 제20집》, 건국대학교, 2001
6. 산업연구원. '중국 제12차 5개년 계획 방향과 우리의 대응', 2011
7. 서완수, '시장경제 전환 30년. 중국 농업의 변화와 한·중 농산물 무역의 진전', 《북방농업연구 31권》, 북방농업연구소, 2011
8. 서완수, '중국의 주요 축산물 생산 현황과 유통과정 및 소비의 변화', 《북방 농업연구 29권》, 북방농업연구소, 2010
9. 이호중 이경태, 'FTA 발효 이후 국내 농업 분야의 피해 영향에 대한 연구'. 국회 사무처, 2014
10. 장지용, 정도영, '중국의 경제성장에서의 농업의 역할: 무제한 노동력 공급의 모형의 검증', 《동아연구 제58집》, 2010
11. 정정길, 구기보, '중국의 농업구조 변화와 농업정책 동향', 《한중 사회과학 연구》, 2003
    — 정정길, '중국 농업의 현황과 농정 동향', 《중국 농업 동향》, 한국농촌경제연구원, 2013
    — 정정길 외, '중국의 곡물산업 동향과 한·중 식량안보 협력방안', 대외경제정책연구원, 2014
12. 전형진, '중국 농업의 성장과 토지 문제', 한국농촌경제연구원, 2009
13. '중국 농업전망', 한국농촌경제연구원, 2015
14. 충남연구원, 「중국의 동향과 진단」, 미래전략연구단 중국연구팀, 2015
15. 송관정, 한상수, 1993, '중국의 농업지대 구분과 농업 특성', 《국제농업개발학회지》 제5권 1호. 1993
16. 『中國住戶統計年鑒』, 中國統計出版社, 2017
17. 『中國農村統計年鑒』, 中國統計出版社, 2017
18. 『中國統計年鑒』, 中國統計出版社, 2017
19. www.stat.kita.net
20. www.kati.ne

제2장
러시아의 농업

러시아는 17,098.2천㎢의 국토로, 세계 토지면적의 약 12.5%를 차지한다. 이는 한반도의 76.8배나 되는 광활한 땅으로서, 세계에서 가장 넓은 땅을 가지고 있다. 인구는 1억 4,680.4만 명(2016년), 인구밀도는 8.4명/㎢로, 한국의 492명/㎢과는 비교가 안 되는 낮은 인구밀도이다. 민족은 러시아인 79.8%, 타타르인 3.8%, 우크라이나인 2.0%이지만 다수의 소수민족이 공존하며, 언어도 러시아어 외에 다수의 소수민족 언어가 사용되고 있다. 종교는 러시아 정교가 대다수이며, 회교와 유대교 신자도 있다. 정치 체제는 대통령 중심제(연방공화제)로 바뀌었고, 다당제로 운영되며, 의회는 양원제로 상원 166석, 하원 450석이다.

　소련(소비에트 사회주의 공화국 연방)은 1991년 12월 26일 고르바초프의 소련 해체 선언과 함께 러시아 삼색기가 올라가면서 공식적으로 해체되었다. 이후 곧바로 소련을 구성하고 있던 공화국 15개가 독립했다. 따라서 소련의 붕괴로 서방과의 냉전, 소련 내의 갈등이 결국 종료되고 말았다.

　1980년대 미하일 고르바초프(Michael S. Gorbachev)는 개방/개혁(글라스노스트/페레스트로이카)을 시행하고, 공산당 일당제를 폐지했다. 그러나 이 개혁은 소련의 다양한 공화국 내에서 오랫동안 억압된 민족 운동과 유혈 충돌을 수면 위로 올라오게 했다. 동유럽 혁명 이후 소련에 대한 더 많은 민주주의와 자치 도입을 주장하며 벌이는 고르바초프에 대한 시위로 공산주의 국가의 몰락을 가져왔다.

　우리가 관심을 갖는 곳은 연해주이다. 연해주는 북한과 중국의 흑룡강성과 길림성을 접경하고 있는 극동 연방관구의 9개 행정구역 중의 하나이다. 한반도의 약 75% 정도의 크기이며 남한의 1.6배로서 80%가 산악지대이다. 중국과 분할 소유하고 있는 항카 호(중국명: 興凱湖 Xingkai) 주위에

평야가 발달돼 있다. 1860년 이전 중국 땅이었으나 북경조약*에 의해 러시아에 할양되면서 오늘에 이르렀다. 블라디보스토크가 주도(州都)이다. '동방을 점령하라'는 의미의 이 항구는 오늘날 러시아의 중요한 부동항으로서, 인구 61.7만 명이며, 러시아 극동 지역의 경제, 교역, 군사, 교통·물류, 교육·과학, 문화의 중심지이다.

러시아를 포함해 독립국가연합(CIS)에는 총 53만 명의 한국 교포가 살고 있다. 러시아에 25만 명, 우즈베키스탄 18만, 카자흐스탄 10만, 우크라이나 3만, 키르기스스탄 2만 명 정도가 살고 있으나 러시아로의 이동이 많아지고 있다. 연해주에는 약 3만 명 정도 거주하는 것으로 알려져 있다. 연해주는 옛 발해의 땅이었고, 많은 한민족이 생활 터전을 잡고 살았던 곳이다.

2012년 아시아태평양경제협력체(APEC) 회의가 열렸고, 러시아 최대 해운회사인 극동해운회사(FESCO), 대형 조선소 선박 수리소, 태평양 함대사령부, 극동 연방대, 해양국립대, 수산대 및 러시아 과학 아카데미 극동 지부가 이곳에 위치한다. 또한 모스크바-블라디보스토크 간 시베리아 횡단철도(9,288㎞)의 종착지이며, 육로로 하바롭스크와 778㎞, 북한 선봉 항(先鋒: 옛 雄基)과는 280㎞ 가까운 거리에 있다.

연해주 인구는 2016년 말 1,923.1천 명이고 인구밀도는 11.6명/㎢이다. 인구가 해마다 조금씩 감소하는 것으로 나타난다. 여러 가지 이유가 있을 수 있지만 가장 큰 이유는 다른 지역으로의 인구 유출로 알려져 있다. 극동 지역은 소득에 비해 물가가 상대적으로 높기 때문이라는 것이다. 넓은 토지에 비해 노동력 부족으로 기업형 대형 농장의 자본 집약적인 경영이 주를 이루고 있으며, 가족 영농이나 소농의 생산량은 상대

---

* 아편 전쟁의 결과로 1860년 청나라가 영국, 프랑스, 러시아와 체결한 조약으로 청나라는 영국에 홍콩을 내주고, 러시아에는 연해주를 넘겨주었다. 이후 러시아는 만주로 영향력을 확대하고, 프랑스는 중국 내에서 프랑스인의 우월함을 인정받고, 천주교 전파 등 포교 활동의 자유를 인정받았다. 러시아는 교전 당사자가 아니었지만 조약을 중재했다는 구실로 조약 당사자로 끼어들어 대가를 요구했다.

적으로 많지 않다. 이곳에 우리 농기업들이 진출해 있다.

　연해주는 역사적으로 볼 때 한민족의 생활권이었다. 발해가 퇴조할 때까지 우리의 선조가 지배했던 곳이다. 조선왕조가 기울고 일제의 압제하에 있을 때에는 조선인의 역외 개척 현장이었던 곳이다. 안중근 의사, 이상설, 최재형 등 독립운동가들의 활동무대이기도 했다. 소수민족을 탄압했던 스탈린 정책에 따라 고려인들은 1937년 짐승처럼 열차에 실려 17만여 명이 중앙아시아의 카자흐스탄, 우즈베키스탄의 허허벌판으로 강제이주를 당했다. 이는 고려인의 운명을 송두리째 바꿔 놓은 비극적인 사건으로서, 이후 고려인들은 고향과 뿌리, 역사에 대한 기억상실을 강요당했다.

1
러시아 연방의 개관

가. 러시아 연방의 성립

1991년 이전 소비에트 사회주의 공화국 연방(소련)은 15개의 공화국이 연방을 이루고 있었다. 그러나 공산주의 포기와 공산당 해체를 계기로 소련을 구성하고 있던 각 공화국이 독립을 강행했다. 그럼으로써 러시아를 비롯한 여러 나라의 독립국이 탄생되었고, 발트 3국(에스토니아·라트비아·리투아니아)을 제외한 독립국가연합(CIS)*이 생겨났다. 미국 땅 2배에 가까운 지구촌 최대의 넓은 영토를 가진 러시아는 국토를 8곳으로 분할하여, '대통령 권한대행'이라는 총통 제도를 도입해 국가 경영을 하고 있다.

나. 러시아 연방의 행정구역 구성

러시아는 넓은 땅을 관활하기 위한 행정 단위가 복잡하다. 8개의 연방관구(Federal Districts)로 나누어지고, 이 관구 안에서 연방 주체를 형성하고 있다. 각 관구에 대통령 전권 대표를 임명하고 정책과 지역발전의 효율성을 지향하고 있다. 8개의 관구와 구성하고 있는 연방 시, 주, 공화국, 자치주 등의 수는 다음과 같다.

---

* 소련 시절의 사회주의 공화국에는 러시아, 우크라이나, 벨라루스(백러시아), 아르메니아, 타지키스탄, 카자흐스탄, 우즈베키스탄, 아제르바이잔, 그루지아, 투르크메니스탄, 리투아니아, 라트비아, 에스토니아, 키르기스스탄, 몰다비아 등 15개의 공화국이 연방을 이루었다. 1992년 독립국가연합(Commonwealth of Independent States :CIS)을 형성함으로써 소련은 정식으로 해체되었다.

(1) 중앙(Central): Federal City 1, Oblast 17
(2) 북서(North West): Federal City 1, Republic 2, Oblast 7, Auto. Okrug 1
(3) 남부(South): Republic 2, Krai 1, Oblast 3
(4) 북 카우캐시안(North-Caucasian): Republic 6, Krai 1
(5) 프리볼스키(Privolzhsky=Volga): Republic 6, Krai 1, Oblast 7
(6) 우랄(Ural): Oblast 4, Auto. Okrug 2
(7) 시베리안(Siberian): Republic 4, Krai 3, Oblast 5
(8) 극동(Far Eastern): Republic 1, Krai 3, Oblast 3, Auto. Oblast 1, Auto.Okrug 1

표 2-1. 연방 주체를 구성하는 명칭의 설명과 구성 개수

연방 주체	설명	비고
특별시 (Federal City)	수도 및 제정 러시아 수도	2개
공화국 (Republic)	구소련 당시 통합적인 경제권을 형성하거나 특정 지역에 집단 거주하는 대규모 민족에 일부 자치권 부여의 필요성이 인정된 경우	21개
지방(또는 주) (Krai)	1924~1938년간 비 러시아인들이 주로 거주하던 접경 지역에 전략적으로 설치한 개척지구	9개
주 (Oblast)	제정 러시아 시대의 지방 행정 단위를 재편한 광역 행정 구역	46개
자치주 (Autonomous Oblast)	구소련 당시 공화국의 지위를 부여하기에는 인구·영토 면에서 소규모이거나 자치권 부여의 필요성이 인정된 경우	1개
자치구 (Autonomous Okrug)	주의 소속이나 특정 지역에 거주해 온 토착민 등에 대해 인정	4개

자료: 『극동 러시아 농업투자 환경보고서(2012)』. 농어촌진흥공사

러시아의 기후는 매우 한랭하고 긴 겨울과 짧고 서늘한 여름을 가지는 전형적인 대륙성 기후이다. 대부분 지역이 겨울에는 급속히 추워지는 반면, 여름에는 급격히 기온이 상승한다.

러시아를 여행하면 선물로 판매되는 전통공예품 '마트료시카(Matryoshka)' 목각 인형을 많이 만날 수 있다. 어머니를 뜻한다고 하며 크기에 따라 다르지만 10번을 벗겨내야 아주 작은 인형이 나오는 것도 있다. 기본형으로는 러시아의 전통 두건을 쓴 소녀 그림이 그려져 있다.

보드카는 러시아를 대표하는 술로 알코올 40%를 포함한 독한 술이다. 알코올중독의 주요인이기도 하지만 러시아인이 제일 많이 애용하는 술이다.

세계보건기구(WHO)가 내놓은 러시아인의 평균수명은 70세로, 조사대상 193개국 가운데 124위를 차지했다. 러시아 여성의 평균수명은 76세인 반면 남성은 64세에 그친다. 남성 평균수명만 따지면 캄보디아·가나와 함께 공동 148위다. 러시아 남성의 조기 사망률이 높은 가장 큰 원인은 지나친 음주라고 한다. 사망 원인으로 알코올성 간 질환이 가장 많고, 음주 뒤 사고를 당하거나 싸움에 휘말려 목숨을 잃는 경우도 적지 않다는 것이다.

지나친 음주가 사회 문제로 떠오르면서 러시아 정부는 주세를 인상하고, 판매 제한 조치도 새로 도입했다. 알코올 농도가 10% 미만이면 공식적으로 술이 아니어서, 맥주는 음료수로 분류되었다. 러시아에서 맥주가 술로 규정된 것은 2011년 7월부터이다. 또한 2012년 7월 텔레비전·라디오·인터넷·대중교통에서 주류 광고를 전면 금지시켰고, 2013년부터는 종이매체 술 광고도 금지했다.

다. 경제

러시아는 자원부국이다. 천연가스를 포함한 원유 생산은 세계 1위, 선철 생산 3위, 전력 4위, 강철과 석탄 생산 각 5위, 목재 7위 등이며, 아직도 탐사되지 않은 자원도 많다. 따라서 주요 수출품은 원유, 석유제품, 천연가스, 곡물, 목재, 금속류가 주를 이루고, 수입품은 차량, 기계·설비, 플라스틱, 의약품, 과일 등이다. 풍부한 부존자원 및 관련 산업의 잠재력과 첨단기술 분야의 발달이 러시아의 경제적 강점이라고 볼 수 있다. 그러나 옛 소련 시절의 비효율적 관리체계 및 관료주의가 상존하는 것은 경제적 큰 약점으로 지적될 수 있다.

산업구조(2016년)는 1차 산업 4.4%, 2차 산업 32.5%, 3차 산업 62.1%로 2, 3차 산업이 압도적으로 우세하고, 1차 산업의 비중은 낮다. 국토가 대부분 추운 지역에 위치해 농업 부문의 생산은 기후의 영향을 크게 받는다.

<표 2-2>는 러시아의 최근 국내 및 대외 경제 상황을 보여주고 있다. 해마다 GDP의 수준이 큰 폭으로 부침(浮沈)을 반복했다. 글로벌 금융위기로 2009년 일시 후퇴 이후 2010년 각 4.3%를 기록했으며, 2012년 러시아 경제는 유가 상승과 농업부문의 풍작 등에 힘입어 전년과 동일한 4.3%의 경제성장률을 기록했다.

2014년에는 러시아 루블에 대한 통화 평가절하가 일어났고, 러시아의 최대 수출 품목인 석유 가격이 2014년 6월에서 12월 동안 50% 이상 감소하면서 쇠퇴에 가장 큰 영향을 주었다. 이 경제 위기는 러시아의 소비자와 기업 모두에게 큰 영향을 주었으며, 금융계에도 부정적인 영향을 주었다.

2016년에는 국제 저유가 및 서방세계의 경제 제재 지속 등으로 경제성장은 마이너스 0.8%를 기록했고, 제조업 부문에서 큰 비중을 차지하는 석유제품(-0.7%), 비금속(-0.7%), 금속(-0.3%), 펄프·종이(-0.2%) 등이 마이너스 성장에 그쳤다. 따라서 GDP는 1조 2678억 달러로 추락하고, 1인당 GDP도 내려앉았다. 국제유가의 불안정, 루블화의 환율 변동, 물가 상승률 등에 따라 경제성장이 크게 영향을 받는다. 그러므로 성장률 제고를 위해서는 국제유가와 그 변동성에 크게 의존하는 러시아 경제의 구조개혁이 필요하다고 지적되고 있다.

표 2-2. 러시아 연방의 주요 경제지표

	경제지표	단위	2008년	2010년	2012년	2014년	2016년
국내 경제	GDP	억 달러	16,609	14,873	20,219	20,310	12,678
	1인당 GDP	달러	11,704	10,408	14,246	14,160	8,838
	경제성장률	%	5.2	4.3	3.7	0.7	-0.8
	소비자물가 상승	%	14.1	6.9	4.8	11.4	6.0
대외 거래	환율(달러당)	RUR	24.85	30.37	29.51	38.4	66.7
	상품수지	억 달러	1,797	1,517	1,907	1,889	944
	-수출	억 달러	4,716	4,004	5,439	4,968	2,626
	-수입	억 달러	2,919	2,487	3,532	3,079	1,682

자료: 『세계국가편람 2017』, 한국 수출입은행

2. 러시아의 농업

러시아 연방의 총체적인 농업용지의 구성, 농산물 재배와 생산물, 그리고 축산물 생산을 다룬다. 또한 극동 연방관구의 연방 주체와 경제적인 기초 자료를 살핀다.

가. 러시아 연방

러시아는 전체 면적 중 농업용지 13.0%, 산림 51.0%, 호수와 늪지 약 13%, 기타 23.0%로 구성돼 있다. 농업용지는 곡물 재배지, 휴경지, 과수, 건초 재배지, 방목지로 구성되고 내역은 <표 2-3>과 같다.

표 2-3. 러시아 연방관구별 농업용지별 면적의 구성(2016년)   (단위: 천ha)

연방관구	합계 (천ha)	농업용지 내역				
		경지	휴경지	과수	건초지	방목지
	196,071.8	115,337.6	4,197.4	1,169.8	18,597.1	56,769.9
중앙	29,452.8	22,099.0	463.6	353.8	1,983.0	4,553.4
북서	5,543.0	3,003.5	191.9	84.4	1,262.9	1,000.3
남부	29,717.4	16,630.9	25.4	171.7	745.2	12,144.2
북카프카스	11,346.7	5,388.0	23.5	98.7	519.9	5,316.6
볼가	51,309.3	34,779.4	731.9	212.4	3,040.8	12,544.8
우랄	13,933.6	8,053.7	703.4	55.2	2,232.0	2,889.3
시베리아	49,585.9	23,039.0	1,630.7	141.4	7,561.6	17,213.2
극동	5,183.1 (100.0)	2,344.1 (45.2)	427.0 (8.3)	52.2 (1.0)	1,251.7 (24.1)	1,108.1 (21.4)

자료: Russia in figures 2017

러시아에서 가장 큰 농업용지를 가진 연방관구는 볼가와 시베리아 연방관구이다. 중앙과 남부 연방관구는 비슷하며, 우랄과 북 카프카스 연방관구는 각각 13,993.6천ha, 11,346.7ha로 큰 차이를 보이지 않았다. 또한 북서와 극동 연방관구에서도 각각 5,543.0천ha, 5,183.1천ha로 큰 차이가 없는 수치를 보였다. 극동 연방관구는 제일 작은 경지 규모로, 러시아 전체 농업용지 중 2.64% 정도의 구성비를 보였다. 극동 관구의 농업용지 중에서는 경지가 45.2%로 제일 많았고, 건초 생산지와 방목지가 각각 24.1%, 21.4%를 차지했다.

〈표 2-4〉는 200백만ha 이상의 경작 면적을 나타내는 작물의 면적으로, 1992~2016년의 주요 작물별 면적 변화 추이를 보여준다. 1992년 11,459만ha에서 2016년 7,999만ha로, 약 30% 감소했다. 밀, 보리, 해바라기의 3개 작물이 전체 면적의 54.5%를 점유하고 옥수수, 귀리, 대두, 감자 등은 200만ha를 상회하는 재배 면적을 경작했다. 보리, 귀리, 감자와 사료 작물은 꾸준히 감소하는 추세를 보이는 반면, 옥수수와 해배라기 등 공예 작물은 증가 추세를 이어간다. 하지만 감소하는 면적을 상쇄하지는 못했다. 특히 사료 작물의 재배가 크게 줄어 1992년 면적의 38%에 불과하다.

러시아 휴경지는 우리나라 전체 논 면적보다 많다. 휴경이란 농사를 짓는 농경지에 작물을 심지 않고 주기적으로 땅을 쉬게 하는 것을 말한다. 퇴비나 인공비료가 대중화되기 전까지 휴경은 농사에서 필수였다. 물을 대는 논에는 휴경이 거의 없다. 그러나 러시아와 몽골에서는 밭 경작의 경우 2년 경작 후 1년 휴경하는 경우가 일반적이다.

표 2-4. 주요 작물재배 면적(1992~2016년) (단위: 만ha)

구분	1992년	2000년	2005년	2010년	2015년	2016년
경작 면적	11,459	8,467	7,584	7,519	7,932	7,999
밀	2,428	2,320	2,536	2,662	2,683	2,770
보리	1,457	915	918	721	889	834
옥수수	81	80	82	142	277	290
귀리	854	451	333	290	305	286
해바라기	289	464	557	715	701	760
대두	65	42	72	121	212	223
감자	340	283	228	221	213	205
사료 작물	4,247	2,890	2,161	1,807	1,697	1,638
초지	1,881	1,805	1,456	1,146	1,071	1,065
목초	1,121	595	493	468	454	419
기타	1,004	382	164	155	143	128
휴경 면적	1,303	1,804	1,490	1,466	1,196	1,199

*주: 1. 밀, 보리는 춘파 추파의 합계.
2. 기타는 청예옥수수, 사료용 사탕무 등임.

자료: Russia in figures 2017, p.254

러시아의 곡물은 밀, 옥수수, 보리, 귀리, 호밀, 벼, 메밀, 기장, 수수 등이며, 두과 작물로는 완두, 강낭콩, 팥, 렌즈콩, 식탁 조리용 콩 등이다. 착유 작물로는 해바라기, 대두, 유채, 깨 등으로 구분하고, 공예 작물에서는 사탕무, 전분 생산용 작물, 약용 작물 등을 포함한다. 섬유 작물은 대마, 아마가 주요 작물이다. 사료 작물로는 목초(牧草), 사일리지용 작물, 뿌리 사료 작물, 박과 사료 작물 등이다. 박과 작물에서는 오이, 가지, 토마토, 호박, 수박, 참외, 호박 등을 포함하고 있다.

표 2-5. 주요 농작물 생산량(1992~2016년) (단위: 백만 톤)

구분	1992년	2000년	2005년	2010년	2015년	2016년
곡물	104.1	59.4	62.7	47.0	76.2	86.2
사탕무	25.0	13.3	18.8	19.7	34.7	45.2
해바라기	2.9	3.3	4.7	3.9	6.5	7.6
아마(천 톤)	76.4	48.4	52.6	30.4	34.6	31.4
감자	8.1	2.2	2.4	2.2	4.7	4.2
채소	4.5	2.5	2.1	2.1	2.9	3.1

자료: Russia in figures 2017

<표 2-5>는 1992~2016년 기간의 주요 농작물 생산량을 나타내고 있다. 1992년 곡물 생산은 1억 410만 톤이었으나 2016년 8,620만 톤으로 줄었다. 사탕무와 해바라기, 공예 작물 생산량은 각각 1.8배, 2.6배로 늘어난 반면, 아마, 감자, 채소 생산량은 크게 감소세를 나타낸다. 특히 아마는 약 60%, 감자는 49% 가까이 감소했다.

<그림 2-1>은 2010년과 2016년 작물 생산의 변화된 구성비를 보여준다. 밀, 두류는 큰 변화가 없으나, 보리와 호밀, 귀리 생산량은 감소의 변화를 보였다. 그로트(Groats)는 쌀귀리로, 귀리와 구분되어 집계되었다. 귀리는 감소했으나 그로트는 1% 증가되는 추세를 보였다.

그림 2-1. 주요 작물 생산량 구성비의 변화(2010~2016년)

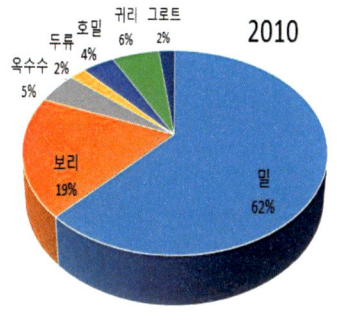
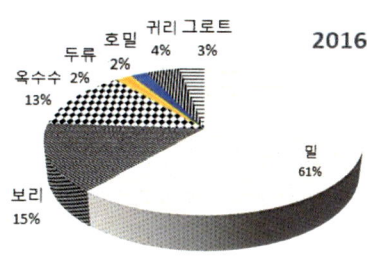

표 2-6. 영농 형태별 주요 농작물 생산량의 구성비(%)

구분	영농 주체	2000년	2005년	2010년	2015년	2016년
곡물	농기업 가족 영농 소농 단체	90.8 0.8 8.4	80.6 1.1 18.3	77.1 1.0 21.9	72.7 1.0 26.3	71.4 0.9 27.7
사탕무	농기업 가족 영농 소농 단체	94.5 0.6 4.9	88.4 1.1 10.5	88.7 0.4 10.9	89.0 0.4 10.6	88.1 0.2 11.7
해바라기	농기업 가족 영농 소농 단체	84.3 1.2 14.5	72.1 0.5 27.4	73.0 0.6 26.4	70.3 0.4 29.3	68.7 0.4 30.9
감자	농기업 가족 영농 소농 단체	7.5 91.2 1.3	8.4 88.8 2.8	10.5 84.0 5.5	13.8 77.6 8.6	13.6 77.9 8.5
채소	농기업 가족 영농 소농 단체	22.9 74.7 2.4	18.7 74.4 6.9	17.1 71.5 11.4	17.9 67.0 15.1	18.9 66.5 14.6

주: 농기업(Agricultural enterprises), 가족 영농(household farms), 소농 단체(Peasant farms).

자료: Russia in figures 2017

<표 2-6>은 영농 형태별 주요 농작물 생산량의 구성비를 보인다. 러시아에서 영농 주체의 형태는 세 가지가 있다. 첫째, 농기업으로서 대규모의 자본 집약적인 농업이다. 유한회사, 생산조합, 비농업 조직의 부속 농장 등이 여기에 속한다. 곡물, 사탕무, 해바라기 등 대형 면적을 필요로 하는 농업은 대형 농기계를 채용하며 특화돼 있다.

둘째, 가족 영농은 주로 가족이 노동을 제공하는 구성원이 되고, 농촌과 도시 근교에 정착해 상품 농작물(곡물, 감자, 원예 작물)과 축산물을 생산하는 영농이다. 셋째, 소농 단체의 농산물 생산은 같은 목적이나 속성을 가진 시민연합이 소유하는 농장으로서 공동 생산을 하며, 생산물의 가공, 저장, 수송, 판매도 한다. 농기업에 비해 대량 생산이 아니며, 소규모 면적의 토지에서 주로 자급형의 농작물을 생산한다. 작물 재배

도 있고 축산물 생산에도 참여한다.

러시아인들은 도시에 살면서 시골에 '다차(Dacha)'라고 불리는 터밭이 딸린 주말 주택을 가진 이가 70% 이상으로 많다. 이는 일종의 별장이라고 볼 수 있다. 주로 주말이나 여름에 가서 살면서 농산물을 생산한다. 대개 5월에서 10월까지 생활하고 자연을 즐기며, 주로 과일, 채소, 감자 등을 생산하는 소농 역할을 한다. '다차'에서 생산된 농작물은 자급용으로 쓰이지만, 남는 것은 시장에 내다 팔기도 한다.

'다차'를 중심으로 이루어지는 러시아의 휴가 문화는 우리와 같이 주로 개인 또는 단체 여행을 하면서 소비하는 것이 아니라, 주말농장에서 가족, 자연과 함께 소일하면서, 텃밭에서 채소나 감자 등을 직접 가꾸며 보내는 생산적인 휴가 문화라고 볼 수 있다. 곡물과 사탕무, 해바라기의 재배는 대체로 농기업이 담당하며, 감자와 채소의 재배는 가족 영농에 편중돼 있는 것을 볼 수 있다(그림 2-2). 소농 단체의 영농 활동은 전체 생산량의 구성에서 차지하는 구성비가 상대적으로 크지 않다.

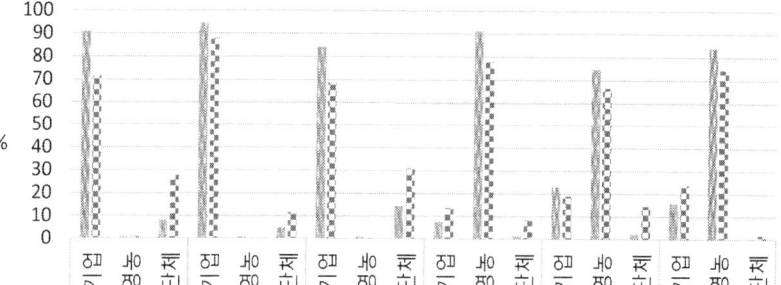

그림 2-2. 러시아 연방 농업 형태별 농작물 생산량의 구성 (단위: %)

자료: Russia in figures 2017

<표 2-7>은 2016년 영농 형태별 가축 두수를 보인다. 양과 염소가 2,480만 두로 가장 많고, 소 1,180만 두, 돼지 2,200만 두이며, 젖소는 830만 두로 상대적으로 적은 수치를 보였다. 가축의 사육은 농기업이나 가족 경영에서 공히 사양되고 있지만, 돼지는 농기업에 편중되었고, 젖소와 양과 염소는 가족 경영의 사육이 우세했다.

표 2-7. 영농 형태별 가축 두수(2016년) (단위: 백만 두)

구분	소	젖소	돼지	양과 염소
계	18.8	8.3	22.0	24.8
농기업	8.4	3.4	18.4	4.2
가족 경영	8.0	3.7	3.2	11.5
소농 단체	2.4	1.2	0.4	9.1

자료: Russia in figures 2017

<표 2-8>은 연도별 가축 두수의 추이를 보여준다. 1992년 가축 수는 가장 많았고, 해가 거듭됨에 따라 전 축종에서 감소를 나타낸다. 2016년의 축종에서 소 64%, 양과 염소 52%, 돼지는 31% 감소를 나타낸다. 1991년 12월 소련의 해체와 함께 유지되던 집단 농장이 해체되고 새로운 영농 경영체로 바뀌면서, 경영 합리화에 따라 발생한 감소로 추정할 수 있다.

표 2-8. 연도별 가축 두수의 추이(1992~2016년) (단위: 백만 두)

구분	소	젖소	돼지	양과 염소
1992년	52.2	20.2	31.5	51.4
2000년	27.5	12.7	15.8	15.0
2005년	21.6	9.5	13.8	18.6
2010년	20.0	8.8	17.2	21.8
2012년	19.9	8.9	18.8	24.2
2014년	19.3	8.5	19.5	24.7
2015년	19.0	8.4	21.5	24.9
2016년	18.8	8.3	22.0	24.8

자료: Russia in figures 2017

<표 2-9>는 연도별 축종별 육류 생산을 보인다. 도체합계 육류는 2013년부터 1992년의 생산량을 넘어서고 있다. 가금류의 육류 생산이 큰 진전을 보여, 가금육류는 3.2배 더 증산되었다. 그리하여 2016년의 도체합계는 소와 돼지, 양·염소의 육류 생산량 감소에도 이를 상쇄해서 1992년보다 많은 통계량을 보였다. 가금육의 생산이 이처럼 늘어난 것은 전문기업에 집중되어 가금육의 87%, 계란의 76%를 생산하기 때문이다. 또한 가금육의 소비자 가격이 쇠고기나 돼지고기의 50%를 조금 넘는 수준이어서 수요가 높아지고 있으며, 정부도 가금육 증산에 힘을 실어주고 있다.

양계의 생산원가에서 차지하는 사료비는 70% 이상이지만 사료의 품질 문제는 해결되지 않고 있다. 배합사료는 곡물 65% 중 밀 26%, 옥수수 23%, 보리 6%가 필수적으로 포함되어야 한다. 그러나 러시아 양계 사료를 보면 옥수수는 필요량의 90%만 공급되고, 두류와 수입 박류를 포함한 유박은 50% 수준이다.

표 2-9. 연도별 육류 생산의 추이(1992~2016년)　　　　　　　　　　　　　(단위: 1,000톤)

구분	도체합계	축종			
		소	돼지	양과 염소	가금류
1992년	8,260	3,632	2,784	329	1,428
2000년	4,446	1,898	1,578	140	768
2005년	4,990	1,809	1,569	154	1,388
2010년	7,167	1,727	2,331	185	2,847
2012년	8,090	1,642	2,559	190	3,625
2014년	9,070	1,654	2,974	204	4,161
2015년	9,565	1,649	3,099	204	4,536
2016년	9,931	1,624	3,390	210	4,631

자료: Russia in figures 2017

돼지의 경우, 100kg 증체를 위해 필요한 사료는 유럽연합이 360kg, 미국 410kg인 데 반해, 러시아는 556~820kg로 대단히 높다고 알려져 있다. 이는 사료의 낮은 품질이 주 원인이고 기후적인 요인도 있을 것으로 추정된다.

표 2-10. 농업 경영 형태별 농업 생산액(2000~2016년)　　　　　　　　(단위: 백만 루블, %)

연도	합계	농기업	가족 영농	소농단체
2000년	742.4 (100.0)	335.6 (45.2)	383.2 (51.6)	23.6 (3.2)
2005년	1,380.9 (100.0)	615.6 (44.6)	681.0 (49.3)	84.3 (6.1)
2010년	2,587.8 (100.0)	1,150.0 (44.4)	1,250.4 (48.3)	187.3 (7.2)
2015년	5,165.7 (100.0)	2,658.0 (51.5)	1,932.7 (37.4)	575.0 (11.1)
2016년	5,626.0 (100.0)	2,970.5 (52.8)	1,953.3 (34.7)	702.2 (12.5)

자료: Russia in figures 2017

<표 2-10>은 러시아의 영농 형태에 따른 농업 생산액을 보여준다. 2000년도의 농기업 생산액은 335.6백만 루블, 가족 영농 생산액은 383.2백만 루블, 개인 농장의 생산액은 23.6백만 루블로, 각각 45.2%, 51.6%, 3.2%를 차지했다. 그러나 2016년에는 가족 영농보다 농기업의 비중이 높아져 52.8%로 2,970.5백만 루블이었고, 가족 영농은 34.7%로 1,953.3백만 루블이었다. 이는 전체적으로 가족 영농이 감소하고 농기업이 증가하고 있다는 증거이기도 하다.

농지 사유화가 이루어졌지만, 농업 생산성이 낮고 수출 농산물로 이어지는 발전은 어렵다. 실제로 수출이 이루어진다 해도 수출항이 서북부, 서남부, 그리고 극동 지역에 있어서, 중간에 위치한 지역은 높은 육상의 운송비, 엘리베이터의 부재 등으로 수출을 어렵게 만든다.

표 2-11. 러시아 식료 및 농산원료의 무역(섬유류 제외)　　　　　　　　(단위: 10억 달러)

구분		2000년	2005년	2010년	2012년	2014년	2016년
국가	수출	105	243.8	400.1	527.4	496.8	281.8
	수입	44.9	125.4	245.7	335.8	307.9	191.4
농산물	수출	1.6	4.5	5.5	16.8	19.0	17.0
	밀 (만 톤)	59.4	1,034.8	1,184.8	1,602.5	2,123.0	2,532.7
	수입	7.4	17.4	36.4	40.7	40.0	20.9

자료: Russia in figures 2017에서 작성

〈표 2-11〉은 러시아의 연도별 수출입과 식료 및 농산원료의 무역 시계열 자료이다. 러시아의 2016년 무역 규모(4,73.2억 달러)는 한국(9,630억 달러: 2016)의 약 50% 수준이다. 그중 농산물 교역은 8.6%를 점유하고, 농산물의 수출은 밀이 대세를 유지하여 꾸준한 증가세를 유지했고, 2016년 2,532.7만 톤을 수출했다. 국가 전체의 수출은 수입보다 많지만, 농산물의 경우 수입액이 훨씬 많았다. 그러나 그 간격은 좁혀지고 있다. 러시아는 농산물 수입 대국이다. 신선 냉동 식육, 육류 통조림, 감귤류, 설탕 등의 수입이 대세를 이룬다. 곡물 생산량은 증가하고 있지만, 고부가가치 상품인 고기, 과일, 야채, 낙농 식품은 거의 수입에 의존하고 있어서 만성적자가 이어지고 있다.

나. 극동 연방관구(Far Eastern Federal District)

러시아를 구성하는 8개의 연방관구 중에서 극동 관구는 러시아 전체 면적의 36.1%인 6,169.3천㎢를 점유하지만, 인구는 전체의 4.4%인 6,291.9천 명에 불과하다. 민족 구성은 러시아인이 81.7%로 압도적으로 우세하며, 야크트인 6.5, 우크라이나 4.2, 고려인 0.9%, 기타 5.9%로 다양하다.

한반도의 27.8배이며 남한의 62배쯤 되는 광활한 땅이다. 관구의 구성은 9개의 주, 공화국, 자치주로 이루어지며, 극동 관구의 수도는 하바롭스크(Khabarovsk)이다. 이 지구상에서 사람이 사는 마을 중에 제일 추운 곳도 사하공화국의 오미야콘(Oymyakon)이란 곳으로, 1월 평균기온 영하 51℃를 기록한다.

극동 관구의 산업구조는 중국과 달리 우리나라와 상호 경쟁하는 분야가 거의 없고, 앞으로도 경쟁 가능성은 크지 않다. 막대한 천연자원을 보유한 자원 수출국이다. 우리나라는 제조업과 IT 산업에서 국제적 경쟁력을 가지며 상호보완적인 산업구조를 가지고 있다. 극동 관구에는 석유, 천연가스, 석탄 등 에너지 자원뿐 아니라, 철광석, 귀금속 등의 광물자원이 매장돼 있다고 알려져 있다. 세계적인 러시아의 산림자원과 수산물 어획고의 80%가 이 극동 관구에서 얻어진다. 이처럼 수산자원의 보고이기도 하다. 러시아 전체 다이아몬드 매장량의 82%, 금 매장량의 17.2%가 사하공화국에 있다. 반도체 재료로 쓰이는 안티몬과 우라늄, 주석 등의 자원이 풍부한 지역이 극동 관구이다. 극동 연방관구에 관심이 더 가는 것은 한국의 투자기업들이 연해주를 중심으로 집중돼 있기 때문이다.

표 2-12. 러시아 극동 관구의 경제적 기초(2016년)

연방 주체명	주도	면적 (천㎢)	인구 (천 명)	GRDP (10억 루블)	농업 생산 생산액 (백만 루블)	농업 생산 GRDP 중 비율 (%)
러시아 연방	모스크바	17,098	146,804	64,997.0	5,625,996	8.6
극동 관구 계	하바롭스크	6,169.3 (36.1)	6,182.7 (4.2)	3,549.6 (5.5)	177,697 (3.2)	5.0
연해주	블라디보스토크	164.7 (2.7)	1,923.1 (31.1)	716.6 (20.2)	47,431 (26.7)	6.6
아무르 주	브라고베쉔스크	361.9	801.8	276.9	53,259	19.2
하바롭스크 주	하바롭스크	787.6	1,333.3	571.5	21,700	3.8
유태인 자치주	비로비찬	36.3	164.2	44.9	6,074	13.5
캄차트카 주	뻬뜨로빠블롭스키-캄찻스키	464.3	314.7	171.9	9,444	5.5
마가단 주	마가단	462.5	145.6	124.6	2,471	2.0
사하공화국	야르츠크	3,083.5	962.8	750.0	23,342	3.1
사할린 주	유즈노-사할린스크	87.1	487.4	829.3	12,666	1.5
추코트카 자치주	아나디르	721.5	49.8	63.9	6,074	1.0

*주: 1. GRDP(Gross Regional Domestic Products).
2. 극동 관구계 ( ) 안의 수치는 러시아 연방 전체의 비중이며, 연해주 ( ) 안의 수치는 극동 관구의 구성 비중임.

자료: Russia in figures 2017

<표 2-12>는 극동 관구의 경제적 기초를 제공한다. 2016년 러시아의 GDP는 64조 9,970억 루블(약 1,128조 원)*이며, 이 중 농업부문의 생산액은 5조 6,259억 9,600백만 루블로, 8.6% 정도이다. 극동 관구의 농업부문 생산액은 1,776억 9,700백만 루블로, 지역 총생산액(GRDP)의 5.0%에 그친다.

농업 생산액이 가장 높은 곳은 아무르 주로, 53,259백만 루블, 연해주 47,431백만 루블, 사하공화국 23,342백만 루블이었다. 유태인 자치주에서는 6,074백만 루블이었으나 GRDP 중의 비중은 13.5%로 높아, 농업부문이 주요 산업으로 중요한 소득원이었음을 보여준다. 아무르 주는 극동 지역 농작물의 ⅔와 콩의 50%가 생산되고 있는 곳이다.

극동 관구 지역은 낙엽송, 자작나무, 소나무와 같은 수종으로 대표되는 풍부한 산림 지대이다. 하바롭스크(Khabarovsk)와 아무르(Amur) 지역은 목재의 생산과 가구 수출의 중요한 몫을 차지한다. 풍부한 약용식물과 열매, 각종 허브는 생약에 이용되고, 순록은 녹용을 생산해 한국에도 많이 수출되고 있다. 풍부한 부존자원에도 불구하고 극동 지역에는 도로망이 건설되지 않고, 인프라가 제대로 개발되지 않았다.

그림 2-3. 극동 관구 농작물 생산량의 구성

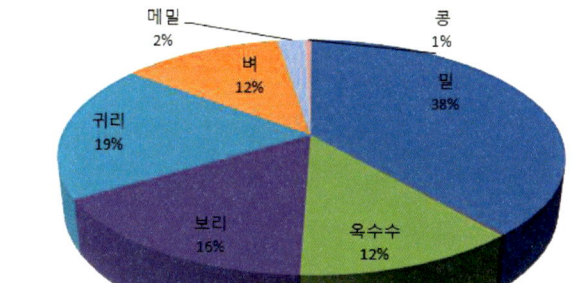

자료: Russia in figures 2017

---

* 원화와 루블화의 환율은 2018년 1월 18일 현재 1루블=18.89원이다.

극동 연방관구 연해주의 농업

연해주는 러시아어로 '프리모르스키 크라이(Primorsky Krai)'로 불리고, 행정 단위 중 '크라이'에 속한다. '프리'는 연안을 의미하며, '모르스키'는 바다를 의미한다. 연해주는 해안선이 1,350km로서 길다. 1924~1938년간 비러시아인들이 주로 거주하던 접경 지역에 전략적으로 설치한 개척 지구에 '크라이'란 명칭을 붙였는데, 러시아 9개 크라이 중 하나이다. 이는 연해주를 일반 행정 단위로 지정하기에는 전략적 중요성과 이질적 요소들이 많아, 일반 행정 단위로 지칭하기보다는 별도의 명칭을 부여해서 중요하게 여긴다는 것을 엿볼 수 있다. 블라디보스토크(Vladivostók)는 소련 해체 이후 1992년 1월 개방되기 이전까지, 외국인뿐만 아니라 자국민들조차도 함부로 출입할 수 없는 군사상의 보안지대였다.

연해주는 우리나라에서 비행기로 2시간 20분(길림성 장춘까지 비행한 후 방향 전환), 동해항에서 배로 17시간의 가까운 거리에 있을 뿐 아니라, 역사적으로 한민족과 밀접한 관계에 있었다. 고대에는 고조선, 고구려, 발해의 영토로서 한민족의 영광과 진취적 기상이 서려 있는 곳이다. 1860년대 조선왕조 후기에는 삼정(三政)*이 문란하고 흉년과 민란이 빈번할 때, 두만강을 건너 삶을 찾아 정착한 생존의 땅이다. 또 1910년 일본의 한반도 강제합병으로 수많은 애국지사들이 이곳에 집결해 첫 망명정부를 세우고, 국권 회복의 결의를 다진 터전이기도 하다. 오늘날에도 발해의 유적지가 남아 선조들의 발자취를 여러 곳에서 찾아볼 수 있는 곳이다.

---

*   ① 田政: 농토에 부과하는 세금 행정 ② 軍政: 군포 징수의 세금 행정 ③ 還穀: 봄에 곡식을 빌려주고 가을에 돌려받는 빈민구제 제도를 삼정이라 하며, 이런 행정 체계가 부패로 문란해져서 민란의 원인을 제공했다.

가. 연해주 농업의 자연환경

연해주는 북위 42~48도에 걸쳐 있으며, 강수량은 연간 600~900mm이고, 무상 기간은 155~161일로서 작물 생육기간에 지장이 없다. 평균기온은 1월에 남쪽지방에서는 영하 -10℃, 북쪽지방에서는 -24℃ 정도 되며, 8월의 더운 여름철 남쪽은 20℃, 북쪽은 14℃에 이른다. 5월에서 10월 중 일평균기온이 10℃ 이상인 일수는 140일 정도이며, 적산온도는 2,500~2,600℃로, 대부분의 작물 재배에 지장이 없다.

그러나 고온의 여름이 짧아 재배 기간에 제한을 받을 수 있으며, 지역에 따라 배수가 필요할 때 지나치게 평평해 물이 빠지지 않는 지역이 있다. 수분 함량의 정도에 따라 다루기 어려운 '포드졸(Podzol: 灰白土)' 토양이어서, 활성 유기물 함량이 적은 찰흙 땅이며, 수직 배수가 불량해 농사 작업에 큰 영향을 준다.

표 2-13. 러시아 연방, 극동 관구, 연해주의 토지이용 형태 (단위: 천ha)

구분	합계	일반작물	휴경지	과수	건초지	방목지
러시아 연방(a)	196,071.8	115,337.6	4,197.4	1,169.8	18,597.1	56,769.9
극동 관구(b)	5,183.1	2,344.1	427.0	52.2	1251.7	1,108.1
구성비(b/a :%)	2.6	2.0	10.2	4.5	6.7	2.0
연해주(c)	1,396.7	699.2	61.2	20.4	273.9	342.0
구성비(c/b :%)	26.9	29.8	14.3	39.1	21.9	30.9

자료: 러시아 연방 주요 농업통계 자료집(2012), 러시아 연방통계청.

〈표 2-13〉은 러시아 연방, 극동 관구, 연해주의 토지이용 형태를 보여준다. 극동 연방관구의 농업용지는 러시아 전체의 2.6%에 그친다. 이는 동토와 늪지대에 속하는 면적이 대부분을 차지하고 있기 때문이다. 따라서 일반작물 재배지의 면적이나 기타 농용지의 구성비도 낮을 수밖에 없다. 그러나 극동 관구에서 연해주의 농업용지 비중은 26.9%로 높고, 일반작물, 과수, 방목지, 건초지 등의 비중은 다른 지역에 비해 압도적으로 우세한 것으로 판단되었다.

나. 농축산물 생산

연해주는 극동 관구 내에서는 상대적으로 좋은 농업지대에 속한다. 연해주는 2016년 육류, 계란, 감자, 채소 생산량에서 러시아 극동 관구 내에서 1위, 곡물과 콩 생산량에서는 2위, 우유 생산에서는 3위를 차지했고, 농업 총생산액은 아무르 주 다음으로 높았다. 2016년 전체 작물 재배 면적은 434.7천ha이다. 이 중 농기업의 재배 면적이 70%를 차지하며, 나머지 30%는 가족 경영이나 소농 단체의 작물재배 면적으로 나누어진다. 소농 단체의 재배 면적이 가족 경영보다 많다.

<표 2-14>는 연해주의 연도별 작물재배 면적 추이를 나타낸다. 2000년과 2016년 작물재배 면적은 큰 변화가 있어 보이지 않으나, 2008년 308.3천ha까지 감소했다가 점차 회복돼 있음을 알 수 있다. 곡물 재배, 특히 밀, 감자, 사료작물의 재배 면적은 큰 감소를 보이는 반면, 콩의 재배 면적은 2000년에 비해 2.7배 증가했다. 결국 연해주 곡물 재배 면적 감소는 콩의 재배 면적이 증가하여 상쇄됐다.

표 2-14. 연해주의 연도별 작물재배 면적 추이(2000~2016년) (단위: 1,000ha)

구분	2000년	2004년	2008년	2010년	2012년	2014년	2016년
재배 면적	436.2	337.3	308.3	314.0	379.4.	423.9	434.7
곡물	167.4	95.9	109.7	80.2	118.6	113.2	106.9
-밀	44.4	23.4	38.7	17.1	24.8	21.0	17.4
공예작물	91.6	128.1	116.5	139.3	171.5	218.2	244.3
-콩	91.3	128.0	116.3	139.1	171.3	218.2	243.5
감자	45.5	34.4	30.1	31.3	32.4	30.6	28.7
채소	12.0	9.6	8.6	10.0	10.6	9.5	10.8
사료작물	119.0	68.8	42.9	52.6	45.5	51.8	43.2

자료: Federal Service of State Statistics 2017

<표 2-15>는 최근 연도의 연해주 농축 생산물의 생산량을 보여준다. 2006년에 비해 모든 농작물이 생산량 증가를 보였고, 특히 콩은 2배 이

상, 곡물은 1.7배 이상 크게 증산된 것으로 나타났다. 가장 많은 생산량을 보이는 것은 감자이며 다음은 곡물로서, 밀, 귀리, 보리 등의 곡물 생산이 큰 증가를 보였다. 채소 역시 약 22% 이상으로 늘어났다. 러시아 연방의 곡물 재배 면적이 감소하는 추세에서 연해주의 경우는 예외적으로 증가하는 추세를 보이고 있는 것이다.

그림 2-4. 우스리스크시 근교 도로변에서 판매되고 있는 농산물

연해주의 주요 작물은 콩이다. 1927년 극동지역 우스리스크에 최초로 설립된 콩기름 공장 '프리모르스카야'가 가장 큰 소비처이다. 연간 10만 톤 내외를 소비하며, 연해주의 시장과 생산량에 따라 적게는 5만 톤에서 최대 15만 톤까지 구매한다. 최근 수요가 점차 감소해 판매시장은 줄어들고 있다. 다행히 대두의 최대 수입국인 중국이 연접해 있어 콩에 대한 수요가 급증해서, 연해주에서 대두의 생산 면적은 점차 증가하고 있는 추세이다.

옥수수의 경우 축산업의 낙후로 인해 사료 소비시장이 협소하며, 생산 면적은 25천ha에 머무르고 있다. 대규모 농지에서 작물을 재배하고 있는 기업은 콩의 연작 피해를 줄이기 위해 '콩-콩-옥수수' 방식의 윤작을 추진하고 있으나, 소비시장이 취약해 어려움을 겪고 있다.

연해주에는 벼농사가 가능한, 즉 관개배수가 가능한 농지가 약 6만ha

정도라고 추산되고 있으나, 현재 약 2만ha 정도만 경작되고 있다. 러시아인의 쌀 소비와 일본 식당의 증가 등으로 쌀에 대한 수요는 점차 증가하고 있지만, 관개시설의 개보수, 수도작 농기계의 확보, 수확 후 관리시설 확충의 어려움 등으로 면적 확대는 더디게 진행되고 있다.

그 이외의 작물로 밀, 귀리 등이 시장 수요에 따라 각각 2만ha 내외에서, 보리가 5천ha 정도 재배되고 있다. 작물의 재배면적은 판매시장이나 소비시장과 밀접한 상관관계를 갖고 매년 탄력적으로 경작되고 있는 상황이다.

축산물에서는 10년 전에 비해 육류는 41.0%, 달걀은 44.9% 증가했다. 우유의 생산은 15.2% 증가에 그쳐 있다. 이는 우유가 생산되더라도 가공시설이 부족한 탓에 판매가 용이하지 않기 때문이라고 추정된다.

표 2-15. 주요 농축산물 생산(2001~2016년) (단위: 1,000톤)

구분	2006년	2008년	2010년	2012년	2014년	2016년
곡물	137.2	164.1	144.7	234.5	307.3	296.8
콩	121.3	102.7	142.2	163.5	272.2	284.5
감자	306.5	323.3	359.5	401.2	421.5	317.5
채소	127.4	125.0	161.0	176.3	193.2	155.2
고기(가금 포함)	25.8	32.5	34.7	39.8	36.2	36.4
우유	108.6	108.2	109.5	113.2	118.5	125.1
달걀(백만 개)	242.0	259.5	309.0	329.5	302.6	350.7

자료: Federal Service of State Statistics 2017

<표 2-16>은 주요 작물의 단위 면적당 수량을 보여준다. 모든 작물이 꾸준한 증가를 나타냈다. 특히 곡물은 약 3배, 감자와 채소는 2배 이상, 벼와 콩은 약 1.4배의 수량 증가를 보였으나, 메밀은 연도에 따라 기복이 매우 컸다. 연해주의 곡물 재배 면적 감소에도 곡물 생산량이 증가한 것은 단위면적 수량이 크게 올라갔기 때문이다. 2000년 곡물의 단위면적당 수량은 1,010kg/ha에 불과했으나, 2016년의 그것은 2,980kg/

ha로 약 3배로 올라간 것이다.

연해주 작물 수량은 2000년도에 비해 크게 개선되었다 할지라도, 주요 식량작물의 국제 평균 수량에는 크게 못 미치고 있다. 콩의 경우 국제 평균 수량은 2,545kg/ha, 밀 2,985kg/ha, 옥수수 5,820kg/ha, 벼 4,910kg/ha이다. 따라서 시비, 관배수, 품종 선택 등 여러 여건에 따라 더 증산될 수 있는 잠재력을 가지고 있다.

표 2-16. 연해주 주요 작물의 단위면적당 수량(2000~2016년) (단위: kg/ha)

작물	2000년	2006년	2008년	2010년	2012년	2014년	2016년
곡물	1,010	1,410	1,540	1,940	2,320	2,780	2,980
벼	1,860	1,700	2,270	2,930	2,140	2,510	2,590
메밀	320	490	320	460	1,200	1,120	410
콩	950	940	980	1,040	1,180	1,310	1,300
감자	5,720	10,560	10,790	11,520	13,330	13,850	11,930
채소	7,150	13,790	13,800	15,180	16,850,	19,390	15,070

자료: Federal Service of State Statistics 2017

벼농사는 항카 호 남쪽의 평야가 발달된 지역에서 이루어지고 있다. 연해주의 벼농사는 동북3성에서처럼, 이 지역에 이주한 고려인들에 의해 1920년대부터 시작되었다고 알려져 있다. 정인갑 전 청화대 교수에 따르면, 논농사의 시작은 10세기 발해 시기가 첫 번째이고, 17세기 중반이 두 번째이며 19세기 말부터 지금까지가 세 번째라고 한다. 그러나 이 세 번의 벼농사가 서로 계승관계가 없는 것이 특이하다는 것이다. 계승관계가 없는 것은 우리 겨레가 이 지역에 있다가 없다가 했던 원인 때문이므로, 이 역시 이 지역의 벼농사는 우리 겨레와 관계된다는 사실을 더욱 유력하게 증명할 따름이라는 것이다.

〈표 2-17〉은 연해주의 가축 두수를 나타낸다. 소나 젖소의 두수는 정체되어 안정적으로 마리수를 유지하는 반면 돼지는 2006년에 비해 약 2.8배의 증가를 보인다. 돼지의 경우 증식이 상대적으로 쉽고 수요가 많아, 필자가 연해주를 방문(2013년)했을 때도 북한 노동자들이 와서

대형 양돈장을 건설하고 있었다. 양과 염소는 꾸준한 증가로 10년간 23.8천 마리에서 32.6천 마리, 말은 3,500두에서 6,000두로 늘어났다. 연해주 벌판을 이동하다 보면 축산의 적지임을 축산 전문가가 아니더라도 인식할 수 있을 정도로 넓고 평화롭다. 다만 인프라가 구축되지 않아 유통비용이 높고, 인구가 꾸준히 감소하고 있다는 게 약점이다.

표 2-17. 연도별 연해주 주요 가축 두수(2006~2016년) (단위: 천 두)

구분	2006년	2008년	2010년	2012년	2014년	2016년
소	69.8	61.2	61.5	66.4	65.1	65.7
젖소	35.4	31.7	31.1	32.4	31.9	33.2
돼지	62.8	72.5	79.0	94.1	98.7	174.5
양·염소	23.8	28.0	26.3	33.0	32.7	32.6
말	3.5	3.9	4.8	5.6	5.7	6.0

자료: Federal Service of State Statistics 2017

연해주 농업 경영의 특징으로 지적될 수 있는 것은 첫째, 자가소비를 위한 영농과 기업적 상업농이 공존하고 있다는 것이다. 농지 사유화 조치 이후 가족 영농이 많이 생겨났다. 가족 영농은 주로 감자나 채소, 축산부문, 특히 비육우나 젖소를 사육하며 경영한다. 가족 영농은 기계화 영농이 진척돼 있고, 시장을 목표로 상품 생산을 한다.

다른 하나는 소위 '다차(Dacha)'로 일컫는 개인 주말농장이다. 여기서는 주로 자기가 소비할 채소와 감자, 과실 등의 작물을 재배하며, 농장 크기는 0.1ha(1단보) 미만이 대부분으로, 큰 면적이 아니다. 물론 남는 생산물은 주변시장의 노점상으로 팔기도 한다. 반면 기업적 대형 상업농에서는 곡물과 사탕무, 해바라기 등의 공예작물 재배가 주를 이루고 있다.

둘째, 수만ha의 넓은 면적을 경영하기 위한 농기업은 400마력 전후의 대형 농기계를 이용하는 자본 집약적 지향의 경영 형태를 이루고 있었다. 경운, 파종, 김매기, 농약 살포, 수확 등의 작업이 넓은 면적에서 짧은 기간 내에 이루어져야 하므로, 농기계를 다루는 숙련된 기술자들이 필요하다. 작물재배 면적의 약 70%는 농기업이 경작하고 있다.

셋째, 다국적 원천의 농기계. 작물의 품종, 재배법이 존재하고 있다. 미국, 네덜란드, 독일산 농기계가 수입되고 있으며, 곡물의 품종이나 채소에 있어서도 러시아에서 육성된 품종도 있지만, 중국 등 다른 나라에서 도입된 품종이 다수 존재한다. 이처럼 품종이 다양하므로 재배법도 달라서, 그에 따른 관행을 맞추어야 한다.

넷째, 기온, 강우, 토양 등 우연적인 자연재해가 많다. 연해주의 경우 수확하기 전 서리가 오거나 비가 내려서, 농기계가 농장에 진입할 수 없게 하거나, 한발에 의한 자연재해가 크다는 점이다. 경운, 파종, 제초, 시비, 수확 과정에서 자연재해를 줄이는 생산기술이 필요하다.

다섯째, 농산물의 품질과 수량성이 상대적으로 낮다. 콩의 경우 1.0~1.5톤/ha 정도이며, 옥수수는 2~5톤/ha에 그친다. 국제수준의 평균 수량은 콩의 경우 2.5톤/ha, 옥수수의 경우 5.2톤/ha인데, 그에 비하면 낮은 수준이다. 청정지역 GMO가 아닌 무공해 농산물이라는 성가를 부각시킨다 하더라도, 곡물의 균질성, 이물질의 문제는 상품의 품질을 좌우하는 중요한 요소인 것이다.

여섯째, 연해주에서는 사회간접자본 시설이 부족해 생산과 판매를 위한 비용이 상대적으로 높다는 것이다. 도로, 저장시설, 운송 등의 유통조직이 발달되지 않아, 투자자의 비용을 높게 하는 요인이 되고 있다.

4

한국 농기업의 연해주 진출

가. 도전의 땅 연해주

연해주와 활발한 왕래가 시작된 것은 1990년 9월 한·러 외교관계가 수립된 이후로서 정치, 무역, 관광, 교육, 산업 등 전 분야에 걸쳐 발전하기 시작했다. 블라디보스토크에도 1992년 10월 총영사관이 들어서고 본격적인 왕래가 이루어졌다. 특별히 관광 명소도 아니면서 수많은 정치인, 학자, 문인, 실업인, 언론인, 종교인 등이 찾아간 곳이 연해주이다. 정착촌 지원, 영농사업, 기업 활동, 문화와 교육사업 등 다양한 목적으로 오갔다.

그림 2-5. 아직 경작되지 않고 있는 유휴지

극동 연방관구는 석유, 천연가스 등 에너지 자원을 비롯하여 다양한 광물자원과 임산자원, 수산자원을 보유한 천연자원의 보고이다. 특히

연해주는 농업 생산 잠재력이 큰 지역이다. 1990년대 초기에 고려합섬은 '한·러 극동 시베리아협회'를 설립하고, 양국이 교대하여 매년 회의와 세미나를 개최해서 유대를 강화했다. 특히 1995년 블라디보스토크의 극동대학교에 한국학을 전공하는 단과대학을 설립하고, 한국어학, 한국역사학, 한국경제학과 3개 학과를 개설했다.

발해 유적지 개발, 아무르 주의 농장 개발, 유전 개발, 고려인 정착 지원, 독립운동 유적지 복원 등 많은 업적으로 러시아 정부로부터 우호 훈장을 받기도 했다. 고려합섬의 이 같은 활동은 선친 장도빈 선생이 연해주에서 독립운동을 했던 과거의 인연과 무관하지 않은 것으로 보인다. 그 외에도 대한 주택건설 사업협회의 정착촌 보수사업, 국제농업개발원의 연해주 농업투자의 권고, 남서울교회의 영농사업 지원, 동북아 평화연대의 중앙아시아로부터 돌아온 고려인의 정착과 지도사업, 법률 지원사업 등이다.

그 외에도 연해주와 관련된 에너지 개발, 신한촌*의 기념비 건립 등 여러 가지 지원사업들이 이루어졌다. 뿐만 아니라 북방 농업연구소는 1996년 이후 2년간 연해주 현지에서 농작물 실험재배를 하고 연구 보고서를 제출한바 있다.

나. 한국의 농기업 진출

해외농업자원개발협회에 따르면, 러시아에는 2016년 말 현재 13개의 한국 농기업이 진출해 있다. 〈표 2-18〉에서 ㈜셀트리온만 유럽 쪽에, 나머지 12개 농기업은 모두 연해주에 투자했다. 생산 품목은 주로 밭작물로 밀, 보리, 콩, 옥수수, 귀리, 메밀, 건초 등이며, 아그로 상생은 항카호 주변에서 벼도 생산하고 있다.

---

* 1863년 연해주로 한인들의 이주가 시작되면서 블라디보스토크에 신한촌이 형성되었다. 신한촌은 일제 치하 독립운동이 활발하게 이루어졌던 역사적인 장소이다. 1937년 스탈린의 강제이주 정책에 따라 이곳에 살던 사람들이 뿔뿔이 흩어지면서 신한촌도 사라지게 되었다. 1999년 8월 한민족 연구소가 3·1 독립선언 80주년을 맞아 이곳을 기리기 위해 '신한촌 기념비'를 건립했다.

표 2-18. 러시아 연방 진출 한국 농기업의 현황

	업체명	활동 지역	생산 품목	개발 방법	협회접수
1	상생 복지	연해주	벼, 콩, 밀, 보리, 귀리	-	2008년
2	현대중공업	연해주	콩, 옥수수	농업 회사	2009년
3	(주)셀트리온	로스토프 주	밀, 양파, 감자	위탁 영농	2009년
4	(주)남양	연해주	콩	단독 투자	2009년
5	(주)바리의 꿈	연해주	밀, 콩, 보리, 귀리	단독 개발	2009년
6	(주)서울사료	연해주	대두, 소맥	단독 개발	2009년
7	(주)코리아통상	연해주	콩, 옥수수	합작 개발	2010년
8	(주)치코자루엔 엠파트너스	연해주	콩, 옥수수	-	2010년
9	(주)해피콩	크레모보 마을	콩, 밀, 메밀, 귀리 등	-	2011년
10	퓨처인베스트리더스	연해주	옥수수	합작	2012년
11	포항 축협	연해주	귀리, 옥수수	단독	2013년
12	김화복	연해주	콩	합작	2013년
13	아로 프리모리에(주) (인탑스 자회사)	연해주	밀, 콩, 옥수수, 보리	단독 개발	2015년

자료: 해외농업자원개발협회

 (주)남양은 2001년 연해주 남부 두만강 접경인 '핫산' 지역에 1,000ha의 토지를 임대받아 영농을 시작했다. 2003년 시험파종을 시작하여 2007년 처음으로 수확하고 전량 미국으로 수출했다. 북한에서 27km, 중국에서 25km의 가까운 거리에 있으며 현재는 2,150ha의 농지를 확보해 약용작물 황금*과 에키네시아(Echinacea)**를 주로 재배하고 있다. 또 현대중공업(2017

---

*   동시베리아 원산으로 중국, 한국 각지에 자생 또는 재배하는 다년생 초본. 재배 3~4년 근이 한약재로 쓰이고 해열, 이뇨, 지사 이담, 소염제로 사용한다.

** 원산지는 북미로서 쌍떡잎식물이며, 이용 부위는 뿌리와 꽃이다. 최근 허블리스트는 이 식물을 뛰어난 정혈약으로 인정하고, 불순한 혈액으로 인해 생기는 피부병에 사용한다. 뿌리는 병에 대한 면역력을 높이는 효능이 있는 것으로 알려져 있다. 독성 없이 질병에 대한 면역력을 높이고, 항바이러스성이며, 염증을 일으킨 결합조직을 회복시키는 것으로 알려졌다.

년 롯데그룹이 인수함)은 콩을 제외한 대부분의 곡물을 현지에서 사료곡물로 판매하고 있다. 또 2012년 ㈜서울사료는 연해주에서 직접 생산한 사료용 옥수수 3,100톤과 조사료(귀리, 티모시) 36톤의 건초를 처음으로 무관세로 들여오기 시작했다.

연해주에는 대순진리회 소속 아그로상생 농장(5개소)과 현대중공업의 호롤 농장, 미하일로브카 농장이 있고, 인근 위치에 서울사료 농장이 있다. 또, 아로프리모리 농장과 포항 축협의 조사료 공장 및 농장이 우수리스크 지역에 있다. 핫산 군의 크라스키노 지역에는 남양 알로에(유니베라) 농장도 있다. 나홋카 가는 길목에는 재일동포가 운영하는 돼지 7천 마리 규모의 '아그로 아무르' 농장이 있고, 소규모 농장인 '고합 아그로', '퓨처 인베스트', '치고자루 NM', '김화복 농장', '바리의 꿈' 등이 활동하고 있다. 12개 농장 중 흑자로 전환된 곳은 현대중공업 농장, 서울사료, 아로프리모리 농장, 포항 축협, 바리의 꿈 등이고, 나머지는 적자 상태에 있는 것으로 알려지고 있다.

그림 2-6. 넓은 경작지를 다스리기 위한 대형 농기계들

여기에 한국농어촌공사는 2014년 3월 27일부터 '연해주 영농 지원 센터'를 설치해 운영하고 있다. 한·러 정상회담에서 합의한 '극동 시베리아 지역 농업 투자확대 노력'의 이행 차원에서 우리 진출 기업의 애로사항 해소 및 러시아 대관(對官) 업무 지원을 위해 작물 및 장비 등의 상담과 지원을 하고 있다. 농어촌공사 직원 1인을 파견해 상주하고, 필요시 관련 전문가를 수시로 파견해 영농 기술, 배수 개선, 농기계 정비, 수확 후 관리 등을 지원하는 활동이다.

정부는 해외농업 개발 협력법을 제정하고, 해외농업 개발 종합계획(2012~2021년)을 수립해 민간기업들의 해외농업 분야 진출을 뒷받침하고 있다. 이에 힘입어 민간기업이 해외에서 생산한 농산물의 반입이 늘어나고 있다. 제5장에서 한국의 해외농업 개발 현황과 문제점에서 좀 더 살펴본다.

다. 연해주 진출의 문제점

넓은 토지에 비해 인구가 적은 나라에서는 농지개발이 경제발전의 기초가 될 수 있다. 일자리 창출과 인프라 구축, 그리고 농산물 생산으로, 식량 자급뿐 아니라 외화유출 방어가 가능해지기 때문이다. 우리의 해외농업 진출 지역은 대부분 이런 지역에서 사람의 손길이 닿지 않았던 완전한 미개발 토지를 경작지로 만드는 일이다. 그러면 연해주에 한국 기업이 투자하는 경우, 무엇이 강약점이며 위험 요인인가?

우선 농업 생산 요소인 땅값이 저렴한 지역인 몽골의 동부 지역 도르노트, 헨티, 수흐바타르의 3개 도(아이막), 미얀마의 북쪽 맨달레이 지역, 그리고 브라질 동부 마투그로소 지역, 러시아의 연해주 지역이 적지로 알려지고 있다. 연해주는 남미, 동남아, 몽골 등 농업 생산 후보지 중 어디와도 비교되지 않는 인접성을 갖고 있다. 비행기로 2시간 20분 정도 걸리며, 배로 동해항에서 17시간 정도 걸리는 거리이다.

강점(Strength)은 연해주에 아직도 미개발 토지자원이 풍부하다는 점이다. 연해주 농촌 인구는 38.6천 명으로, 연해주 인구의 20.8%이다. 풀밭이나 평지산림 지역이 많아 마음만 먹으면 농지로 바꿀 수 있는 유휴 토지가 있어 개발 잠재력이 크다.

무공해의 자연환경 청정지역이라는 이미지이다. 극동 러시아에서는 유전자 조작(GMO) 농산물을 경작하지 않는다. 이런 점에서 연해주는 몇 개 남아 있지 않은 순수 자연산 농작물을 확보할 수 있는 지역이다. 유전자 조작 품종에 비해 생산성이 다소 떨어진다는 단점은 있지만, 건강에 대한 소비자들의 요구가 더욱 까다로워지고 있는 시점에서 강점을 갖고 있는 것이다.

러시아 정부의 적극적 지원과 주요 식량 소비국가 중국, 일본, 한국, 대만과 상대적으로 멀지 않은 거리에 있다. 또한 농업 경영을 위한 생산요소의 가격이 상대적으로 저렴하다. 특히 인건비와 토지 용역비가 저렴하다. 근로자 월 평균임금은 10,845 루블(2016년: 약 410 달러)로, 연해주 근로자 평균임금 수준은 극동 지역에서도 낮은 편이다. 농촌의 하루 일당은 11,000~12,000원으로 우리나라의 농촌 임금에 비교되지 않으며, 토지 이용은 500ha를 4억 원 정도에 49년간 임대할 수 있으므로 비싼 가격이라고 할 수 없다.

약점(Weakness)은 기후적인 요소로 위도가 높아 고온의 작물재배 기간이 상대적으로 짧다는 점이다. 강우, 기온, 토양 등 환경적으로 우발적인 재해가 많다. 강수량은 연 900㎜ 정도이지만, 파종이나 수확기에 비로 인한 작업을 포기해야 하는 경우도 있고, 갑작스럽게 온도가 떨어져 냉해를 입는 경우, 토양의 수직 배수가 나빠 농작업을 불가능하게 만드는 경우도 있을 수 있다. 또 포드졸(Podzol) 토양이어서 수분 함량이 높아지면 죽처럼 변하여 작업하기 어려운 환경이 되어 버리기도 한다. 따라서 비가 오기 전 적기에 농작업을 마쳐야 한다.

작물의 낮은 생산성을 들 수 있다. 헥타르당 콩 1.0~1.3톤, 옥수수 2~5

톤의 수량은 국제 평균수준에 크게 못 미치는 것으로, 품종과 재배법 개선으로 수량을 높일 수 있는 여지가 많다. 생산물 판매의 협소한 지역시장도 문제이다. 수확기 곡물의 공급 초과는 수출이나 국내의 반출로 연결되어야 하지만, 아직은 원활하지 못해 가격하락으로 인한 경영 수익의 손실로 연결된다. 또한 사회주의 노동자 특성의 노동 관습도 경영을 어렵게 하는 요소를 제공한다. 1년 동안의 휴가를 한꺼번에 요구하거나, 사소한 업무추가에 추가보수를 요구하거나 소속감 부족, 피동적 업무자세 등, 우리와 다른 관습도 경영에 어려움을 준다.

다음으로 러시아의 각종 행정규제는 유명하다. 환경, 노동, 소방, 안전관리, 지하수, 교통위반, 지적재산 등의 위반 시, 벌금과 함께 비자 발급과 연계되어 러시아 출입을 제한 받을 수도 있다는 점이다. 무엇보다도 SOC의 부족으로 불필요한 비용의 증가가 일어나고, 도로, 저장, 하역 등 유통 시스템의 미비로 증가되는 비용이 많다. 생산지의 사일로와 부두 설비 등 많은 투자비용이 소요되는 시설이 부족하다.

기회요인(Opportunity)으로 연해주를 둘러보면 누구나 우리의 자본과 영농기술, 마케팅 능력을 접목할 경우, 영농 잠재력이 대단히 높다고 평가한다. 쌀 20만 톤, 옥수수, 맥류, 대두, 서류가 최대 200만 톤, 건조 목초가 최대 80만 톤까지 생산 가능할 것으로 추정된다. 더구나 연해주 정부의 농축산 장려정책이 뒷받침되면, 더 큰 추진력을 받을 것으로 여겨진다.

중국의 소득 증가로 인한 육류소비 증가로, 사료용 곡물의 수출 규제나 대두의 수입 자유화는 연해주 곡물 생산의 청신호로 여겨진다. 한국에서 친환경 곡물이나 사료에 대한 수요가 증대하는 것도 연해주 농산물 생산에 기회를 제공한다.

세계적인 기후조건의 온난화는 연해주의 경우 농작물 생산에는 긍정적인 효과를 보일 것으로 기대할 수 있다. 또한 북한과의 농장운영 협력이나 곡물 판매 또는 공여 가능성이 높아 보인다. 많은 사람들이 한국의 자본과 기술, 러시아의 토지제공과 북한의 노동력 활용의 가능성을 점치고 있으나, 농업 노동의 임금이 다른 업종에 비해 상대적으로 낮은 것이 인센티브에서 좀 떨어진다는 점이다.

위험 요인(Threat)은 어느 나라에서나 사업 추진에서는 통치세력이나 행정·연구 공무원들과의 유대관계가 지속적으로 유지되어야 한다는 점이다. 사회주의 독재 체제였던 러시아의 경우, 아직도 권위적이고 비효율적인 관리체계와 관료주의가 살아 있어서 서류와 절차의 어려움을 겪고 있다고 한다. 관공서에서 무슨 일을 처리하기 위해서는 끊임없는 인내심을 요구한다는 것이다. 도대체 원스톱 서비스는 없으며, 그들의 행정은 서비스를 받으려는 입장에서 보면 '속 터지는' 수준이라고 한다. 이런 관료주의 외에도 담당자도 모르는, 예측 불가능한 러시아 정부의 규제는 수출입 무역 현장에서 일하는 담당자를 곤혹스럽게 한다는 것이다. 투자 규모의 위험이 있다. 작은 규모의 투자로 보일지라도, 현실적으로 대규모 투자가 필요할 수도 있다는 점이다.

전국경제인연합회가 148개 국내 기업을 대상으로 러시아 관련 설문조사를 한 결과, 응답 기업의 87.7%가 잘못된 법과 관행으로 대 러시아 사업에 어려움을 느끼고 있다고 했다. 애로를 겪었다고 한 기업 중 40.6%가 통관 시스템을 지적했다. 러시아로 수입되는 제품의 법정 통관 기간은 3일이지만, 한 달 이상 지연되는 사례가 다반사이기 때문이다.

영어나 한문 문화권의 영역에서보다 심각한 언어소통의 제약이 있을 수 있다. 영어나 중국어, 일본어를 자유롭게 구사하고 통역할 수 있는 사람은 상대적으로 많지만, 러시아어에 능통한 통역자는 많지 않다. 중국 농축산물 수입과 질병의 유입 가능성은 매우 높다. 실제로 채소의 경우, 도매시장에는 중국에서 수입된 채소가 대부분이며 일반 상품도 많이 있다.

미래의 식량 부족에 대비해 안정적인 식량 공급처를 확보하고자 하는 열망은 우리나라가 안고 있는 과제 중의 하나이다. 연해주는 우리나라와의 인접성뿐만 아니라 광활한 농지를 가지고 있어서, 해외농업 기지로서의 충분한 가능성을 지니고 있다는 것은 누구나 인정하고 있다. 대부분의 곡물 수출국에는 이미 곡물 메이저들이 부두를 독점하고 있어서 우리나라가 진출하는 데는 쉽지 않다.

지금까지 한국의 농업투자나 지방자치 정부 등이 연해주에 진출했다가 실패한 경우가 적지 않다. 투자 위험도가 높은 것이다. 사전에 충분한 조사와 정보 없이 발을 들여 놓고 보는 성급함 때문으로 보인다. 넓고 크며 최신 대형화된 자본 집약적인 농장에 포인트를 맞추는 것도 중요하다. 하지만 첫째, 환경 친화적인 농장의 중점 개발을 소홀히 해서는 안 된다. 토양침식, 수질오염, 농약의 제한적인 이용 등 농산물 생산을 위한 친환경 농장운영에 보다 주의를 기울여야 한다.

둘째, 연해주 행정 및 농업 연구기관과의 유대관계가 이루어져, 개발된 품종의 이용과 재배법의 개선 등 협조체제 유지가 지속적으로 이루어져야 한다. 우리가 재배하고자 하는 품종들의 연락시험과 검증재배도 연구소와 협조되어야 할 것이다.

셋째, 연해주 진출 한국 농기업 연합체 구성은 아직 이루어져 있지 않다. 1994년 진출한 '고합'은 모기업의 경영난이 겹치면서 실패한 사례로 남아 있다. 그러나 연해주 농업투자 진출을 위한 최초의 시도였다. 그 외에도 정보와 전문성의 부족이 실패의 원인이었다. 러시아 당국과의 계약과 이행상의 문제점은 없는지, 이런 선행자의 실패 경험이 후발 진출 기업들에게 정보로 공유되지 않아서, 뒤에 온 새로운 진출자 역시 똑같은 시행착오를 되풀이하는 것이다. 이를 막기 위해 연합체를 구성함으로써 보다 확실한 정보를 교환할 수 있을 것이다.

넷째, 생산물의 가공, 판매, 유통 분야의 개척이 이루어져야 한다. 연해주에서 우리 기업체가 생산한 곡물에 대한 처리와 판매에 대한 어려움이 있다. 판매와 연결되어 수입과 직결되지 않으면 생산자는 수익을 낼 수가 없다. 대규모 영농을 통해 생산되는 옥수수, 콩, 쌀, 밀 같은 곡물은 연해주에서 판로를 개척하는 것이 쉽지 않다. 일차적으로 엄격한 수출입 제한과 높은 관세비용으로 인해 한국으로의 수출이 용이하지 않다. 한국으로 생산물을 들여오기 위해 메주, 청국장, 두부 같은 가공식품으로 가공하는 단계를 거치고 있다.

다섯째, 연해주를 사료곡물과 건초의 생산과 수출 전진기지로 건설하기 위한 청사진이 필요하다. 이는 어느 한 기업의 작품으로서가 아니라, 러시아와 한국 정부의 협조와 지원하에, 이미 활발한 수산물과 목재 수출에 추가하여 곡물과 건초 수출항 기지로서 업그레이드시키는 것이다.

여섯째, 최고위의 정부 당국자 사이에 투자 위험도와 생산 활동에 불편을 해소하고 낮추기 위한 외교적 협상도 중요한 전략으로 보인다. 2017년 극동 연방대의 Kolomeytseva N.A., Nechay E.E. 두 교수가 '연해주의 농업: 아시아 태평양 지역 내 국제협력을 위한 농업 경영의 외형여건 또는 경쟁부문'을 조사·발표했다. 2016년 4월, 1,890명을 대상으로 연해주 거주민에게 농업 잠재력과 연해주 농업발전을 위해 무엇이 필요한가를 물었다. 첫째, 농업 잠재력에 대해 '매우 높다 20%', '보통이다 44%', '낮다 36%'를 나타냈다. 이는 1980년대 후반과 1990년 초에 시행한 농업에 대한 의견조사 결과와는 판이하게 다른 것이었다. 당시에는 겨우 응답자 중 10%만이 농업이 유망할 것이라고 전망했기 때문이다.

그림 2-7. 연해주 농업발전을 위한 의견조사(2016년)

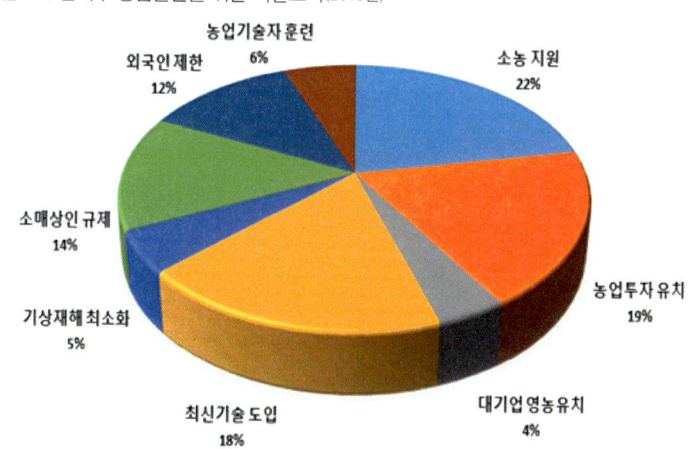

자료: Agriculture of the Primorye: Kolomeytseva N.A., Nechay E. E.

둘째, 연해주 농업발전을 위한 요건들에 대한 응답은 8개 항으로 정리되었고, <그림 2-7>로 나타냈다. 소농지원 22%, 농업 투자유치 19%, 기술 도입 18%로, 이들 3개 항이 59%를 점유하고, 소매상인 규제와 외국인 제한은 각각 14, 12%로 26%를 차지했다. 농기술자 훈련, 기상재해 최소화와 대기업 영농 유치는 각각 6%, 5%, 4%로, 상대적으로 낮은 비율이었다.

연해주 영농에서 농기업이 가장 많은 약 68%의 면적을 경작하지만, 다음으로 많은 경작은 소농 단체로, 21%의 면적을 다루고 있다. 이들은 경영이나 판매 등에서 농기업에 비해 열세이다. 소매상인 규제와 외국인 제한은 중국인들에 대한 경계심을 보인 것으로 판단된다. 시장의 상품은 대부분 중국 제품이며, 토지 임차인이나 노동자는 중국인이 대부분이다.

라. 한·러와 한·연해주 교역 현황

우리나라는 1990년 9월 소련과 국교수립이 이루어졌으나, 소련이 해체된 후에는 러시아가 승계(1991년 10월 12일)해 꾸준한 교역이 증가해 왔다. 1990년 무역협정을 비롯해 군사, 원자력, 관광, 에너지, 항공, 우주기술, 가스 산업, 해상운송 등의 많은 협정을 체결했다. 특히 양국 간 경제협력의 주요 형태 가운데 하나인 무역은 가장 현저한 성과를 보여주었다. 2016년 러시아와 교역액은 13,410백만 달러로, 1992년 193백만 달러에 비하면 약 70배 가까이 증가한 것이다. 2016년 러시아 경제의 둔화와 서방세계의 제재로 무역 면에서 크게 퇴조한 한 해였다. 러시아와의 교역에서 우리나라는 에너지, 수산물, 원목, 광물 등의 수입으로 적자의 행진을 이루고 있다.

<표 2-19>에서 보면 우리나라가 수입하는 품목은 광물자원, 수산물, 원목 등이며, 우리가 수출하는 주요 품목은 자동차 및 부품, 선박 구조물 및 부품, 합성수지 등으로서 공산품이 주를 이룬다. 이처럼 지난 25여 년

동안 큰 변화 없이 소수의 교역 품목들이 우위를 차지했다. 2016년 한국의 전체 교역량에서 러시아와의 교역 비중은 2.1% 정도이며, 한국의 수출에서는 17번째, 수입에서는 9번째를 차지했다.

표 2-19. 연도별 한·러 수출입 규모(1992~2016년) (단위: 백만 달러)

연도 구분	1992년	1996년	2000년	2004년	2008년	2012년	2016년	주요 교역 품목
수출	118	1,968	788	2,339	9,748	11,097	4,768	수출: 자동차 및 부품, 선박 구조물 및 부품, 합성수지 등
수입	74	1,881	2,058	3,671	8,340	11,354	8,641	수입: 원유, 석탄, 수산물, 천연가스, 석유제품, 알루미늄, 원목 등
교역액	192	3,849	2,846	6,010	18,048	22,451	13,410	

자료: www.kita.net

〈표 2-20〉은 2000~2016년 동안 한·러 양국의 농림축산물 수출입 교역량을 나타낸다. 우리나라가 러시아로 수출하는 농림축수산물 중 대부분은 농산물로서, 2016년 10,792만 달러로 95% 이상을 차지하며, 축산물은 4%, 나머지는 수산물과 임산물이었다. 수출되는 농산물 품목은 과실류와 그 가공품, 채소류와 그 가공품, 소스류 등이 대부분이다.

우리나라가 수입하는 농축수산물이 훨씬 많다. 농산물은 주로 두류와 채유종자, 임산물은 원목, 축산물은 녹용이며 수산물은 명태가 주를 이룬다. 러시아로부터 수입하는 물량은 감소세를 보이고, 금액은 크게 증가하는 추세를 보인다. 1992년 1,165만 달러 수출하던 농산물은 2016년 약 9배 이상 늘어나 10,792만 달러로 증가했다. 1992년 러시아로부터의 농림축수산물 수입액은 1,866만 달러에 불과했다. 하지만 2016년 농림축산물 총액은 42,319만 달러로, 22배 이상 크게 증가했다. 이는 우리가 수입하는 수산물의 가격, 원목의 수입 가격이 크게 높아졌기 때문이다.

표 2-20. 한·러 수출입 농림축수산물(1992~2016년) (단위: 만 달러)

연도	수출				수입			
	농산물	임산물	축산물	수산물	농산물	임산물	축산물	수산물
1992년	1,165	9	8	9	745	334	453	334
1995년	14,519	110	246	110	8,698	6,317	1,090	6,317
2000년	6,271	43	1,093	43	827	10,278	797	10,278
2005년	14,897	45	5,178	45	376	16,512	1,053	16,512
2010년	19,129	217	1,923	217	2,255	9,706	1,342	9,706
2015년	11,585	171	556	171	15,668	13,385	2,119	13,385
2016년	10,792	74	456	74	23,705	1,370	3,534	13,710

자료: www.kati.net

<그림 2-8>은 2016년 한·러 농림축수산물의 수입 금액 구성을 나타낸다. 러시아 산 수입의 금액으로는 수산물이 59%로 가장 많고, 농산물 20%, 임산물 18%, 축산물이 3%를 차지했다. 중량으로는 농산물과 목재가 70% 이상이며, 수산물이 15% 정도를 점유했다. 농산물 수입은 주로 조사료로 229톤이었으며, 축산물 수입은 주로 녹용, 녹각, 사향 등인데, 녹용이 가장 많아 34.2톤이 도입되었다.

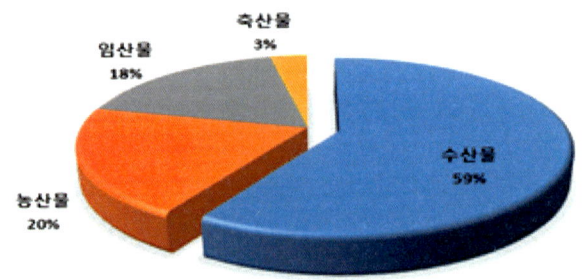

그림 2-8. 러시아 수입 금액 구성

자료: kita.net

<표 2-21>은 2006~2016년의 연도별 한국과 연해주 교역 동향 및 무역수지를 보여준다. 2006년 교역량은 662.7백만 달러로, 그중 우리가

수출한 금액은 260.9백만 달러이며, 수입은 401.8백만 달러로서, 140.7백만 달러의 적자를 보였다. 2016년 수입국 순위로 러시아는 10번째이며, 수입 품목은 원유 및 석유제품(25.6억 달러), 수산물(10.1억 달러), 천연가스(6.7억 달러), 석탄 등(1.9억 달러), 철·철제품(1.8억 달러) 등이며, 우리의 주요 수출품은 폴리에스텔, 식료품, 플라스틱 제품, 자동차, 기계장비 등이었다.

우리가 러시아로부터의 수입에서 석유, 천연가스 등 에너지 및 광물자원이 차지하는 비중은 매년 감소하는 추세(2013년 69%, 2014년 70%, 2015년 63%, 2016년 52.1%)를 보였다. 우리의 대 극동 지역 주요 수출품은 기계, 장비, 운송수단 및 그 부품, 철제품, 플라스틱·고무 및 그 제품, 화장품, 페인트 등 화학제품, 식료품, 윤활유 등 석유 제품이었다.

표 2-21. 한국-연해주 교역(2006~2016년)   (단위: 백만 달러)

구분	2006년	2008년	2010년	2012년	2014년	2016년
교역량	662.7	885.4	1,071	1,922	1,957	2,440
수입	401.8	521.2	639	1,346	1,049	1,860
수출	260.9	364.2	432	576	907	580
무역수지	-140.9	-157	-207	-770	-142	-1,280

주: 2016년은 극동 관구 수출입   자료: 연해주 통계청

5
맺는 말

  한국에서 연해주처럼 가까운 곳에 비옥하고 광활한 땅이 있다는 사실은 좁은 땅과 사람 많은 곳에서 온 사람에겐 신기할 정도이다. 더구나 우리 민족과 역사적으로 깊은 연고를 가지고 있다는 사실 외에도, 농업 생산의 잠재력에 큰 관심을 갖지 않을 수 없다. 러시아는 거대한 땅덩어리에 비해 인구는 많지 않다. 더구나 극동 관구는 풍부한 지하자원과 산림, 수산자원은 풍부하지만, 기후적 조건과 과소한 인구로 서부 러시아에 비해 상대적으로 경제개발이 늦어지고 있는 지역이다.

  러시아 농업은 주로 대형 농기계를 이용하는 자본 집약형 농업이다. 농업 경영의 형태는 농기업, 가족 영농, 소농 단체로 나누어 볼 수 있다. 곡물과 사탕무, 해바라기 재배는 대체로 영농 기업이 담당하며, 감자와 채소의 재배는 가족 영농에 편중돼 있다. 소농 단체의 영농 활동은 전체 생산량의 구성에서 차지하는 비중이 크지 않지만, 감자, 양파, 마늘, 당근 등 야채와 과일은 '다차'라는 소농 단체에서 이루어진다. 연해주의 농업도 곡물 위주의 기계화 생산이며, 기업 영농이 주를 이룬다. 축산물 생산과 가공은 활발하지 않아 발전의 여지가 많은 곳이다.

  1990년대 초부터 진출하기 시작한 한국의 농기업들이 성패를 거듭했고, 2015년 10월 말까지 한국농어촌공사에 등록된 수는 연해주에만 13개 기업체가 있다. 주로 콩, 옥수수, 밀, 귀리, 보리, 벼 등의 곡물을 생산하고 있으며, 약용작물과 축산 부문을 겸하는 복합 영농을 하기도 한다.

  농업의 해외 진출은 막대한 초기투자가 필요한 반면, 수익은 장기간에 걸쳐 회수될 수밖에 없고, 국가 간의 신뢰와 수익을 확보하기 위한 제도적 보호장치 등이 필요한 사업이다.

연해주와 그 외의 극동 지역에 대한 농업투자의 문제점은 수익성과 판로의 문제, 두 가지로 요약될 수 있다. 지금까지 러시아에 투자한 한국 농기업 중 수익성을 발표한 기업이 희소한 것은 발표할 필요도 없이 적자이기 때문이라고 추정된다. 수익성이 없다고 단정하면 기업은 절대로 투자하지 않는다. 특히 장래성이 보이지 않는 곳에 기업은 자본을 쏟아 넣을 리 없다. 넓은 토지를 효과적으로 경작하기 위해 도로를 개설하고 수로가 만들어져야 하며, 영농 장비를 구입하는 데 많은 자본이 절대적으로 필요하다. 게다가 불리한 기후조건과 불량한 토양조건 같은 추가적인 장애요인도 있는 곳이 연해주이다.

대규모 영농으로 생산되는 콩, 쌀, 밀 등은 러시아 내에서 대규모 판로를 개척하기가 용이하지 않다. 생산물의 판로는 러시아 정부의 엄격한 수출입 제한과 높은 관세비용으로 큰 난관에 부딪혀 있다. 콩이 메주, 청국장으로 가공되어 한국에 수입되는 이유가 여기에 있다. 연해주에서 생산되는 곡물가격이 국제 곡물가격보다 20% 정도 비싸서 국제시장에 출하하기 어렵다. 그러나 국제 곡물가격이 매년 상승하고 있어 수출 가능성이 높아지고 있다.

연해주 농업 투자에 대한 언급은 김대중 정부에서 이명박 정부로 이어졌다. 한국 기업이 연해주에 투자하고, 북한의 노동력을 이용해 그 생산물을 한국 정부가 구입한 다음 북한에 공여하는 방식이다. 그러나 이는 러시아 정부와 임금과 노동비자 쿼터 등의 상당한 외교적 합의를 이룬 후에나 가능한 일이 될 것이다. 현지 곡물 생산비가 높아 국제 곡물가격을 상회한다면, 비용을 더 많이 들이면서 북한에 지원할 곡물을 구입하지는 않을 것이다.

한·러 양국은 1990년 9월 수교 이후 지난 20여 년 동안 무역과 투자 분야에서 지속적으로 발전해 왔다. 또 경제협력의 폭도 에너지, 과학기술, 우주항공 분야에 이르기까지 확대해 왔다. 특히 무역의 확대는

1990년보다 117배 늘어났고, 수출에서는 10번째, 수입에서는 12번째로 비중을 차지하는 무역 상대국으로 성장했다.

우리가 연해주에 관심을 가지는 이유는 역사적인 연고성 때문만이 아니라, 에너지, 광물, 수산, 산림 등의 자원개발, 그리고 농산물 생산의 높은 잠재력 때문이다. 그러나 극동 관구의 인구는 감소하고 있다. 연해주도 2005년 212만 명으로 추계되었으나, 2011년 1,956.4천 명, 2016년 1,923.1천명으로 감소되어 악화일로에 있다. 인구가 감소하는 주요 이유는 주민들이 극동 지역에서 서부 지역으로 떠나기 때문이다. 극동을 탈출하는 사람 대부분이 전문직 인력이나 젊은 세대여서 극동의 앞날을 우울하게 한다. 떠나는 이유는 일자리와 실질소득의 감소 때문이다. 명목소득은 러시아 평균치와 비슷하지만, 연해주의 비싼 물가로 인해 실질소득은 20% 이하로 평가된다.

러시아 연방정부의 극동 지역 개발정책 추진은 한국, 중국, 일본이 눈독을 들이는 곳으로서 서로 경쟁 상대국이다. 일본은 자본을 앞세워 연해주에 진입하고, 국경을 접하고 있는 중국은 영농을 위한 토지임대가 중국인들의 손에 들어가 중국 노동자들과 함께 영농으로 공략하고 있다. 연해주 시장에는 중국산 농산물과 공산품이 많아 경제적으로 중국에 의존적이라고 할 수 있다. 한국 제품이 우수한 것을 인정하지만, 그들의 소득 수준으로는 구매력이 떨어진다.

러시아는 중국이나 일본의 연해주 진출을 결코 반색하지 않는다. 연해주는 1860년 청나라로부터 할양된 것인데, 실질적으로 다시 중국으로 넘어가는 것을 좌시하지 않을 것이고, 일본은 청일전쟁과 태평양전쟁의 상대국이었기 때문이다. 반면 한국은 역사적으로 적대관계로 반목했던 일이 없고, 연해주 거주 17만여 명을 중앙아시아로 내몬 아픈 역사를 안겨준 나라이다.

1930년대 소련은 대 고려인 정책에서, 일본의 첩자라고 의심을 거두지 못하여 수천 명의 고려인 지식인을 처형했다. 고려인은 거주와 이전의 자유가 없었으며, 소련군 입대도 못 하고 탄광 등에서만 일하도록 했다. 소수민족 언어에서 한글을 폐지하고, 이민족 차별로 저임금 중노동에 시달리게 했다. 스탈린은 1937년 9월 1일~10월 3일 사이에 고려인을 화물열차로 6,000km 떨어진 중앙아시아에 강제로 이주시켰다. 124대 열차에 짐짝처럼 실린 17만여 명은 카자흐스탄에 95,256명, 우즈베키스탄에 76,525명이 실려갔다. 많은 어린이와 고령 노인이 가는 도중 추위와 기아로 사망했다.

그들의 생존은 냉전시대가 마감되면서 알려지게 되었다. 중앙아시아의 척박한 땅에서 주변 강물을 농업용수로 활용하고, 이주와 함께 챙겨간 볍씨를 재배하고, 목화 농사에 성공했다. 이 과정에서 여러 명의 고려인 노동 영웅이 탄생한 역사가 있다. 소련이 붕괴되면서 독립국 연합(CIS)이 생겨나고, 중앙아시아의 고려인은 해당 국가의 민족어를 다시 습득해야 했다. 그리고 새로운 종교 환경을 강요받게 되었으며, 민족주의자들로부터 테러 위협도 감수해야 했다. 말과 글을 잃은 고려인들은 외모는 한국인과 같지만, 사고방식이나 언어는 러시아인과 같다. 이런 수난으로 다시 많은 고려인들이 러시아나 연해주로 재이주를 하고 있다.

1995년 블라디보스토크의 극동대학교에 한국학을 전공하는 단과대학을 설립하고, 한국어학, 한국역사학, 한국경제학과 등 3개 학과를 개설했다. 이는 한국에 대한 관심과 미래를 생각한 데서 나온 조치라 할 것이다. 2010년 10월 8일에 극동 국립대학교에서 극동 연방대학교로 교명을 바꾸고 4개 대학을 묶어 체제 개편을 했다.

1990년 이후 연해주에 진출한 여러 기업과 단체들이 시행착오를 거듭하면서 여러 형태의 영농을 해오고 있다. 연해주 농업투자의 문제점과 정책적인 면을 짚어보면 다음과 같다.

첫째, 수익성의 문제이다. 수익을 높이려면 단위 면적당 수량이 증가하거나, 시장가격이 오르거나, 생산비가 낮아져 비용을 줄이는 방법이 있다. 그러나 농산물 가격은 가격 순응자(Price-taker)이므로 생산자가 결정할 수는 없다. 생산비를 낮추는 것도 자본 집약적이어서 쉽지 않을 것으로 여겨진다. 그러나 수량을 높이는 것은 품종의 선택이나 재배법 개선으로 충분히 개선될 수 있다고 여겨진다.

둘째, 생산물의 판로 문제이다. 곡물은 식품이나 사료의 원료이다. 대부분의 농산물은 콩을 제외하고 사료곡물로서 판매되고, 러시아 내에서의 판로는 용이하지 않다. 그렇다면 당연히 투자자의 결정에 따라 수출로 연결되어 국내에 반입되어야 할 것이다. 그러나 러시아의 여러 규제에 묶여 있다는 점이 문제다. 대표적인 것이 관세 및 비관세 장벽이다.

셋째, 유통비용의 문제이다. 저장, 수송, 도로, 하역 시설 등 사회간접자본 시설이 부족해서 증가되는 비용이다. 사일로(Silo) 저장 시설은 기업체가 사설로 투자하여 농장 내에 이미 확보돼 있었다. 하역 시설은 연해주 진출 한국 농기업 연합체(가칭)가 투자해서 곡물 전용 터미널을 건설하는 것이 바람직하다.

넷째, 연해주 농업 생산 활동을 제약하고 불편하게 하는 각종 노동 비자 등, 외교적으로 해결해야 할 문제들이 있다는 점이다. 최고위의 정부 당국자 사이에 불편 해소를 낮추기 위한 외교적 협상이 중요한 전략으로 보인다.

천연자원과 토지자원이 절대적으로 부족한 우리나라 입장에서 보면 극동 러시아, 특히 연해주는 우리에게 '도전의 땅'이며 '기회의 땅'이기도 하지만, 또한 한반도와 연결되는 대륙으로 나가는 통로이기도 하다. 그러나 현재의 여건상 투자하기에 그리 녹록해 보이지 않는 곳이 연해주이다. 러시아 연방정부는 극동 지역의 낮은 경제발전, 인구감소, 중국인의 불법 유입 등으로 인해 극동 지역이 심각한 안보 위협에 놓여 있다고 지적한다. 그리고 이에 대한 대책 마련을 위해 국가위원회를 설립하고, 극동 시베리아 개발에 본격적인 시동을 걸고 있다.

오늘날의 영토는 과거의 정치적·지리적인 개념에서 경제적·문화적인 영토 개념으로 이행되어 가고 있다. 따라서 한국의 연해주 진출은 영토적인 개념이 아니라, 여러 가지 경제 활동을 통해 경제 주권을 확보하는 것이 중요하다.

참고문헌

1. 곽승지, 『조선족, 그들은 누구인가』, 인간사랑, 2013
2. 대외경제정책연구원, '전략지역 심층연구 러시아·몽골', 2012
3. 러시아 연방통계청, 『러시아 연방 주요농업통계 자료집』, 2012
4. 서완수, 남철우, 조수연, '한국의 해외농업 개발 현황과 진출 지역 생산활동의 문제점', 《북방농업연구》 33권, 2012
5. 이광규, 『우리에게 연해주란 무엇인가?』, 북코리아, 2008
6. 이윤기, 김익겸, 『연해주와 한민족의 미래』, 오름, 2008
7. 이재영, 파벨 미나키르, 이철원, 황지영, 『한·러 극동지역 경제협력 20년: 새로운 비전과 실현 방안』, 대외경제정책연구원, 2010
8. 전세표, 강승아, 『극동 러시아 리포트』, 산지니, 2009
9. 한국수출입은행, 『세계국가 편람』, 해외경제연구소, 2011
10. 한국농어촌공사, '극동 러시아 농업투자 환경 보고서', 2012
11. http://www.gks.ru
12. http://rus-vladivostok.mofa.go.kr/korean
13. http://www.kita.net
14. http://www.kati.net
15. http://en.wikipedia.org
16. http://www.koreaexim.go.kr
17. http://www.kiep.go.kr
18. http://www.adb.org
19. http://blog.daum.net/mutual
20. www.gks.ru. Russia in figures 2017. Official Statistics.

제3장

몽골의 농업

세계 역사상 가장 넓은 대제국인 원(元)나라를 건설한 것은 몽골족이었다. 지금의 중국은 물론 중동과 유럽까지 원정해서 광활한 땅을 지배했다. 몽골이 내·외 몽고로 나뉜 지는 100년도 되지 않는다. 청(淸)나라가 퇴조하고 중화민국 수립 과정에서 몽골인들은 독립을 선언하고 지금의 중국 내몽고 지역도 포함된 국가를 재건하려 했다. 하지만 중국과 러시아의 압력으로 좌절되었다.

　1917년 러시아의 볼셰비키 혁명이 성공한 뒤 러시아의 지원을 받은 외몽고는 중국과 러시아 백군(반혁명 세력)의 지원을 받는 외몽고 활불(活佛) 정부와의 싸움에서 승리하여 독립함으로써 내·외 몽골이 갈라진 반쪽의 독립국가가 생성되었다. 몽골(Mongol)과 몽고(蒙古)는 같은 지역을 의미하지만, 중국인들이 이웃을 비하하는 의미로 '몽고'를 사용했고, 몽골은 '용감하다'는 몽골어 고유의 뜻을 갖고 있다.

　1921년 혁명가 담딩 수흐바타르(Damdin Sükhbaatar)가 몽골 인민당을 창당하고, 소련과 연합해 중국군을 몰아낸 다음 독립을 이룬 나라가 지금의 몽골이다. 1924년 몽골인민공화국으로 선포되었고, 세계 2번째의 사회주의 국가로서 소련의 첫 번째 위성국가가 되었다. 장개석 중국 정부와 스탈린은 대일본 전쟁을 위해 외몽고를 끌어들였다. 당시 대장정을 마친 섬서성 연안(延安)의 마오쩌둥은 일본의 점령지 내몽고의 자치구 인정을 약속했다. 그에 따라 이후 1946년 중국은 외몽고를 몽골인민공화국으로 인정했고, 내몽고는 1947년 5월 1일 중국의 첫 번째 자치구로 편입되었다. 이렇게 되어 오늘날과 같은 북쪽의 몽골(외몽고)과 남쪽의 내몽고(중국 자치구)의 형태를 갖추게 되었다.

　오늘날 몽골족 인구는 몽골에 312.0만 명(2016년)이 있지만, 중국 내몽고에는 458.6만 명(2016년)으로 훨씬 더 많다. 따라서 몽골족이 가장 많이 거주하는 국가는 중국이며, 그 다음이 몽골, 러시아(부랴티아 공화국) 순이다. 내몽고 인구는 2016년 말 2,520.0만 명이다. 이 중 한족이 1,889.6만 명으로 75% 이상이고, 몽골족은 18.2%이며, 나머지는 회족, 만주족, 장족, 조선족 등 14개의 여러 민족으로 구성되어 있다.

　내몽고의 몽골족은 몽골을 소련의 식민지로 간주하여 인정하지 않고,

자신들이 '정통'이라고 자부한다. 몽골에서도 내몽고를 중국에 굴복한 '식민지인'이라고 여기는 분위기가 있다. 사실 몽골은 할하 족, 내몽골은 차하르 족이다. 내몽고는 예전부터 중국의 침략을 많이 받아 항복을 자주 했던 역사가 있다. 그래서 외몽고인은 내몽고인들을 열등하게 여긴 반면, 내몽고의 몽골족은 외몽고인들을 중국의 침략을 방관이나 하면서 '마두금'이나 켜는 족속들로 여기는 터라 사이가 좋지 않았다. 현재 내몽고에선 중국어가 더 많이 쓰이고 있다. 이제는 인구의 75%가 한족 이주민으로 채워져 내몽고 내에서조차 소수민족으로 전락해버리고 말았다.

연변 조선족 자치주에서 한글이 한문과 함께 쓰이는 것처럼, 현재 내몽고에서는 몽골 문자와 몽골어를 사용하고 있어서, 간판이나 표어를 몽골어와 병기해 쓰고 있다. 그러나 몽골에서는 러시아의 영향을 받아 1946년 이후 러시아를 비롯한 동구권이 쓰고 있는 '키릴' 문자를 몽골어 표기에 사용하고 있다. 내몽고에서 몽골족 사이에서는 몽골어로 의사소통을 하며, 한족과 섞여 사는 특성상 중국어는 공용어로 사용한다. 내몽고 몽골어는 차하르어로, 할하어인 몽골과는 방언 정도 차이가 있다고 한다.

몽골은 1961년 유엔(UN)에 공식 가입했다. 1964년 중·몽 국경이 확정되자 내·외 몽골의 분열이 고착되었다. 한국과 몽골은 13~14세기에 걸친 원나라의 고려 지배 이후로부터 20세기까지 별 교류가 없었고, 그 뒤 최근까지 이념의 벽으로 차단된 상태였다. 1992년 사회주의의 쇠퇴와 개방화 물결을 타고 민주주의와 자본주의를 지향하는 '몽골'이 성립됨으로써 한국과 몽골은 엄청난 시간적 공백을 지나고 나서 다시 접촉하기 시작했다.

몽골은 목축업의 나라이다. 인구 3,119.9천 명의 인구에 비해 1,564천㎢의 광활한 영토를 가지고 있으나, 자연적인 환경조건으로 농작물 생산은 용이하지 않다. 생산 농작물은 주로 밀과 감자이며, 채소와 보리, 두류가 생산되고 있지만, 감자 이외에는 공급량이 부족해 중국, 러시아 등 다른 나라로부터 수입하고 있다. 그러나 밀 생산은 정부의 지원에 힘입어 크게 증산을 이루었다. 2016년에 459천 톤을 생산하여 자급하게 되었다.

여기서는 몽골의 농업환경, 농업 생산과 농축산물 유통, 한·몽 간의 교류 동향과 한국이 진출할 가능성이 있는 농산업 분야를 다룬다.

1
몽골의 농업환경과 경제기반

몽골의 기후환경은 농업에 적합하지 않다. 연중 강우량이 적으며 기온이 낮고 무상 기간이 짧아, 작물 생육 기간이 부족하기 때문이다. 그러나 한반도의 7배가 넘는 넓은 토지와 초원이 발달돼 있어서 주로 면양, 산양, 소, 말을 방목하는 유목 형태의 축산업이 발전했다. 여기서는 몽골의 기후와 토지이용, 경제적 기초, 그리고 몽골의 국제 경쟁력을 검토하기로 한다.

가. 자연조건

1) 기후

기후는 전반적으로 반건조 한대 지역에 속하며 전형적인 대륙성 기후이다. 겨울은 10월부터 다음해 3월까지 약 6개월 내외로 길고, 청명한 날씨가 연중 250일 정도나 된다. 대기가 건조하며 강수량이 적고 기온은 일교차, 특히 연교차(年較差)가 매우 커서 농·축산업에 엄청난 영향을 준다.

몽골은 고원지대로서 국토의 80% 이상이 1,000~3,000m이며, 평균 해발고도는 1,580m나 되고, 수도 울란바토르(Ulaanbaatar)의 고도는 1,350m이다. 북서부 지역은 높고, 남동부 지역은 낮다. 일조량은 2,600~3,300시간으로 아주 긴 편이다. 지역에 따라 연평균 기온은 크게 달라, 북부와 중부 지역은 -2~8℃, 동부 지역은 -2~0℃, 남부 지역은 2~6℃ 정도이다. 북부 지역의 겨울은 6개월 내외, 남부 지역의 겨울은 4~5개월 정도 지속된다. 북서부 산악 지역의 저지대와 협곡 지대는 가장 추워서, 1월의 기온이 영하

48~51℃까지 내려가기도 한다. 대부분의 지역은 4월이 되면 영상으로 올라가서 따뜻해지고, 남부 지역에서는 3월 하순 0℃를 넘는다. 7월의 평균 기온이 가장 높아 북부 및 산악 지대에서 15~20℃, 평원 지대와 고비 지역은 20~25℃ 정도이다. 북부 및 산악 지대의 최고 온도는 32~35℃, 동몽골의 평원과 고비 지역은 40~41℃이지만, 10월 중순이 되면 영하로 떨어진다.

강수량은 내륙 깊이 위치한 관계로 몬순의 습한 바람이 홍안령의 산줄기에 의해 차단되어 약해지고, 북극해로부터 밀려오는 건조하고 차가운 공기로 극단적 대륙성 기후를 만든다. 4계절이 있으나 겨울이 6개월(11~3월), 봄(4~5월)과 가을(9~10월)은 2개월 미만으로 짧고, 여름은 6~8월 3개월로, 이 시기에 강우량이 집중돼 있다. 강수량은 70~400㎜ 정도로 아주 적다. 동부 평원의 연평균 강수량은 250~300㎜, 몽골 알타이 산맥의 고비 지역은 100~150㎜, 고비알타이 산맥의 고비 지대는 40~50㎜로 사막 지대이다. 10월 말부터 다음해 4월까지 평균 20~100㎝ 정도의 눈이 내린다. 도시 지역에는 눈이 녹지 않고 계속 쌓이므로 빙판길을 만든다.

겨울에는 춥고 매우 건조하나 바람은 그리 불지 않는다. 한여름에도 건조도가 높아 사람이 느끼는 더위는 그리 심하지 않고, 그늘에 있으면 시원하다. 상대습도가 30~70%일 때 사람 살기에 적합하다고 하는데, 몽골이 이 조건에 들어맞는다. 건조한 사막기후는 세균 번식을 억제하기 때문에 세균성 질병에 걸리지 않는다. 일조량이 풍부해 하늘은 코발트색으로 푸르고, 공기를 오염시킬 정도로 공업이 아직도 발달되지 않아, 울란바토르 시내를 제외하면 공기는 대단히 청정하다.

〈표 3-1〉은 울란바토르의 과거 60년간 평균기온 변화의 정도와 강수량, 그리고 풍속을 나타낸다. 10월부터 4월까지는 영하의 온도가 지속되며, 강수량은 233㎜로 매우 적다.

표 3-1. 울란바토르의 60년간 평균기상(위도 470 55'N, 경도 1060 50', 고도1,325m)

월 구분	1	2	3	4	5	6	7	8	9	10	11	12	평균 합계
평균온도	-22.3	-21.0	-13.0	-0.5	5.5	14.0	16.5	14.5	8.0	-1.0	-13.0	-22	-3.1
최고온도	-19	-13	-4	7	13	21	22	21	14	6	-6	-16	3.8
최저온도	-32	-29	-22	-8	-2	7	11	8	2	-8	-20	-28	-10.1
강우량	1.5	1.9	2.2	7.2	15.3	48.8	72.6	47.8	24.4	6.0	3.7	1.6	233
상대습도	75	73	66	50	47	56	65	65	64	63	72	73	64.1
강우 일수	-	-	-	1.0	4.1	9.0	14.0	12.0	7.0	2.0	-	-	49.1
강설 일수	3.7	3.0	3.5	3.0	2.1	-	-	-	1.3	2.8	4.6	3.4	27.4
평균풍속	0.9	1.4	2.3	3.4	3.7	3.4	2.6	2.4	2.3	1.9	1.3	0.8	2.2
최고풍속	1.2	1.2	2.6	5.0	5.4	3.0	1.7	1.2	1.6	1.2	1.3	1.7	27.1
모래폭풍	0.5	0.2	2.1	4.1	4.2	2.1	1.0	0.7	0.6	0.6	0.5	0.3	16.9

*주: 온도(℃), 습도(%), 강수량(㎜), 풍속 (㎧), 최고풍속(>15㎧), 모래폭풍, 강우량, 강우, 강설, 풍속 일수는 합계임.

자료: Pearce, E. A. and C. G. Smith 1998,
"National economy of the MPR for 60 years" Ulaanbatar 1981;
The Hutchinson World Weather Guide, Helicon, UK, Oxford.

몽골의 무상 기간은 지역에 따라 다르다. 서북부의 산악지대는 70~130일, 중앙의 북부 지역은 90~100일, 동부 지역은 130~225일 정도로 큰 편차를 보인다.

2) 토지의 이용

몽골의 총면적은 156,412천ha로, 한반도 전체의 약 7.1배 정도이다. 이 중 농업 농지는 113,506.4천ha로, 남한 경지면적의 약 66배에 이른다. 이 중 가축을 방목하는 초지가 국토 면적의 약 72.1%에 달하고, 산림 면적은 약 9.2% 정도이다. 나무로 차 있는 산은 보기 어렵고 민둥산으로 '끝없는 초원의 나라'이다. 아마도 강수량이 한꺼번에 30~40㎜ 정도 쏟아진다면, 많은 산이 산사태로 무너져 내릴 것이다. 작물을 생산할 수 있는 가용 농용지 면적은 613.7천ha이며, 농업용지의 0.98%, 국토 총면적의 0.78%에 불과하다. 전체 농업용지의 60% 이상이 셀렝게(Selenge)를 포함한 중북부 지역에 분포하고 있다.

<표 3-2>는 국토이용 상황을 보인 시계열 자료이다. 토지는 아직 대부분 국유이며, 매매는 '토지 사용권'의 이전이지 소유권의 이동이 아니다. 따라서 토지 사용료 지대를 납부해야 한다.

표 3-2. 토지의 이용 (단위: 1,000ha)

구분	2000년	2005년	2010년	2015년	2016년
농업 농지	130,541.1	115,232.6	115,525.8	114,982.8	114,931.1
초지 및 목초지	129,293.8	112,752.4	112,970.5	112,364.4	112,232.4
경작지	1,176.0	697.0	932.4	1,028.2	1,067.7
휴경지	na	na	306.6	305.0	260.6
파종 면적	209.3	189.5	315.3	525.0	505.3
곡물	194.7	159.1	259.2	390.7	377.8
감자	7.9	9.8	13.8	12.8	15.0
채소	5.4	5.9	7.0	7.7	9.1
사료작물	0.8	5.2	11.1	23.8	29.9
공예작물	na	na	23.3	84.5	66.2

*주: 초지-pasture, 목초지-meadow
자료: Mongolian Statistical Yearbook 각 연도

나. 몽골의 경제적 기초

<표 3-3>은 2000년 이후 몽골 경제의 기초자료를 정리한 것이다. 2016년 인구는 3,119.9천 명에 불과하며, 도시 인구 67.4%, 나머지는 농촌 인구로 구성된다. 2016년 울란바토르에만 1,440천 명이 거주하고 있어서, 전 인구의 46% 이상이 수도에 집중돼 있다. 인구 증가율은 2.6%로 매우 높고, 10대와 20대 젊은 청년층이 인구의 49.5%로서 항아리형의 인구 피라미드를 형성한다.

경제부문에서 인접국이면서 가장 중요한 교역국인 중국, 러시아와 우호

관계를 지속하고 있고, 주요 원조국인 일본, 미국 등과도 우호적 선린관계를 유지하고 있다. 특히 광물자원을 활용한 외교 전략을 통해 주변국과 경제협력 관계를 구축하고, 광물산업 육성, 인프라 건설 등을 추진하여 해외자본 유입과 투자로 경제가 빠른 속도로 성장하는 추세이다.

주요 수출품인 구리와 금 가격 상승, 광물자원 수요 증가, 자원개발의 외국인 투자 확대 등에 힘입어 2010년의 경제성장률은 6.1%, 2011년에는 10.3%로 더 높았다. 특히 2013년부터 오유톨고이 광산의 구리와 금 생산이 본격화되어 11.6%의 높은 성장을 보였다. 그러나 광물자원의 국제가격 하락으로 2015년 이후 성장이 크게 둔화되어 2.4%에 머물고, 1인당 GDP도 감소 추세를 나타내고 있다.

도시 가계소득은 월 1,007,145투그릭, 농촌 소득은 월 816,297투그릭으로 약 19만 투그릭의 격차를 보였고, 연간 물가 상승률은 1.1%를 나타냈다. 몽골의 산업 구성은 광산업 부문 비중이 큰 반면, 제조업은 상대적으로 낮으며, 서비스 산업이 50% 이상을 점유한다. 내수시장이 좁고 경쟁력 있는 기업이 발달되지 않아, 많은 생활 필수품이 중국이나 한국에서 수입되고 있다.

무역수지는 광물, 캐시미어 등 1차 산품을 수출하고, 연료와 전자부품 등 에너지와 자본재는 수입에 의존하고 있다. 경상수지는 2000년 이후 지속적으로 적자를 보였다. 적자폭 확대는 상품수지 적자 외에도, 광업 부문에 대한 외국인 투자 증대에 따른 과실송금 증가 등에 기인한 것으로 판단된다. 국제 광물가격의 변동은 몽골 경제에 직접적인 영향을 미친다는 점에서, 장기 경제성장의 종속적인 변수로 지적된다.

표 3-3. 경제적 기초

항목 \ 연도	2000년	2004년	2008년	2012년	2016년
인구(천 명)	2,407.5	2,533.1	2,684	2,867.7	3,119.9
- 도시 인구	1,377.0	1,498.2	1,659	1,927	2,132
- 농촌 인구	1,030.5	1,034.9	1,024	941	988
GDP(10억tog)	1,044.6	1808.0	6,130.3	16,688.4	23,886.4
GDP/인(달러)	398(2001)	554	1,649	4,377	3,687
경제성장률(%)	1.1	10.6	8.9	12.3	1.0
도시 소득(tog/월)	92,135	173,110	406,657	909,361	1,007,145
농촌 소득(tog/월)	72,854	201,196	306,216	649,239	816,297
물가 상승(%/년)	8.1	11.0	22.1	14.3	1.1
산업 구성(%)	100.0	100.0	100.0	100.0	100.0
- 농업	33.4	21.7	18.8	11.2	12.0
- 광산/채석	8.5	18.8	28.2	17.8	20.5
- 제조업	5.6	5.1	6.1	9.0	8.2
- 서비스	52.5	54.4	46.9	62.0	59.3
무역액(백만$)	1,080.6	1,890.8	5,779.0	11,123.1	8,274.4
- 수출	466.1	869.7	2,534.5	4,384.7	4,916.3
- 수입	614.5	1,021.1	3,244.5	6,738.4	3,358.1

*주: GDP, 소득, 무역액은 명목가격임.   자료: Mongolian Statistical Yearbook 각 연도 자료

다. 국제 경쟁력

<그림 3-1>은 몽골의 국제 경쟁력 지위를 보여준다. 스위스 로잔에 본부를 두고 있는 IMD(International Institute for Management Development)가 해마다 국제 경쟁력 측정을 위해 크게 4개 부문으로 나누고, 다시 각 부문을 세분해서 계량화하고, 이를 평균해 나타낸 것이 거미집 차트(Spider chart)이다. 아래의 그림은 15개국을 조사해 한국과 몽골, 그리고 14개국 평균과 몽골을 비교하고 있다. 조사 대상 국가는 한국, 말레이시아, 카타르, 몽골, 칠레, 러시아, 싱가포르, 태국, 카자흐스탄, 멕시코, 페루, 우크라이나, 슬로베니아, 슬로바키아, 불가리아 15개국이며, 부문별 내용은 다음과 같다.

1) 경제적 성과(78개 기준): 국내경제, 국제무역, 국제투자, 물가 등의 거시 경제적 평가
2) 정부의 효율(71개 기준): 공공재정, 재정정책, 제도적인 구성, 기업규제, 사회체제 구성 등을 포함
3) 기업의 효율(68개 기준): 생산성, 노동시장, 금융, 경영업무, 기업에 대한 마음가짐과 가치 등
4) 하부구조(114개 기준): 기초적인 하부구조, 기술적 하부구조, 과학적 하부구조, 건강과 환경, 교육 등

그림 3-1. 몽골의 국제 경쟁력

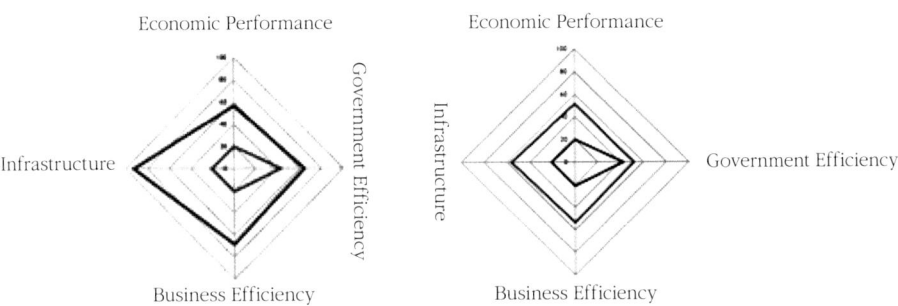

*주: 외곽 굵은 선이 한국, 안쪽의 다이아몬드 형이 몽골의 평균임.

*주: 외곽 굵은 선이 14개국 평균이며, 안쪽의 굵은 선이 몽골의 평균임.

자료: Mongolia in world competitiveness, IMD, 2011

2
몽골의 농축산물 생산과 경영 및 유통

농업은 자국의 생존에 필요한 식량 생산을 담당하는 기초산업이다. 그러나 생산, 가격, 소비와 유통 측면에서 다른 산업과 구분되는 몇 가지 특징을 가진다. 자연재해, 토지 비옥도, 수확체감 법칙 등이 크게 작용한다. 농산물 가격은 가격 순응자(Price-taker)인 반면, 공산품이나 서비스업은 가격 결정자(Price-maker)이며, 수요의 탄력성이 상대적으로 낮다. 농산물은 계절적 생산이고 부패성이 높아 품질보존과 저장을 위한 비용도 높은 특성이 있다. 여기서는 몽골의 목축, 농작물 생산, 경영과 유통 분야를 간략하게 다룬다.

가. 농업 생산

〈표 3-4〉는 경상 GDP에서 차지하는 농업부문의 생산액을 비교해 본 것이다. GDP 중 농업부문과 축산부문의 비중은 감소하고 있고, 농업부문 중 축산 비중은 2016년 84.2%를 차지하여 압도적으로 높다. 축산업에 편중돼 있는 것이다. 인구 측면에서도 약 15% 이상이 1차 산업에 종사하고 있으며, 유통과 가공 분야까지 감안하면 이보다 훨씬 더 많은 인구가 농업부문에 종사하고 있다고 추론할 수 있다.

표 3-4. GDP 중 농업 및 축산 생산 부문이 차지하는 비중 (단위: 백만 tog, %)

연도	GDP(a)	농업부문(b)	축산부문(c)	경종부문	(b/a)	(c/a)	(c/b)
1995년	550,254	267,466	227,874	35,591	48.6	41.4	85.2
2000년	1,018,886	419,520	353,917	6,5603	41.1	34.7	84.3
2005년	2,524,326	754,294	641,592	112,702	29.9	25.4	85.0
2010년	9,756,588	1,689,330	1,353,906	335,423	20.8	15.3	73.6
2015년	23,150,386	4,297,028	3,728,781	568,247	18.6	16.1	86.8
2016년	23,886,410	4,151,728	3,496,077	655,651	17.4	14.6	84.2

*주: 명목가격. 참고 1,000원≅2,200tugrik(2018년 2월)

자료: 연도별 몽골통계연보, 몽골통계청 각 연도

1) 목축업 생산

한국의 쌀농사가 농업소득의 큰 비중을 차지하는 것과 같이, 몽골은 목축업이 절대적 비중을 차지한다. 호당 경지면적이 농가 규모를 결정하는 것과 같이, 몽골은 호당 가축 마리수가 빈부의 지표가 될 수 있다.

<표 3-5>는 1980년 이후 5년 간격의 방목 가축사육 두수이다. 이들 축종은 몽골 5대 가축으로서, 말과 낙타는 주요 이동 수단이며, 소, 양, 염소는 고기, 가죽과 캐시미어 생산의 주요 원천이다.

<그림 3-2>는 1990년 이후 연도별 축종별 가축 두수의 변화를 보여준다. 전체 가축 두수는 증가되고 있지만, 해에 따라 큰 기복이 있다. 이는 2001년과 2009년 겨울에 주뜨(Dzud)라고 불리는 혹한으로 수백만 마리의 가축이 동사했기 때문이다. 영하 40~50도의 혹한에서 추위를 견딜 수 있는 우리와 사료가 부족했기 때문이다. 이런 혹한은 대개 8~9년마다 찾아온다. 눈과 함께 오는 것을 화이트 주뜨, 눈이 오지 않고 건조한 상태로 오는 혹한을 드라이 주뜨라고 부른다.

표 3-5. 연도별 방목 가축의 사육 추이(1980~2017년)   (단위: 천두)

연도	계	소	양	염소	말	낙타
1980년	23,771.5	2,397.1	14,230.7	4,566.7	1,985.5	591.5
1985년	22,485.5	2,408.1	13,248.8	4,298.6	1,971.0	559.0
1990년	25,856.9	2,848.7	15,083.0	5,125.7	2,262.0	537.5
1995년	28,572.3	3,317.1	13,718.9	8,520.7	2,648.4	367.5
2000년	30,227.4	3,097.6	13,876.4	10,269.8	2,660.7	322.9
2005년	30,398.9	1,964.0	12,884.6	13,267.2	2,029.0	254.2
2010년	32,729.5	2,176.0	14,480.4	13,883.2	1,920.3	269.6
2015년	55,979.7	3,780.4	24,943.1	23,592.9	3,295.3	368.0
2016년	61,549.1	4,080.9	27,856.6	25,574.8	3,635.5	401.3
2017년	66,218.9	4,388.4	30,109.5	27,346.7	3,939.8	434.1

자료: Mongolian Statistical Information Service

그림 3-2. 연도별 가축 두수의 변화 추이

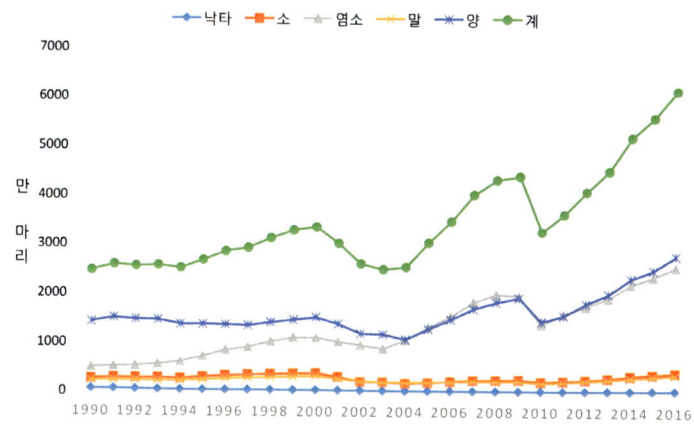

자료: Mongolian statistical yearbook 2016

1980년에는 양이 염소보다 3.1배나 많았다. 그러나 1980년대 중반 이후 염소의 증가율이 양보다 높아져 2003년 이후 양의 두수와 대등해졌고, 2011년에는 염소가 약간 더 많았다. 이는 몇 가지 원인이 있는 것으로 관찰된다. 사육하는 농가 입장에서는 첫째, 어린 염소가 양보다 저렴하여 가축 수를 쉽게 늘릴 수 있다는 점, 둘째, 소득에 있어 염소로부터 얻는 캐시미어 가격이 양모보다 더 높다는 점, 셋째, 염소에서는 젖을 짤 수 있고 한 번에 두세 마리의 새끼를 낳아 가축 수의 증식에 양보다 유리하다는 점 때문에 선호하는 것이다. 하지만 염소 증식이 양보다 불리한 점도 있다. 가축 질병(고창증)이 상대적으로 많고, 목초지를 쉽게 망가트리며, 고기도 양고기보다 선호도가 떨어지는 것 등이다. 소나 말의 사육 두수는 과거 30여 년간 큰 변동이 없는 반면, 낙타는 크게 감소했다.

<표 3-6>은 목축업으로부터 생산되는 육류와 부산물, 그리고 산유량을 보여준다. 양, 소, 염소 고기가 대세를 이루고, 세 가지 육류가 86%를 차지한다. 2005년에는 양고기와 쇠고기가 약 76%였으나, 우리 내의 돼지, 양계, 순록 등의 사육이 크게 증가해서 2016년 71%로 낮아졌다.

표 3-6. 축산물의 생산 (단위: 1,000톤)

품목 \ 연도	2000년	2005년	2010년	2015년	2016년
육류도체 중	na	183.9	241.1	448.0	400.0
쇠고기	113.4	45.3	47.6	93.2	92.4
양·염소	122.2	94.6	126.4	220.9	193.1
돼지고기	na	0.3	0.2	0.6	0.6
양모	21.7	15.0	22.4	25.8	27.4
캐시미어	3.3	3.7	6.3	8.9	9.4
가죽류 (백만 개)	6.6	6.9	9.5	15.2	14.0
-말	0.7	0.3	0.4	0.4	0.4
-소	1.3	0.4	0.7	0.7	0.8
-양	5.2	3.0	7.0	7.4	6.6
-염소	3.0	2.8	6.4	6.2	5.8
우유	375.6	259.5	242.8	974.4	891.5

자료: FAOSTAT, Mongolian Statistical Information Service

양과 염소로부터 나오는 양모와 캐시미어는 2016년 양털 27.4천 톤, 캐시미어는 9.4천 톤이 생산되었다. '섬유의 보석'이라고 불리는 캐시미어는 염소에서 얻는다. 염소가 가을이 되어 추위가 오면 거친 털 사이로 보드라운 털이 빽빽하게 자라서, 겨울의 추위를 이길 수 있도록 보온 역할을 하고, 봄이 되면 털갈이를 한다. 거친 털 밑에서 자라는 보드랍고 섬세한 털들을 모은 것이 캐시미어이다. 봄이 되어 자연적인 털갈이가 이루어지기 전후에 커다란 쇠 빗으로 섬세한 털만 걷어낸다. 최상급 캐시미어를 얻기 위해 이 시기는 너무 빨라도 안 되며, 너무 늦어도 안 된다.

그림 3-3. 가축의 방목 광경

그림 3-4. 광활한 면적의 유채재배

가축류는 대부분 양과 염소 가죽이며, 소가죽과 말가죽은 2016년 각각 8백만 장 및 4백만 장을 생산했다. 산유량은 대부분 우유로 전체의 73%를 차지하며, 염소 18%, 양유가 8%이다. 가축 출산이 대부분 2~5월 사이에 이루어지므로 우유 생산도 여름철에 집중되는 홍수 출하 현상을 보인다.

2) 농작물 생산

몽골의 가장 중요한 작물은 밀과 감자이다. 최근에 채소 재배가 활성화되면서 생산량도 늘고 있다. 보리, 두류, 청예 옥수수 등은 생산량이 미미하다. 밀 재배를 위한 수자원이 충분치 않고 관개시설이 되어 있지 않아서 물의 공급은 '하늘의 뜻'에 달려 있다고 보는 것이 타당하다. 기업농에서 대형 이동형 살수기를 설치한 곳이 있으나, 일반적인 것은 아니다.

경종작물 재배는 대개 2년 경작한 다음 1년간 휴경(休耕)한다. 집단농장이 사유화되었지만, 농기계나 비료, 농약을 원활하게 공급받을 수 있는 것은 아니다. 정부의 계획하에 관리되고 공급되던 자재는 개인의 영농 의사결정으로 해야 하므로 비료나 농약의 사용은 제한돼 있다. 비료나 농약이 모두 수입 품목이어서 공급이 원활하지 않을 뿐 아니라, 재정적인 이유로 제한된 범위 내에서 사용되고 있을 뿐이다. 영농은 모두 기계화되고 있다. 〈표 3-7〉은 주요 작물의 파종, 생장기 수확기를 나타내고 있다.

표 3-7. 주요 작물 재배 시기

구분 \ 월	1월	2월	3월	4월	5월	6월	7월	8월	9월	10월	11월	12월
밀, 보리				파종		생장기		수확				
감자					파종	생장기			수확			

자료: FAO country profiles

감자는 몽골사람들에게 밀 다음으로 중요한 탄수화물 공급원인 데다, 수량이나 가공성, 저장성이 좋은 편이므로 중요한 작물이다. 5월 중순 파종하여 8월 말부터 수확을 시작해서 9월 중순까지 거두어들인다.

채소는 2000년대에 들어서면서 중요성이 강조되었고, 민간 투자에 힘입어 재배면적과 생산량이 크게 증가하고 있다. 한국인 선교사들은 몽골인들의 식탁이 지나치게 육류 위주로 되어 있는 것에 관심을 가지고, 다른 나라와 비교할 때 기대수명이 짧고 성인병이 많다는 점에 유의해 왔다. 농업에 관심이 많은 한국의 지방자치단체 또는 농업인이나 선교사들이 몽골에 들어와 무, 배추, 상추, 오이, 호박 등 온실 농업을 시도하고 있으며, 상당한 수량을 거두고 있다.

채소 재배는 노지 재배와 온실 재배 두 가지로 구분할 수 있다. 노지의 주요 작물은 무, 배추, 양배추, 당근, 부추, 마늘 등이고, 온실 채소는 오이, 방울토마토, 참외 등의 과채류와 상추 등이다. 그러나 채소 소비가 적은 몽골사람들의 식생활 패턴으로 볼 때 녹색채소 공급에는 한계가 있다. 아직도 채종 기술이 미숙해서 종자는 한국이나 다른 곳에서 수입해야 한다.

작물의 단위면적당 수량은 국제수준에 크게 미치지 못한다. 수량증가 저해 요인은 복합적이라고 할 수 있다. 작물의 성장과 수확을 좌우하는 것은 일조량, 온도, 토양과 물이다. 첫째, 재배환경에 있어서 연중 강우량이 부족하다. 많은 지역이라야 480㎜ 정도이며, 대부분 300㎜ 전후이다. 일조량은 2,600~3,300시간으로 풍부하지만, 겨울이 10월부터 다음해 3월까지 5~6개월이어서 무상 기간이 짧고 기온이 낮다. 따라서 작물 생육기간이 짧아 재배작물 선택이 제한적이다. 둘째, 신품종의 보급이나, 재배 기술이 부족하다. 작물에 따라 2~3년마다 신품종으로 바꾸어야 하나, 갱신되지 않아 품질이나 성능이 퇴화되었다. 몽골의 무상 기간은 지역에 따라 다르다. 짧은 무상 기간 안에 어떤 작물을 심어 수확할 수 있는가가 경영의 관건이라고 할 수 있다.

표 3-8. 주요 농산물 생산 (단위: 1,000톤)

연도	밀	감자	보리	두류	채소
1985년	688.5	113.9	132.4	1.4	41.2
1990년	596.2	131.1	88.9	3.0	41.7
1995년	256.7	52.0	4.2	1.3	11.9
2000년	138.7	58.9	1.7	1.3	18.6
2005년	73.4	82.5	2.0	1.2	24.7
2010년	345.5	168.0	4.3	1.3	31.6
2015년	183.5	163.8	2.4	?	72.5
2016년	459.1	164.1	6.5	?	93.7

자료: FAOSTAT, 몽골통계연보 2016

<표 3-8>은 몽골의 농작물 생산 시계열 자료이다. 밀 생산은 2016년 459.1천 톤으로서 1985년 688.5천 톤에는 못 미치지만, 2000년대에 들어 가장 많다. 그래서 연속 풍작으로 이어지면 잉여분은 수출을 시도하고 있다. 문제는 밀의 품질이다. 즉, 바이어의 구매 의욕을 충족시킬 수 있는가가 중요하다. 2015년 밀 생산의 추락은 심한 한발 때문에 관개를 할 수 없었기 때문이다. 국제 곡물 가격의 상승에 대응해서 몽골 정부는 밀 증산을 위해 헥타르당 70,000 투그릭의 보조금을 지급하며 밀 생산을 장려하고 있다.

한편 유료작물로서 유채 재배가 셀렝게를 중심으로 중북부 지역에 널리 보급 재배되고 있다. 북부 제2의 도시 다르항(Darkhan)에는 착유공장이 설립되어 유채유를 생산하고 있다.

<표 3-9>를 보면, 채소 생산량은 양배추와 당근이 가장 많고, 오이나 양파는 몇 천 톤에 그친다. 오이, 방울토마토, 상추, 참외 등은 온실 재배로 시장에 출하되고 있으며, 중국에서 들여온 채소 상품과 혼재돼 있다.

표 3-9. 채소의 생산 (단위: 1,000톤)

연도	양배추	당근	오이	양파	순무
2000	15.8	5.9	2.6	1.3	-
2004	13.8	12.8	2.0	1.7	-
2008	18.1	23.4	2.8	4.0	16.6
2012	20.2	32.8	3.7	5.5	23.8
2014	18.7	34.7	4.7	9.4	23.9
2016	16.5	30.7	3.7	9.9	21.0

주: 당근은 홍당무와의 합계임.
자료: FAO, 몽골통계 연보 2016.

나. 농축산물 경영

1) 목축업

현재 몽골의 농업은 크게 4개의 분야로 구분할 수 있다. 첫째, 전통적인 반유목 형태의 조방적인 목축업으로, 농업 GDP의 80% 이상을 차지한다. 목축업에서 생산되는 육류와 유제품이 식량의 주 원천이며, 그 부산물인 양털, 캐시미어, 가죽 등이 중요한 수입원이 된다. 전통적 유목생활에서 전해 내려오는 전설, 가옥, 복장, 음류, 육류 조리, 유제품 생산 등과 관련하여 그들만의 독특한 형태를 갖고 목축업은 발전해 왔다. <표 3-10>은 가축 두수의 소유 규모별 농가 호수이다.

표 3-10. 연도별 목축 농가의 규모별 호수(1990~2016년) (단위: 호)

연도 구분	1995년	2000년	2005년	2010년	2015년	2016년
계	283,913	268,732	225,391	216,574	216,734	223,761
10두 미만	43,694	31,361	24,280	21,886	14,226	14,176
11~30	50,580	40,436	32,214	30,994	19,933	19,611
31~50	40,200	35,041	26,919	23,666	15,478	15,323
51~100	61,082	63,096	46,138	39,507	29,266	29,075
101~200	53,564	59,821	49,498	49,040	46,250	45,870
201~500	31,393	33,408	38,245	39,923	60,075	63,120
501~999	3,095	4,591	6,527	9,202	23,070	26,632
1,000~1499	280	893	1,354	2,041	6,950	8,144
1,500~2천	17	48	142	246	993	1,203
2천 두 이상	8	37	74	119	493	607

자료: 몽골통계연보 각 연도

전체 목축 농가는 감소 추세였으나, 2015년 이후 목축 농가는 약간의 증가세를 나타낸다. 1995년 100두 미만의 농가가 68.8%였으나, 20년이 지난 오늘에는 규모 100두 미만의 농가가 34.9%로 크게 감소했다. 세 가족이 적어도 80마리의 가축이 있어야 생존할 수 있기 때문에 빈농으로 구분된다. 100두 미만의 농가 호수는 감소 추세이며, 200두 이상의 농가 수가 늘어나고, 특히 500두 이상이 크게 증가하고 있다.

둘째, 큰 규모의 기계화 작물 생산에는 곡류와 사료작물을 들 수 있다. 특히 밀과 사료작물에 대한 정부 지원이 이루어지고 있어서, 농업 생산액의 약 20%를 점유하는 것으로 보인다. 중국이나 러시아로부터 수입에 의존하던 밀과 사료를 자급하려는 정부시책으로 생산량이 크게 늘어나, 밀은 수출의 꿈을 안고 있다.

셋째, 감자 노지재배와 채소를 생산하는 집약적인 농업인 온실재배 농업을 포함하여 7%로 추정된다. 감자는 밀 다음으로 중요한 식량 작물이다. 몽골인들은 감자를 채소로 인식하고 있어서, 우리가 녹황색 채소를 중요시하는 것과 다소 차이가 있다. 채소의 온실재배는 한국의 선교사와 지방자치 단체들이 기술을 지원하여 몽골인들의 수요가 창출되면, 크게 성장 잠재력이 있는 부문이다.

넷째, 집약적인 축산으로, 우리 안에서 젖소, 돼지, 가금류 등을 사육하고 있어서, 농업 GDP의 3~4%로 추정된다. 축사 안에서 가축을 사양하면 정착생활과 관리의 안정성, 생산성 향상, 소규모 채소 생산 등의 편리함이 있다. 그러나 노동력의 집중이 필요하기 때문에, 노동력이 부족한 몽골에서 잠재력은 크지 않아 보인다. 넓은 초원으로 다니면서 자연의 풀과 약초를 먹고 성장하는 방목 가축을 선호하는 데다, 겨울 기간의 보온시설과 건초, 사료 공급 부문이 취약하기 때문이다.

<표 3-11>은 2011년의 규모별 목축 농가수와 축종이다. 200두 미만의 소목축농에서는 양보다 염소의 두수가 더 많고, 500두 이상의 농가에서는 양의 두수가 더 많다. 이는 앞서 밝힌 바와 같이 염소 사육이 구매비용이 적어 가축 수를 늘리기 쉬우며, 젖과 캐시미어를 생산할 수 있기 때문이다.

표 3-11. 목축농가 수와 규모별 가축별 가축 수(2016년)

가축 규모	목축농가 수	목축농의 가축 수 (천 두)	말	소	낙타	양	염소
계	160,650	54,766.5	3,183.8	3,398.1	376.4	25,043.6	22,764.6
10두 미만	3,016	19.3	2.1	12.8	0.1	1.6	2.7
11~30	7,995	166.8	14.8	64.6	0.5	33.6	53.4
31~50	7,863	320.6	26.2	77.9	1.4	87.1	128.0
51~100	17,462	1,308.9	106.4	212.0	7.1	421.1	562.3
101~200	33,519	4,996.0	329.8	499.6	31.4	1,859.8	2,275.2
201~500	55,575	17,987.8	1,005.5	1,108.4	123.1	7,476.2	8,274.6
501~999	25,459	17,273.2	929.0	829.6	124.6	8,267.8	7,122.2
1,000~1,499	7,989	9,235.8	512.2	417.0	65.9	4,905.6	3,335.2
1,500~2천	1,177	1,976.8	139.2	95.8	13.1	1,126.9	601.9
2천 두 이상	595	1,481.3	118.6	80.5	9.2	864.0	409.1

자료: 몽골통계연보 2016

그림 3-5. 방목 가축의 구성(2016년)

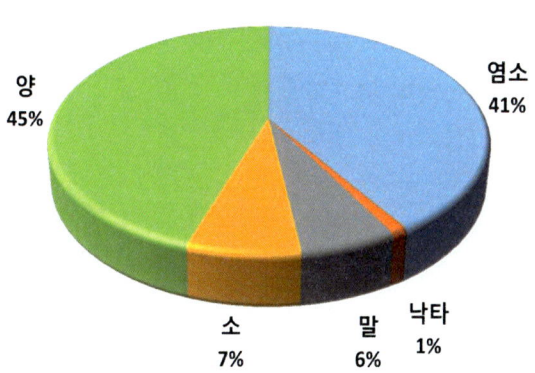

자료: 몽골통계연보. 2016. 몽골 통계청

<표 3-12>는 주요 가축별 짝짓기, 출산 및 도축 시기를 보여준다. 소, 말, 야크는 임신 기간이 길어, 봄과 여름에 짝짓기를 해서 다음해에 출산한다. 반면 양과 염소는 가을에 임신되어 다음해 봄에 출산한다. 낙타의 임신 기간은 390~410일로 동물 중 가장 길어서, 겨울에 임신해 1년을 넘

기고 봄에 출산한다. 방목 가축은 대부분 추운 겨울이 닥치기 전 11~12월에 도축되어 손실을 최소화한다.

표 3-12. 주요 가축별 짝짓기와 출산 및 도축 시기

구분	짝 짓기	임신 기간 (일)	출산	도축의 집중
낙타	12월 초순~2월 하순	400	2월 하순~5월 중순	12월
말	5월 중순~8월 하순	330	4월 중순~7월 하순	12월
소	5월 중순~9월 하순	280	3월 중순~7월 하순	12월
야크	6월 초순~9월 하순	270	4월 초순~5월 하순	12월
양	9월 하순~12월 하순	150	2월 하순~5월 하순	11~12월
염소	9월 중순~11월 중순	151	2월 중순~3월 중순	11~12월

자료: Country Pasture/Forage Resource Profiles, FAO country report 2006

〈표 3-13〉은 우리 안에서 사육되는 집약 생산의 가축과 마리수를 보이고 있다. 양돈과 양계가 주류이며, 순록과 양봉 토끼 등의 사육이 있으나, 토끼는 미세한 수치로 제외되었다. 우리 안에서 사육한 고기는 킬로그램당 값이 방목한 육류보다 더 비싸다. 돼지고기 값은 쇠고기보다 높고, 닭고기는 양고기보다 더 비싸다. 돼지는 2013년 5만 두 이상까지 사양 두수가 증가했다가 2014년 46.3천 두가 된 이후 계속 감소하는 추세를 보이며, 양계는 꾸준한 증가세를 유지하고 있다.

순록은 녹용과 고기를 생산하며 우리나라에도 수입되고 있다. 대규모는 아니지만 순록과 양봉은 꾸준한 증가 추세를 보였다. 우리 안에서 사육되는 가축은 주로 양돈과 양계로 그 수가 크게 증가했다(표 3-13). 이는 돼지나 닭고기가 방목 가축류보다 값이 상대적으로 높아 수익성이 있기 때문이다. 순록은 몽골의 보호 축종으로 녹용 생산이 목적이며 상품은 한국으로 수출되고 있다.

표 3-13. 연도별 사양 가축과 사육 두수(2008~2016년)

구분	2008년	2010년	2012년	2014년	2015년	2016년
돼지(천 두)	29.3	24.8	40.4	46.3	33.4	31.5
양계(천 수)	359.9	425.8	469.4	794.6	805.1	718.7
순록	1,201	1,344	1,421	1,759	1,864	2,044
양봉(통)	2,617	1,628	2,128	6,645	8,038	8,118

자료: 몽골통계연보, 2016, 몽골 통계청

몽골 목축업 경영의 특징은 첫째, 유목 형태로 이동형 축산이라는 점이다. 한곳에 정착해 일정한 토지를 소유하고 방목하지 않고, 계속 이동하면서 사육한다. 동물들이 먹을 풀이 풍족하지 않으면 게르(Ger)라고 하는 이동형 주택을 뜯어 옮겨가며 방목한다. 얼마 동안 머무는 곳은 샘물이 가까운 지역이고, 겨울에는 방풍이 가능한 지역이 선호된다.

둘째, 가축 사육 기간이 우리나라보다 길다. 소의 경우 보통 3~4년이지만, 몽골에서는 4~5년이 걸린다. 이는 4계절 사료를 충분히 먹이는 사육방법이 아닌 방목이어서, 겨울과 이른 봄에는 먹이 부족으로 성장 속도가 떨어지기 때문이다. 셋째, 도축과 육가공 공장이 결합돼 있어서 도축된 고기가 가공처리 과정에 포함된다. 11~12월 중 가장 많은 도축이 이루어지고, 시중으로 나가고 남는 고기는 고기 통조림, 소시지 등으로 제조과정을 거친다.

넷째, 생축의 이동과 도축의 계절성을 들 수 있다. <표 3-14>에서 보이는 바와 같이, 도축장이 있는 울란바토르나 지역의 도축장으로 몇 달이 걸리는 이동을 하며, 추운 겨울 이전에 도축한다. 다섯째, 몽골의 가축 사육은 친환경 축산물이라고 볼 수 있다. 우리 안에서 농후사료를 주거나 증체를 위한 생리적인 조치를 하지 않은, 자연에서 키운 가축인 것이다. 끝으로 목초지의 방목 경영과 목초 생산에 대한 집중적인 전략이 부족하다고 전문가들은 지적한다.

2) 농산물

<그림 3-6>은 몽골의 주요 농산물 생산의 시계열 자료이다. 돋보이게 증산된 작물은 밀과 사료작물로서 각각 3.3, 4.3배로 늘어났다. 감자 2.7배, 채소는 2.1배 생산량이 늘었다. 강수량이 부족한 몽골에서 밀 재배는 하늘의 뜻에 따라 좌우된다. 2014년 440천 톤에서 2015년 184천 톤으로 급락한 것은 극심한 가뭄 때문이었다. 몽골 정부는 국제 곡물가격 상승에 대응, 2008년부터 밀 재배를 장려하기 위해 헥타르당 7만 투그릭을 보조금으로 지급하고 있다.

감자는 수년간 수확량이 꾸준히 증가하면서 국내 연소비량 10만 톤을 훨씬 초과한 상황이다. 몽골에서 채소의 소비는 많지 않았으나, 개혁개방 이후 선교사들의 교육과 채소 보급 노력으로 채소 생산과 소비가 꾸준히 증가 행진을 이어가고 있다. 특히 김치는 20여 년간 한국 선교사의 노력으로 널리 보급되어, 대량생산 김치공장은 아니지만 음식점에서 김치를 제조 판매하는 곳이 많이 생겨났다. 2016년 몽골의 대표적인 채소는 당근(30.7천 톤), 순무(21.0천 톤), 양배추(16.5천 톤), 양파(9.9천 톤) 외에 오이, 토마토와 멜론이 재배되고 있으나 생산량은 몇 천 톤에 불과하다. 대부분 온실에서 재배되고 있어 집중관리가 필요하며 온도의 영향을 많이 받는다.

몽골의 농작물 생산과 경영상의 특징으로 다음의 몇 가지를 지적할 수 있다. 첫째, 농산물 생산의 일반적인 특징이긴 하지만, 몽골의 경우 우연적인 자연재해 영향이 상대적으로 매우 높다는 점이다. 특히 강우량 부족과 냉해는 심각하고, 바람과 우박 같은 예기치 않은 재해가 많다. 둘째, 비료나 농약의 시비나 살포를 최소화하고 지력만 이용하는 자연농법을 사용한다. 비료나 농약을 생산하지 않는 몽골에서는 모두 수입 품목이므로 사용량을 최소로 할 수밖에 없는 실정이다. 밀이나 유채 재배에서 2년 경작한 다음 1년 동안 휴경하며 돌려짓기를 시행하고 있다.

그림 3-6. 주요 농산물 생산 추이(2000~2016년)

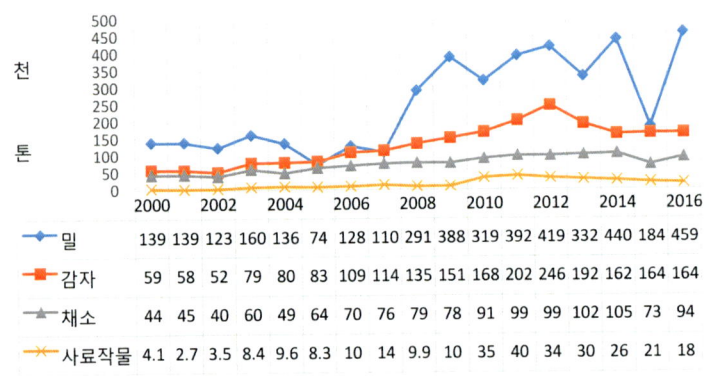

자료: 몽골통계연보. 2016. 몽골 통계청

셋째, 밀과 감자 중심의 농업 생산이다. 최근에 채소 생산량이 증가하고 생산업체들도 지속적으로 증가하고 있다. 전체 농업 생산 중 과일과 채소는 2% 정도로 비중이 낮지만, 채소 수요가 점점 증가함에 따라 비닐하우스 생산도 활발해지고 있다.

  넷째, 주요 곡물 수량이 국제 평균에 크게 못 미친다는 점이다. 밀은 중국 수량의 25% 수준이며, 감자와 보리도 같은 양상을 보인다.

  다섯째, 넓은 농지에 비해 노동력 부족으로 대농이며 회사 영농이 많아, 자본 집약적인 경영 방식으로 운영된다. 따라서 대형 기계가 많고 물을 주기 위해 몇 백 미터의 긴 살수기를 이용하여 관수를 하기도 한다.

그림 3-7. 밀밭에 물을 주기 위한 살수 장치

그림 3-8. 온실 내의 토마토 재배모습

다. 농축산물의 유통

1991년 시장경영 체제로 전환하면서 국영기업 자산은 매각 분배되었다. 이 과정에서 농업관련 농산물 유통체계가 국영 기업체로부터 시장경제의 독립된 체계로 바뀌는 중요한 변화를 가져왔다. 따라서 민간 경영 역할이 증대한 반면, 수급 균형의 불안정, 계획경제 시대의 대형 설비의 노후화, 전국을 연결하는 철도나 도로 사정의 열악함 등은 농산물 유통 분야의 불안 요소로서, 개선해야 할 부분이다. 여기서는 축산물과 농산물로 나누어 기술한다.

1) 축산물

축산물은 육류와 유제품, 그리고 양모, 캐시미어 부산물로서 가죽 등이다. 2016년 육류 40만 톤, 젖 생산량이 약 89만 1,500톤, 양모와 캐시미어 각각 27.4천 톤, 9.4천 톤, 그리고 가죽 약 1,400만 장을 생산했다. 유통 과정은 〈그림 3-9〉와 같다.

첫째, 목축농가가 자가소비를 한다. 육류가 주식이므로 가족 수에 따라 일정량을 소비한다. 봄과 여름철에는 가축 젖을 생산, 소비하고, 여분은 판매한다. 가까운 군(Soum) 소재지에서 빵, 밀가루, 곡류 등 생활필수품을 구입하지만, 추운 겨울에는 생활자금의 부족으로 자기 소유의 가축 소비에 크게 의존한다. 농가에서 도축한 가축의 가죽은 가공되지 않은 상태로 수집되어 농가의 수입원이 된다.

둘째, 지역의 수집상이 주로 큰 규모 농가의 생축을 수집·판매하거나, 지방의 도축장에서 도축한 고기를 대도시로 운송해서 축산물 시장에 판매하는 경로가 있다.

셋째, 대규모 도축장의 지방 사무소에서 이른 봄 목축농가와 사전에 가축매매 계약을 맺고, 여름부터 가을까지 방목하면서 가축을 대도시 도축장으로 이동시켜, 대규모로 도축 가공하는 유통경로이다. 이런 형태가 가장 큰 부분을 차지한다.

넷째, 축산물 수출회사가 지방에서 가축을 구매하고 이들을 도축해 해외로 수출한다.

그림 3-9. 몽골 축산물의 유통경로

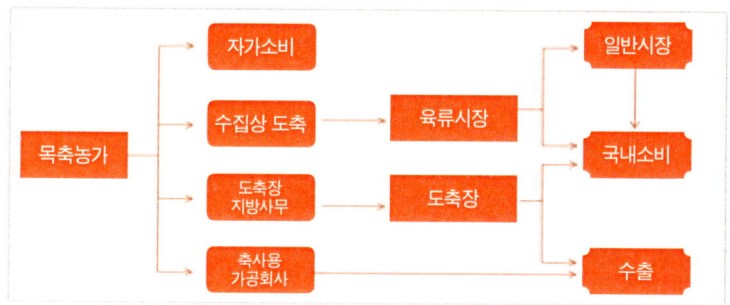

자료: 「몽골의 축산물 유통에 관한 연구」 2008. Otgonjargal Lkhazal

〈표 3-14〉는 몽골의 각 지역으로부터 울란바토르까지 생축을 이동시키는 거리와 비용, 기간을 보여준다. 서부 지역의 자브항(Zavkhan), 고비알타이로부터는 900km 이상으로 100~140일 정도 걸린다. 두당 비용은 거리가 멀수록 높고, 양과 염소보다는 소나 말 등 대가축의 이동비용이 많았다. Tuubar*를 하는 사람은 경험이 많은 그 지역 사람이나 육가공업체의 브로커가 나선다. 7월에 현지에서 출발해 도축장까지 도착하는 동안 약 25% 증체가 되어야 한다. 한 무리의 가축 수는, 중소가축이 1,200두, 대가축이 240두이며, 하루 약 10km를 이동하고 몰이하는 인원은 2~3명이다. 이처럼 Tuubar를 하는 것은 도로와 운송 시스템이 열악해서 가축 운송이 어렵기 때문이다.

---

* Tuubar는 몽골어로 가축의 이동 작업을 의미하는 용어이다.

표 3-14. 농촌-울란바토르 간 생축의 이동, 거리 및 그 비용

구분		tuubar 의 거리 (km)	tuubar 의 기간 (일)	중소가축의 tuubar 비용		대가축의 tuubar 비용	
지역				무리 (천tog)	두당 (tog)	무리 (천tog)	두당 (tog)
서부 지역	Zavkhan	900	100	1,560	1,300	1,776	7,400
	Govi-Altai	1,286	140	2,184	1,820	2,486	10,360
항가이 지역	Arkhangai	635	63	982	819	1,118	4,662
	Ovorkhangai	330	33	514	429	586	2,442
	Khovsgol	895	90	1,404	1,170	1,598	6,660
	Bayankhongor	852	90	1,404	1,170	1,598	6,660
중부 지역	Dundgovi	360	36	561	468	639	2,664
	Tov	160	20	312	260	355	1,480
	dornogovi	463	50	780	633	888	3,700
	Omnogovi	802	90	1,404	1,170	1,598	6,660
동부 지역	Khenti	350	40	624	520	710	2,960
	Sukhbaatar	560	60	936	780	1,065	4,440

자료: 몽골의 축산물 유통에 관한 연구, 2008, Otgonjargal Lkhazal

<표 3-15>는 전국의 지역별 육가공 공장 수, 하루 도축 처리 능력과 냉동 또는 냉장할 수 있는 수용 능력을 나타낸다. 가축 두수가 가장 많은 서부 지역에 13개의 공장이 위치하고, 항가이(Khangai)와 중부 지역에 각각 4개, 울란바토르에 5개, 인구가 많지 않은 동부 지역에는 2개의 공장이 자리 잡고, 하루에 대가축은 3,980마리, 중소가축은 18,880마리를 처리할 수 있는 시설이다.

축산물 가공의 중심 역할은 대규모 도축장이 담당하고 있다. 이는 과거 계획경제 시대의 배급 체계를 갖추고 생산·공급해 온 역사에서 비롯된다. 울란바토르의 마흐 임팩스㈜, Khenti 아이막*의 에빈후치㈜ 그리고 도른고비 아이막의 도른고비㈜ 도축장은 최신 독일산제 도축시설을 갖추고 있다. 그래서 고기뿐만 아니라 햄, 소시지도 생산하며, 주로 러시아로 수출하고 말고기는 일본으로 수출된다.

<표 3-16>은 5대 가축별 상품 특성, 생산과 유통의 특징, 그리고 주 유통경로를 보여준다. 건조 고기는 주로 소와 양고기가 겨울용 양식으로 가

---
* 아이막(Aimag)은 우리의 도 단위에 해당된다. 21개의 아이막과 그 밑에 348개의 솜(Soum)이 있으며, 솜 아래의 하부조직은 박(Bagh: 면)이라고 부른다.

공되며, 젖 생산도 다른 축종에 비해 많다. 도축 시기는 모든 가축이 10~12월에 집중 도축되는 경영 형태를 취한다. 추운 겨울과 사료 부족에 따른 폐사 손실을 막기 위해서이다. 털 생산은 양과 낙타가 높고, 캐시미어는 염소가 주로 생산하지만 낙타는 적다. 가격변동은 봄철을 제외하면 심하지 않다. 봄철은 가축의 짝짓기 계절이므로 도축을 삼가기 때문으로 보인다.

표 3-15. 지역별 육가공 공장 수와 도축 처리 능력

구분 지역	육가공 공장 수	도축 처리 능력(두/일)		수용 능력(톤/일)		냉장저장소 (톤)
		대가축	중소가축	냉동	냉장	
합계	28	3,890	18,880	315	650	34,782
서부 지역	13	750	4,230	4	19	2,912
항가이 지역	4	630	1,050	36	81	1,120
중부 지역	4	1,190	4,700	80	210	5,900
울란바토르	5	990	6,600	185	280	21,550
동부 지역	2	330	2,300	10	60	3,300

자료: 몽골의 축산물 유통에 관한 연구, 2008, Otgonjargal Lkhazal

표 3-16. 가축별 품목 특성에 따른 비교

구분	가축	낙타	말	소	양	염소
상품 특성	부패성	높음	높음	높음	높음	높음
	건조 고기	-	높음	높음	높음	-
	도축 시기(월)	10~12	10~12	10-12	10~12	10~12
생산 특성	고기	적음	중간	높음	높음	중간
	젖	적음	높음	높음	낮음	낮음
	가죽	중간	중간	높음	높음	낮음
	털	높음	-	낮음	높음	-
	캐시미어	적음	-	-	-	높음
	교통수단	높음	높음	중간	-	-
유통 특성	출하 집중도	-	-	낮음	낮음	-
	품질변화	심함	심함	심함	심함	심함
	가격변동: 겨울	적음	중간	중간	중간	적음
	봄	-	적음	심함	심함	적음
	여름	-	-	-	중간	적음
	가을	-	-	적음	적음	적음
주요 유통 경로	산지	육가공 업체 정육점	tuubar 육가공 업체 정육점 수출	tuubar 육가공 업체 정육점 수출	tuubar 육가공 업체 정육점	tuubar 육가공 업체 정육점
	소비	-				

자료: 몽골의 축산물 유통에 관한 연구, 2008, Otgonjargal Lkhazal

<표 3-17>은 울란바토르 시내의 주요 축산물 연도별 킬로그램당 평균 가격이다. 과거 20년 전보다 물가상승이 심해, 명목가격으로 양고기는 7.6배, 쇠고기 8.7배, 우유는 2.5배, 달걀은 2배 정도 상승했다. 사회주의 국가에서 시장경제로 전환한 대부분의 국가에서 관측되며, 몽골도 예외는 아니다.

표 3-17. 울란바토르의 주요 축산물 연도별 평균 가격 (단위: kg당 tog)

구분	1995년	2000년	2005년	2010년	2015년	2016년
양고기	720	801	2,124	3,790	6,073	5,459
쇠고기	774	875	2,348	4,291	7,301	6,758
우유	500	531	488	1,087	1,283	1,280
달걀(개당)	140	120	150	215	314	284

자료: 몽골통계연보 각 연도

2) 곡물과 채소

　울란바토르에는 11개의 소매시장이 있는데, 노천시장과 가설시장으로 구분된다. 노천시장은 가격이 저렴해 소비자들에게 인기가 높지만, 가설시장에 비해 신선도를 유지하는 데 문제가 있다.

　가설시장은 노천시장보다 규모는 작지만, 일반 생활용품과 다양한 상품들을 취급하는 많은 임차인 상인들이 입주해 있다. 농산물은 킬로그램으로 계량해서 정가로 판매한다. 대부분의 시장은 축산물 거래가 주를 이루며, 가설시장에서는 농산물의 등급화와 포장이 일부 이루어지고 있다. 밀가루, 쌀, 기타 곡물과 채소는 중국에서 도입된 것이 많다. 시장의 운영은 회사가 하지만, 감독은 울란바토르 도시위원회에서 확인 점검한다.

　밀의 품질은 낮아 제분율은 70% 이하이며, 주로 빵과 쿠키용으로 사용된다. 감자와 채소는 지하 저장고에 저장되었다가 시장에 나오며, 값이 매우 높다.

3) 축산물 가공

몽골의 전통적인 유가공 방식은 몽골의 토착종 소 원유의 허실 없는 완전 이용 개념에 바탕을 두고 있다. 전국에 90개의 유가공 시설이 있고, 연중 운영되는 시설은 20개에 불과하다. 우유 생산이 하절기에 집중되어 홍수출하가 이루어지고, 겨울에는 생산이 빈약하기 때문이다.

연간 약 40만 톤 이상의 가축 젖이 생산되지만, 이 중 50%는 원유 상태로 시장에서 거래되고, 나머지는 유가공 공장에서 처리 가공되어 시유, 발효유, 사워크림(Sour Cream), 커드, 케이신 등의 유제품으로 생산되어 식품점에서 유통·소비된다. 30종 이상의 유제품이 제조되고, 그중 36%는 발효 유제품이다. 말젖은 영양적 가치 이외에 면역기능을 갖는 것으로 알려져 있다. 가공품도 마유주(아이락) 등 여러 가지가 있고, 유목민 생활의 여건하에서 발효유 제품에 쓰이는 유산균 스타터의 제조와 보관 방법이 매우 독특하게 전해지고 있다.

고기와 부산물 가공은 빈약하다. 2005~2010년 기간 중 FAO의 지원으로 육가공 분야의 위생과 상품개발이 이루어진바 있으나, 가공 분야에서 첨단기술을 사용한 제품 생산량이 매우 적다. 수출품 중 85%가 원자재이고, 약 10%만 가공품이다. 한 예로 주요 수출품인 양모와 캐시미어는 대부분 원자재 상태로 수출되고, 소가죽 중 80%, 양가죽은 90%, 염소가죽은 6% 등이 반가공 상태로 수출되고 있다. 육류 생산은 20만 톤을 상회하고, 이 중 가공되어 수출하는 양은 5% 전후이다.

3
한·몽 교역 동향

가. 일반 무역

한국은 몽골의 5대 교역국이다. 가장 활발한 교역국은 인근의 중국과 러시아이다. 중국은 수출량의 80% 이상, 수입량의 40%를 차지할 정도로 큰 비중을 차지한다. 한·몽 교역의 시작은 수교 이전에 대 몽골 수입으로 시작되었다. 양국의 수출입은 1988년 우리나라가 몽골에서 천연섬유를 수입하고 섬유제품을 수출하면서부터 출발했다. 본격화된 것은 1990년 수교 이후이다.

몽골은 세계 10대 자원부국으로, 광물자원의 개발에 힘입어 2011~2013년 연 12~17%라는 두 자리 수의 고속성장을 했다. 그러나 대내외의 환경 악화로 인해 2014년부터 지나친 자원 의존적 경제구조는 매우 민감한 반응을 보였다. 광산업이 산업 생산의 67%, 수출의 90%를 차지했던 것이다. 광물자원의 가격이 하락함에 따라 경제 성장률도 한 자리 수로 떨어져 2014년 7.5%, 2015년 2.3%, 2016년 1.3%로 추락했다. 몽골은 3C(Coal, Copper, China)의 높은 의존도를 나타낸다.

내륙 국가이고 인구 312만 명의 작은 내수시장이어서 수출시장으로서 제한적이라고 할 수 있다. 한류의 영향으로 한·몽 간 상품·서비스·인적 교류가 활발하다. 약 40,000명 정도의 몽골인들이 사업가, 학생, 노동자로 한국에 거주하며, 약 3,000명의 교민이 몽골에서 사업, 의료, 선교, 교육 등 여러 분야에 종사하고 있다.

1990년대부터 한국은 자동차, 섬유제품을 수출하고, 몽골에서 동광, 아연, 은과 같은 광물자원과 형석 같은 비금속광물을 수입했다. 이와 같은 교역 구조는 계속 이어지고 있다. 두 나라의 교역량은 <표 3-18>에 따르면, 1990년 한·몽 수교 후 271만 달러에서 2006년 1억 달러를 넘었고, 2010년 23,047만 달러, 2017년 24,253만 달러이다. 한국은 21,422만 달러의 흑자를 보이고 있다. 한국의 대 몽골 무역 흑자는 1994년 이후 꾸준히 증가해서 오늘에 이르고 있다.

표 3-18. 한국의 몽골 수출입 및 수지 추이   (단위: 만 달러)

연도	수출	수입	교역량	수지
1985년	0	54	54	-54
1990년	52	219	271	-168
1995년	2,796	969	3,765	1,826
2000년	5,467	208	5,675	5,260
2005년	7,762	490	8,252	7,273
2010년	19,163	3,884	23,047	15,279
2015년	24,567	4,619	29,186	19,945
2016년	20,871	1,036	21,907	19,836
2017년	22,838	1,415	24,253	21,422

자료: kita.net

몽골은 몰리브덴, 금, 구리, 유연탄 등의 광물을 한국에 수출했고, 한국으로부터 각종 공산품, 식자재 등의 소비재를 수입했다. 광물과 유연탄이 전체 수입액의 91%를 넘은 때도 있었다(2011년). 우리가 수출하는 공산품은 자동차, 건설·광산 기계류, 전자제품이 주를 이루며, 식료품 중에는 맥주, 담배, 커피, 면류, 쌀 등 매우 다양한 종류가 포함돼 있다.

<그림 3-10>은 2016년 기준, 우리나라가 몽골에 수출하는 300만 달러 이상의 농축산물, 몽골에서 수입하는 6개 품목, 30만 달러 이상의 7개 품목을 나열한 것이다. 식음료와 기호제품, 건축용 목제품이 수출의 주를 이루며, 수입은 금속광물, 비금속광물, 가죽류, 의류가 대세를 이룬다.

그림 3-10. 우리나라의 대 몽골 주요 수출입 품목의 구성(2016년)

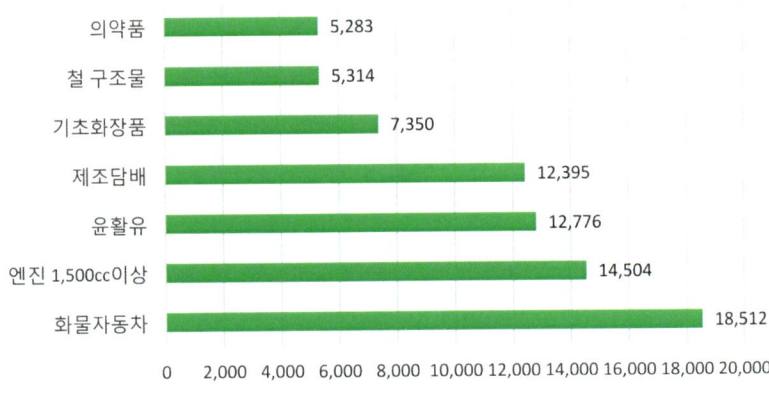

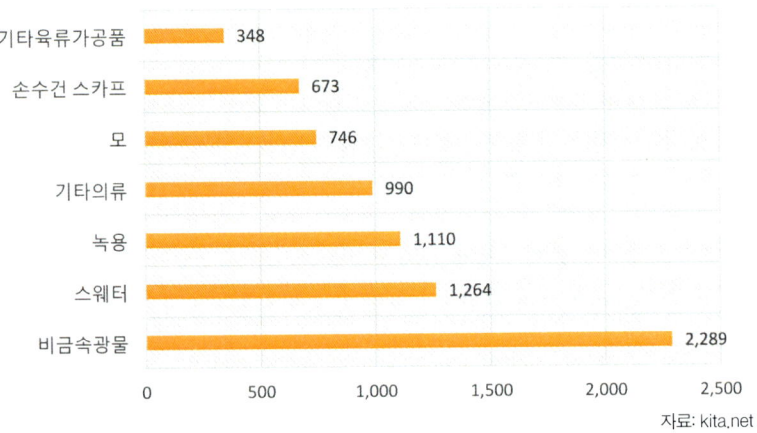

자료: kita.net

몽골에는 1,000억 톤의 석탄과 5.4억 톤의 구리, 50억 배럴의 석유 외에도 철광석, 주석 및 형석, 준보석 등 갖가지 광석이 풍부하게 매장돼 있다. 바가반디 전임 몽골 대통령은 공식석상에서 "몽골은 금방금석을 깔고 앉아 굶고 있는 처지"라며, 경제발전의 필요성을 역설한바 있다.

나. 한·몽 농축산물 수출입

몽골은 대표적인 유목국가로서 신선 청과물의 자체 생산이 매우 빈약하여 수입 의존도가 매우 높다. 2016년 한·몽 교역은 206.4백만 달러로, 우리나라 전체 교역의 0.02%에 그친다. 농림축산물 교역은 한·몽 전체 교역액의 18.3%를 차지하고 있다. 우리가 몽골에서 수입하는 축산물 중 큰 부분을 차지하는 것은 양가죽, 소가죽, 스웨터, 방모직물, 육류 가공품 등으로, 2016년 2,781천 달러어치를 수입했다. 우리가 수출하는 품목은 대부분 일반 식품과 음료이다. 맥주, 제조담배, 면류, 기타 음료, 커피 조제품, 화장품 등 일반 생활용품이 대부분을 차지했고, 금액으로 32,605천 달러였다(표 3-19).

국민소득 수준이 높아지면 신선 청과물과 가공식품 등의 수요가 크게 높아진다. 특히 감귤, 배, 딸기, 사과, 버섯 등 가공하지 않은 농산물 수요가 점차 확대 추세를 보일 것이다. 현재 한국의 라면, 과자, 음료, 각종 소스류 등 한국산 가공식품 수요도 크게 높아지고 있는 추세이다.

표 3-19. 한·몽 농림축산물의 수출입(1998~2016년)   (단위: 천 달러)

연도	농산물		축산물		임산물	
	수출	수입	수출	수입	수출	수입
1998년	2,369	9	139	587	62	11
2000년	5,275	129	240	917	30	190
2002년	10,940	25	245	584	99	21
2004년	12,004	95	402	238	197	10
2006년	15,518	78	412	141	658	345
2008년	25,705	112	1,148	107	1,153	142
2010년	25,954	261	977	155	1,233	53
2012년	35,898	436	1,200	2,725	3,854	254
2014년	35,206	284	800	1,189	3,508	15
2016년	32,605	613	534	2,781	1,206	42

자료: 농산물유통공사

4
몽골 농업 진출 가능성

한국수출입은행에 따르면, 한국의 대 몽골 투자는 1994년부터 시작되었고, 2016년 말까지 누적투자 신고 건수는 1,341건이며, 실제 투자금액은 431,632천 달러로 집계되고 있다. 한국의 대 몽골 투자는 초기에는 주로 요식업 등 서비스 분야에 집중되었으나, 점차 광물자원 개발, 건설업, 부동산업 등으로 다양화되고 있는 추세이다.

몽골에 대한 투자금액 기준으로 볼 때, 광업(117,765천 달러) 27%, 도소매업(74,163천 달러) 17%로 가장 많이 투자되었고, 현지시장 개척과 자원 개발을 목적으로 한 중소기업 중심의 단독 투자가 대세를 이루었다. 이 두 부문의 투자가 44.4%를 이루었고, 다음으로 건설업 13%, 보험 사회복지 서비스업 부문에 5%, 농림업 분야는 4,825천 달러로 1%에 그쳤다.

농업부문에서는 몽골에 과연 어떤 업종을 투자할 수 있을 것인가? 일차적으로 몽골의 공익성을 고려해야 할 것이고, 다음으로 회사나 개인의 수익성이 보장되어야 할 것이다. 공익성은 크지만 수익성이 없는 사업이라면 정부투자, 기술도입, 해외 차관 등을 고려해야 할 것이다. 대표적인 것이 산림복구와 수자원 개발이다. 몽골을 답사하면서 보고 들으며 느낀 투자사업 분야는 아래와 같다.

가. 김치 제조업

추운 겨울이 긴 몽골은 갈무리된 채소가 필요하다. 채소의 중요성은 한국 선교사들과 한국국제협력단(KOICA), 지방자치 단체들의 지원으로 상당한 정도로 인식돼 있고, 채소 재배와 생산도 크게 증가하고 있다. 그러나 영하 20~40도의 겨울 기간은 농촌 지역에서 식품사막지대를 형성하는 몽골의 경우, 김치의 생산과 보급은 몽골인 건강을 위해 매우 중요한 사업으로 여겨진다.

몽골의 식생활은 육식과 유제품에 편중돼 있다. 몽골인의 식사는 고기와 빵, 감자 등으로서 서구 사회의 식탁과 닮아 있다. 1인당 연간 98.4kg 이상의 육류, 145kg 이상의 유제품을 소비하고 있다. 이는 1인당 연간 30kg의 육류와 40kg 정도의 우유를 소비하는 한국의 3배에 해당한다. 농촌 지역은 도시보다 더 많은 육류를 소비한다. 농촌에서는 가축을 도축해서 주식으로 자급하고 있기 때문이다.

김치의 주원료가 되는 배추와 무는 노지 재배가 가능하고 작황도 한국에서 생산되는 크기와 큰 차이가 없다. 다만 부재료로 쓰이는 마늘, 고춧가루, 파, 젓갈 등은 공급량이 제한돼 있으나, 20년간 선교사업과 김치 보급을 위해 노력해 온 이혜식 박사는 대부분의 부재료를 수입하지 않고 김장 담그는 것이 가능하다고 주장한다. 따라서 김치를 체계적으로 제조할 수 있는 기술자와 자본, 그리고 몽골 정부의 관심과 지원이 필요하다고 본다. 기술자 훈련을 위해 한국의 대학에서 석·박사 과정을 이수하도록 지원할 필요가 있다. 수요만 창출된다면 가장 많이 증산 가능한 부문이 채소라고 할 수 있다. 몽골 정부는 채소를 많이 소비하도록 권장하는 대대적인 캠페인도 필요하다고 본다.

나. 생태 관광상품의 개발

몽골의 특징은 드넓은 초원과 가축들이다. 한국에서 엄청난 자금을 들여 만드는 골프장은 이곳에서 깃대와 홀만 만들면 될 것 같다. 초원 위의 말 달리기 경주, 겨울 스포츠인 스키 타기, 새로운 사막 경험, 전통가옥(Ger) 숙박, 맑은 호수와 빙하 등 몽골이 가지고 있는 '자연의 상태' 그대로를 상품으로 개발해서 관광 상품으로 이용하는 것이다. 문제는 안전한 도로 개설과 포장, 새로운 설비투자, 숙박시설, 몽골의 전통 음악과 음식 등을 어떻게 조합하여 상품으로 만드는가이다. 몽골 정부는 기존 도로의 새로운 포장과 안전시설에 투자해야 한다.

한국관광공사에 따르면 2016년 2,238만 명, 2017년 2,650만 명의 한국인이 해외여행을 다녀오고, 이 중 대부분이 일본이나 중국, 동남아시아 지역에 편중돼 있다. 몽골을 여행한 한국인은 비공식적인 통계로 약 20만 명 정도이다. 이는 전체 출국자의 약 0.75% 정도로 낮은 비율에 그친다.

몽골에 여행 온 모든 관광객들은 울란바토르 시내 투어를 하며, 칭기스칸 광장, 몽골국립민속박물관, 몽골의 마지막 왕인 부그뜨칸 겨울 궁 박물관, 울란바토르 시를 한눈에 볼 수 있는 자이승 승전 기념탑 등에 들른다. 최근 몽골 관광지의 범위가 더 넓어져서, 울란바토르시에서 동쪽 지방에 있는 끝이 보이지 않는 메닝 초원과 칭기스칸의 고향에도 외국인들이 여행을 많이 가고 있다. 한·몽 간의 항공료는 대한항공과 몽골항공이 독점함으로써 비슷한 거리의 마닐라나 홍콩보다 훨씬 비싸다. 개선되어야 할 점이다.

다. 물류창고업(농산물 저장)

사회주의 국가 체제에서 농산물 유통 분야는 그리 중요하지 않았다. 생산된 농산물을 배급하고, 잘 배급되고 있는지 감시하고 통제하는 기능으로 충분했다. 그러나 시장경제에서는 소비자의 기호에 맞도록 생산물을 다양화하고 표준화하여 포장과 등급화가 이루어져야 한다. 농산물 유통에서 중요한 점은 신선한 상태로 소비자에게 전달하는 것이다. 신선한 상태로 판매되기 위해 포장과 저장, 수송, 보관 등 일련의 유통 체계가 현대화되어야 한다. 울란바토르 대부분의 농산물 시장은 축산물 거래가 주종을 이루고, 육류는 등급화가 이루어지지 않았다. 한국의 농산물 포장과 저장, 등급화와 수송을 아우르는 물류창고 분야의 진출에 희망이 있어 보인다.

라. 사료사업(농후사료, 건초사업)

유목 형태의 가축들은 겨울이면 사료 부족과 추위로 폐사되는 경우가 많다. 몽골에서는 2000~2001년과 2009~2010년 주뜨(Dzud)의 한파로 인해 수백만 마리의 가축이 굶주림으로 동사했다. 이는 자연재해라고 하지만, 이를 대처하지 못한 사람의 책임이 더 크다고 여겨진다. 축사가 있고 조사료가 공급되었다면, 폐사 가축의 수는 그리 많지 않았을 것으로 추정된다. 추운 겨울을 견디기 위한 축사를 겸용한 사료 저장용의 건물이 필요하다.

축사는 어떻게 어느 곳에 건축되어야 하며, 조사료 생산은 어떻게 할 것인가, 또 건축 비용은 어떻게 조달할 것인가는 중요한 연구 과제라고 여겨진다. 인간이 자연을 정복하지는 못하지만, 사람들의 노력 여하에 따라 상당한 정도로 극복할 수 있다.

5
맺는 말

    한국은 몽골과 1990년 수교 이후 27년이 지나고 있다. 인종과 언어의 유사성, 사회 문화적인 친근성 등으로 무역과 투자 등 실질적인 협력관계를 증진시켜 왔다. 몽골의 국토와 자원을 보면 더 많은 인구를 수용할 수 있다. 몽골의 농업은 넓은 초원에서 가축을 방목하는 조방적인 축산 위주로 발달해 왔고, 곡물과 채소 농사는 1956년 사회주의 경제체제를 도입하고 집단농장과 국영농장을 운영하면서 시작되었다. 투입 자재의 수입 보조와 중앙정부가 계획한 내용을 철저한 통제하에 추진하여 한동안 곡물과 채소를 자급했다. 그러나 사회주의의 붕괴로 1990~1993년 기간 중 큰 변혁을 겪게 되었다. 집단농장의 사유화가 추진되고 농업 투입 자재의 보조가 없어지면서, 곡물과 채소의 생산량은 주저앉고 말았다.

    몽골의 산업은 광산업과 목축업에 집중돼 있고, 제조업 부문이 아주 빈약한 것이 특징이다. 이것은 몽골의 자연환경 조건이 목축이나 광산업을 하기에 알맞아 이런 방향으로 발전되어 왔기 때문이다. 몽골은 풍부한 지하 부존자원을 가지고 있다. 금, 구리, 몰리브덴, 형석, 석탄, 철광, 우라늄, 원유, 석회 등이 많아 세계 10대 자원 보유국에 속한다. 그러나 기술과 자본이 부족해서 미국, 영국, 호주, 캐나다, 러시아 등 외국의 기술과 자본에 의존하고 있다. 구소련의 위성국가로 있으면서 많은 광산이 개발되고, 원광석은 낮은 가격으로 수출되었다.

    몽골은 제조업 부문의 발전이 없이 1차 산업에서 3차 산업으로 건너뛰는 경향을 보이고 있다. 국내에서는 제조업 분야의 시장규모가 적어 '규모의 경제'가 이루어지기 어렵고, 생산보다는 수입하는 것이 저렴해서 생활용품 대부분이 한국, 중국, 일본 등지에서 수입되고 있다.

몽골의 기후는 강우량이 적고 기온이 낮아 농산물 생산 지역으로 적합한 땅이라고 할 수는 없다. 인구가 적고 인프라 구축이 미흡하여 관개시설, 도로에 막대한 투자가 필요하다는 점이 농축산업 투자에 부정적인 이미지를 제공한다. 또한 항구가 없는 내륙국으로서 철도나 자동차, 항공기를 이용해야 하는 수송의 약점도 가지고 있다. 시장경제 경험이 미숙하고 재정 자립도가 취약하다는 점, 그리고 제조업의 미비 등으로 기술 수준이 낮다는 것은 몽골의 약점으로 지적된다.

몽골의 장점은 풍부한 광물 자원, 넓은 초원과 목축업 분야, 그리고 아름다운 자연이다. 이는 몽골만이 가지고 있는 부존 유산이라고 할 수 있다. 적극적인 시장경제의 추구와 대외개방은 우방국들에게 신뢰를 주고 있다. 문맹률이 낮고 남북한 동시 수교국이며 중국, 러시아 및 중앙아시아 여러 나라들과 인접한 지정학적 교통의 요충지라는 점은 매우 큰 강점이다.

우리가 몽골에 대해 큰 관심과 중요도를 인정하는 것은 아직 미래이고 약속의 땅일 수 있기 때문이 아닐까? 탐사되지 않고 개발되지 않고 있는 광물자원과 농지자원이 풍부하고, 개척과 개혁을 하려는 몽골 정부의 의지와 지지가 있다. 범아시아 횡단 철도와 아시아 하이웨이 등 국제물류 개선 프로젝트의 추진, 국제 교통 요충지로 인접 국가들과의 교역 확대 잠재력이 있다. 몽골은 남북 동시 수교국가로서, 필요하다면 북한의 노동력을 이용할 수도 있을 것이다. 한국을 '무지개 나라'로 보는 우호적인 관계와 한류가 지속되고 있는 기회의 땅이다.

중국, 러시아, 일본, 캐나다, 미국 등은 몽골의 부존자원과 잠재력을 인정하고 협력관계를 강화해 왔다. 특히 중국은 몽골에 3억 달러의 특혜 금융을 지원하는 등 선린관계를 강화하고 있다. 또한 무역, 교육, 연구, 인적교류 등 전 분야에 걸쳐 우호적인 교류를 하고 있다. 광물자원의 탐사와 개발과 관련하여 여러 나라의 각축장이 되었으며, 중국이 이미 상권을 장악하고 있다. 따라서 후발 참여국에게는 수송비, 몽골의 과다한 대외 채무와 불안한 안보 요인 등이 위협적인 요소라고 볼 수 있다.

앞으로 몽골의 농축산업 분야가 비관적인 것은 아니다. 몽골은 생태학적으로 가장 청정지역으로서, 친환경 농축산물을 생산할 수 있는 지역으로 알려져 있기 때문이다. 특히 육류 가공과 축산 부산물 가공 분야는 유망 업종으로서, 더욱 발전되어야 할 분야이다. 한국과 몽골의 농업 분야 협력은 다각적으로 이루어져 왔다. 정부, 지자체, 종교단체 등이 관심을 갖고 접촉과 기술 이전을 목표로 투자를 해왔다. 그러나 실제로 상업적 기초 위에 수익성을 목적으로 대규모 농업투자가 이루어져 수익을 내고 있는 업체는 없다. 2009년 동대문개발㈜이 동 몽골 도르노드(Dornod) 아이막에 진출한 것을 시초로 2015년 말까지 한국의 11개 기업 또는 개인이 밀, 감자, 콩, 옥수수, 약용식물을 재배하기 위해 활동 중에 있었다. 2015년 코피아(KOPIA) 몽골리아 센터가 개설됨에 따라 농림축산 분야 기술지원과 연구를 할 수 있게 되었다. 코피아 사업은 농촌진흥청이 주관하는 해외 농업기술 부문 지원 사업이다.

한국은 주로 미국과 호주에서 육류를 수입하고 있다. 몽골과의 검역 문제가 해결될 경우, 육류와 그 가공품들이 대량으로 수입될 수 있다. 우리나라는 몽골과의 수의 검역 문제에 있어 지나치게 소극적인 자세라는 말을 들어 왔다. 그러므로 전향적인 입장을 고려할 필요가 있다고 본다. 구제역 발생 지역으로 지육 형태는 제재된다 하더라도, 가공품의 검역과 관련된 기술 지원을 하고, 무역 역조의 괴리가 커지지 않도록 할 필요가 있다.

몽골의 단위면적당 작물 수량은 국제수준에 크게 못 미친다. 수량증가 저해 요인은 복합적이다.

첫째, 재배 환경에 있어서 연중 강우량이 부족하다.

둘째, 농업 기술에 있어서 신품종의 보급이나 재배 기술이 부족하다. 체계적으로 종자 갱신이 이루어지지 않고, 2년 정도 경작한 다음 1년간 휴경

(休耕)으로 윤작을 하는 형식이다.

셋째, 영농 자재가 원활하게 공급되고 있지 않다. 비료와 농약, 농기계 등 모든 자재가 수입에 의존하고 있으므로, 경영하는 사람의 입장에서 자금 압박을 느끼게 되며 농기계 구입, 부품 조달, 유류 구입 등이 어렵다. 이처럼 불확실한 영농 자재 공급이 문제인 것이다.

넷째, 경영 여건에 있어 농업금융 지원 체계가 부족하고, 토지는 국가에서 경작권만을 임대해 사용하므로 지력을 높이려는 의욕이 부족하다.

다섯째, 농업 생산 지원이 부족하다. 농업연구와 지도사업도 취약하다. 도(Aimag) 단위에 농촌 지도 담당 공무원이 2~3명 있을 뿐이다. 군(Soum) 단위나 면(Bagh) 단위는 아예 없으며, 있더라도 정부 내 농업 생산 지원 체계가 아직은 취약하다.

몽골의 농업은 짧은 무상 기간을 잘 이용하여 어떤 작물을 택해서 심을 것인가, 또 어떻게 물을 공급하는가의 문제가 제일의 관건이다. 한·몽 양국의 긴밀한 경제협력은 한국의 경제발전에 도움이 될 뿐 아니라, 몽골 국민의 소득을 크게 신장시킬 수 있다. 그럼에도 한·몽보다 일본·몽골의 EPA(Economic Partnership Agreement: 경제동반자 협정)가 2016년 발효되고 난 후, 한·몽은 2016년 7월 양해각서를 교환, FTA를 추진하기로 했다. EPA는 관세 철폐뿐 아니라 투자와 인적 교류 등 폭넓은 분야에서 경제관계를 강화하려는 시도이다.

참고문헌

1. 서완수, '몽골의 농업 현황과 그 개선 방향', 《북방 농업연구》 제16권, 북방 농업연구소, 2004
2. 이재영, 이시영, 두게르 간바타르, '신아시아 시대 한국과 몽골의 전략적 협력 방안', 대외경제정책연구원, 2010
3. 허장, '몽골의 농업', 《세계농업 107호》, 농촌경제연구원, 2009
4. Otgonjargal Lkhazal, '몽골의 축산물 유통에 관한 연구'(박사학위 논문), 전북대학교, 2008
5. International Institute for Management Development(IMD), 'Mongolia in world com-petitiveness', IMD World competitiveness Center, 2011
6. National Statistical Office of Mongolia, 『Mongolian Statistical Yearbook』, 2016
7. Ministry for Food, Agriculture and Light Industry. 2011. Statistical Data of Food, Agriculture and Light Industry Sector.
8. FAOstat. Country Pasture/Forage Resource Profiles. 2006. FAO country report.
9. Nyamaa N., Ouynchimeg G. 2012. 'Affects of Natural Disaster to Herder Livelihood'. Journal of Agricultural Science no.08(01): 85~88. Mongolian State University of Agriculture.
10. http://faostat.fao.org/default.aspx
11. www.mifaff.go.kr
12. www.kati.net/homepage/index.jsp
13. http://stat.kita.net
14. www.Koreaexim.go.kr
15. cafe.daum.net/kcambo.com
16. http://blog.daum.net/mutual
17. www.oads.or.kr/main.action
18. http://blog.daum.net/hsm3008/24
19. http://www.nso.mn

제4장
북한의 농업

현장을 답사하지도 않고 통계자료만 놓고 글을 쓴다는 것은 쉬운 일이 아니다. 북한의 통계자료는 어느 것을 기준으로 하느냐에 따라 달라질 수 있다. 한 예로 GDP가 그렇다. 북한은 국민소득을 추계하지 않고 있으며, UN, 한국은행, 미국 CIA 세 곳에서 추계하고 있다. 이 중 UN의 추계치가 제일 낮고, 미국 CIA 추계치가 제일 높으며, 한국은행의 것은 중간 정도의 수준을 보인다. 이는 통계 작성 시 무엇을 기준으로 하는가에 따라 달라지기 때문이다.

UN은 북한의 가격과 환율을 기준으로, 미국 CIA는 선진국의 물가 수준을 감안한 구매력 평가 기준으로, 한국은행은 한국의 물가 수준을 기준하여 작성하고 있다. 따라서 실제로 북한의 소득 수준을 정확하게 추정해서 평가한 것이라고 보기는 어렵다.

대한민국 헌법 3조에는 "대한민국의 영토는 한반도와 그 부속 도서로 한다"라고 기록되어 있다. 그러나 남북의 분단은 70여 년이 넘도록 오가지 못하는 땅으로 세월은 흘렀다. 남북 이산가족 상봉은 남북 당사자가 만날 때마다 주요 의제이지만, 매우 제한적으로 만남이 이루어질 뿐, 이산가족의 그리움을 시원하게 풀어내지 못했다. 만남의 장소는 정권의 생색내기나 체제의 우월성 선전으로 이어졌다. 분단 후 세월은 어느 체제가 더 우월한지 모두 결판이 났다. 그러나 한반도는 아직 세계 유일의 분단국가로 남았고, 북한은 그 체제를 유지하기 위해 갖가지 안간힘을 쏟아 붓고 있다.

북한의 농업은 주체사상을 근간으로 하는 생산을 시행해 왔다. 하지만 1990년대 수백만 명이 아사하거나 식량 부족으로 '고난의 행군' 시기를 겪었고, 만성적 양곡 부족의 현실이 지속되어 오고 있다. 통계상으로 남북한의 경지 면적은 큰 차이가 없다. 오히려 북한의 경지 면적이 20여만 정도 더 많고 작물 재배 면적도 크게 앞서고 있다. 남한은 논 면적이 밭 면적보다 넓고, 반대로 북한은 밭 면적이 논 면적의 두 배 가까이 넓다. 이런 농업 생태로 남쪽은 쌀이 주식이고, 북쪽은 쌀과 옥수수, 감자가 주요 식량원이 되어 왔다.

2016년 기준 북한의 인구는 24,897천 명으로, 남한(51,246천 명)의 1/2 수준이다. 부양할 인구가 훨씬 적은데도 식량 부족으로 국제기구의 지원을 요청하는 실정이다. 여러 부문에서 북한과 남한을 비교하면, 시간이 경과할수록 격차가 커지고 있다. 그들은 전 세계에 자랑하는 '주체사상'으로 무장하고, 계획을 늘 100% 이상 초과 달성했다고 선전한다. 해가 갈수록 남북한은 경제, 사회, 정치, 문화, 외교 부문에서 괴리 현상이 심화되고 있다.

북한은 우리에게 어떤 대상인가? 남북한은 서로가 한반도의 유일한 합법 정부라며 유엔의 단독 가입을 추구했다. 한편 동시 가입이 분단을 고착화시키는 것이라며 반대도 있었으나, 국제적으로 냉전체제가 이완되자 남북 간에 고위급 회담이 진행되는 등, 적대적 대립 관계에도 변화를 가져왔다. 한국은 러시아와의 국교 수립(1990년 9월), 중국과의 외교관계 합의(1990년 10월) 등 북방 외교를 적극적으로 추진했다.

1991년 8월 유엔 안전보장이사회는 남·북한 유엔 가입 결의안을 만장일치로 채택했고, 같은 해 9월 17일 유엔 총회는 남북한과 마셜 군도 등 7개국의 유엔 가입 결의안을 일괄 상정하여 표결 없이 통과시켰다. 이처럼 남북한 유엔 동시 가입으로 우리도 북한의 '국가성'을 인정한 것이나 다름없다. 남북한 유엔 동시 가입은 남북이 통일되어야 하지만 한반도에 2개의 국가가 실재하는 현실을 반영하고 있다. 그러나 남북 관계는 이중성을 띤 '특수 관계'이다. 북한은 통일의 대상인 동시에 휴전 상태에 있는 '군사적 주적' 관계인 것이다.

여기서는 농업부문에 있어 북한의 농업자원과 환경을 살펴보고, 식량 증산을 이루지 못하는 이유와 그 해결을 위해 무엇을 할 것인가를 논의하고자 한다.

1. 농업 생산 자원

남북이 분단된 이후 오늘날까지 남북한은 자기의 이념을 토대로 삼고 통치해 왔다. 북한의 농업자원을 보기에 앞서 통계청이 발표한 남북한의 경제적 현황을 살펴보면 〈표 4-1〉과 같다. 2016년 기준 북한의 무역 총액은 65.3억 달러이며, 남한(9,016.2억 달러)에 비해 1/138 수준이다. 경제 총량을 측정하는 국민총소득(GNI)은 1/45 정도이며, 1인당 국민총소득(GNI)은 145만 원으로, 남한(3,198만 원)의 1/22 수준이다. 농수산물뿐 아니라 무역, 광공업, 에너지, 사회간접자본 등 전 분야에서 큰 차이를 나타내고 있다.

표 4-1. 남북한 주요 경제지표(2016년)

부문	구분(단위)	남한	북한	남/북(배)
인구	남북한 인구[1] (천 명)	51,246	24,897	2.1
경제 총량	명목 GNI(억 원)	1,639,067	36,373	45.1
	1인당 GNI(만 원)	3,198	146	21.9
대외 거래[2]	무역 총액(억 달러)	9,016.2	65.3	138.1
	수출(억 달러)	4,954.3	28.2	175.6
	수입(억 달러)	4,061.9	37.1	109.4
광공업	조강(천 톤)	68,576	1,218	56.3
	시멘트(천 톤)	56,742	7,077	8.0
에너지	발전설비 용량(천kW)	105,866	7,661	13.8
농수산업	쌀[3](천 톤)	4,197	2,224	1.9
	수산물(천 톤)	3,257	1,009	3.2
사회간접자본	도로 총연장(km)	108,780	26,176	4.1
	선박 보유 톤 수(만 톤)	1,304	93	14.0

*주: 1. 남한은 2016년 12월에 작성한 장래인구추계 자료, 북한은 2010년 11월에 작성한 인구추계 자료임.
    2. 무역 총액 = 수출액+수입액. 무역 총액, 수출액, 수입액에는 남북 교역액 불포함.
    3. 쌀 생산량은 정곡 기준임.

자료: 북한의 주요 경제지표 2017, 통계청

조강 생산량은 북한의 121만 8천 톤에 비해 남한이 6,857만 6천 톤으로 1/56에 그치며, 발전설비 용량은 북한 7,661천kW로서, 남한(105,866천 kW)에 비해 약 1/14 수준이다. 특히 대외 거래에 있어 수출은 남한의 1/176에 불과하여, 북한의 대외 거래가 얼마나 침체돼 있는가를 반영하고 있다. 사회간접자본 부문에서도 북한의 도로 총연장은 26,183km로서 남한(108,780km)의 1/4 수준이다. 선박 보유 톤 수는 북한 93만 톤, 남한이 1,034만 톤으로 1/14 수준이다. 2015년 북한의 쌀 생산량(정곡 기준)은 2,016천 톤으로, 남한의 약 1/2 수준에 머물고 있다.

가. 자연환경

농업은 생존의 기본인 식량 및 식료품을 생산하는 산업이다. 그러므로 이를 생산하기 위한 자연환경이 중요하다. 기온, 강수량과 토양 비옥도 등이 그것이다. 농업은 자연조건에 크게 영향을 받지만, 인간은 자연조건들에 적응해 동식물을 합리적으로 재배·사육해 왔다. 근대에는 과학을 농업에 적극적으로 도입함으로써 농업 생산의 비약적인 발전을 가져왔다. 〈표 4-2〉는 2008~2016년 기간 동안 남북한의 주요 지역별 평균기온을 나타낸 것이다.

서울을 중심으로 중부지방에서 남부로 내려갈수록 평균기온의 상승이 눈에 띄고, 제주도는 북한의 강계, 혜산, 청진 등의 지역과는 큰 차이를 보인다. 평남·북에 걸친 낭림산맥, 묘향산맥, 백두산에서 이어지는 마천령산맥, 함경산맥과 황해도 일대의 멸악산맥과 마식령산맥 등, 높은 산맥의 발달로 동해안이 서해안에 비해, 해안 지대가 내륙에 비해 다소 높은 편이다. 특히 북부 고원지대에 속하는 혜산, 강계 등의 기온은 매우 낮다.

실제로 작물이 성장하고 열매를 충실히 맺기 위해서는 여름의 고온 기간이 길어야 한다. 북한 지역의 산간 지역에서는 주어진 기후 특성에 맞는 작물 선택과 경영 기술이 요구되는 것은 기온의 변화가 크기 때문이다. 연평균 기온이 가장 낮은 곳은 삼지연이다. 이곳은 고위도의 내륙에 위치한 고지대로 기온이 낮다.

<표 4-3>은 남북한 주요 지역의 1985~2015년 기간의 연도별 강수량을 보여준다. 북한 지역의 연간 강수량은 해에 따라 지역에 편차가 있지만, 대략 600~1,500㎜ 사이에 분포하며, 그중 55~65%가 6~8월의 3개월 동안에 내린다. 평양, 신의주, 해주, 사리원 등 서해안의 강수량과 동해안의 청진, 혜산, 강계 등의 강수량은 차이가 있으며, 대체로 남한에 비해 적은 편이다. 연강수량이 가장 적은 곳은 함경산맥과 낭림산맥에 둘러싸인 개마고원 일대와 북쪽 한류의 영향이 큰 함남·북의 해안 지역이다.

표 4-2. 남북한 연도별 평균기온(2008-2016)

구분	2008년	2010년	2012년	2014년	2016년
남한					
서울	12.9	12.1	12.2	13.4	13.6
부산	15.0	14.9	14.5	15.1	15.7
인천	12.8	12.3	12.1	12.8	13.3
광주	14.6	14.2	13.7	14.3	15.0
서산	12.0	11.7	11.5	12.3	12.9
여수	14.5	14.3	14.0	14.7	15.3
포항	14.1	14.6	14.1	14.6	15.2
제주	16.0	15.6	15.7	16.2	17.0
북한					
평양	11.3	10.5	10.3	11.7	11.6
신의주	10.3	9.2	9.3	10.9	10.5
해주	12.1	11.5	11.5	12.5	12.8
함흥	11.2	10.4	9.7	11.4	11.0
개성	11.6	10.8	10.8	12.0	12.3
청진	9.6	8.6	7.7	9.0	8.7
혜산	4.7	3.9	3.5	4.6	4.3
강계	7.9	6.7	6.7	8.0	7.5

자료: (남북) 기상청 기상자원과

표 4-3. 남북한 주요 연도별 강수량(1985~2016년) (단위: mm)

					남한				
연도	서울	부산	인천	광주	대전	속초	서산	여수	포항
1985년	1,544.6	2,200.5	1,227.2	1,995.6	1,692.8	1,184.1	1,360.3	2,451.4	1,195.4
1990년	2,355.5	1,270.9	2,009.8	1,484.2	1,496.4	2,011.7	1,788.3	1,508.8	1,035.2
1995년	1,598.6	1,005.7	1,326.2	764.4	1,136.2	1,097.5	1,448.3	1,083.5	744.8
2000년	1,186.8	1,248.5	1,159.4	1,511.0	1,707.5	1,345.2	1,424.8	1,237.7	912.8
2005년	1,358.4	1,383.9	1,155.8	1,289.6	1,656.1	1,349.2	1,334.2	1,220.0	1,180.2
2010년	2,043.5	1,441.9	1,777.7	1,573.1	1,419.7	1,283.6	2,141.8	1,733.1	927.4
2015년	792.1	1,396.7	652.0	1,049.6	822.7	1,127.7	815.9	1,250.5	919.5
2016년	991.7	1,760.2	864.3	1,482.3	1,228.4	1,333.8	922.1	1,616.5	1,515.4

					북한				
연도	평양	신의주	해주	사리원	개성	원산	청진	혜산	강계
1985년	832.7	1,347.3	976.3	1,152.9	1,178.7	1,352.2	533.0	549.6	868.2
1990년	1,452.6	1,081.5	2,020.3	1,743.3	2,055.6	1,800.3	741.6	791.7	777.5
1995년	1,132.4	1,326.5	1,046.0	801.1	1,007.5	1,157.5	673.0	669.9	1,128.5
2000년	502.5	635.5	587.1	432.9	1,237.5	984.4	480.8	615.9	685.3
2005년	846.1	1,015.4	1,015.2	616.7	1,137.9	1,020.6	512.6	748.8	999.0
2010년	1,145.0	1,185.3	1,399.3	1,200.7	1,779.2	1,660.7	835.4	772.5	1,200.0
2015년	1,121.5	1,370.4	1,241.8	1,328.0	669.9	1,227.7	1,141.8	534.9	887.3
2016년	862.5	872.1	938.4	751.8	982.1	1,614.6	-	572.8	1,026.3

자료: (남북) 기상청 기상자원과

나. 토지 자원

평남·북과 자강도(관서) 지방은 서쪽으로 갈수록 고도가 낮아져 넓은 평야가 나타나고, 황해로 유입되는 하천이 길고 크다. 따라서 북한의 평야지대는 서해안의 청천강, 대동강, 예성강 등의 큰 강 유역에 평야가 발달돼 있다. 반면 함남·북과 양강도(관북) 지역은 대체로 높은 산지가 많아, 평야는 동해안을 따라 좁게 나타난다. 동해로 유입되는 하천은 유로가 짧고 유속이 빠른 경우가 많다.

통계청이 발표한 '북한의 주요 통계지표'에 따르면, 황해남도의 재령평야(1,350㎢)와 연백평야(1,150㎢)는 북한 전체 논 면적(6,090㎢)의 41%를 차지하고, 재령·연백 평야와 평안남도의 평양평야(950㎢)가 북한 쌀 생산의 70% 이상을 담당한다. 황해남도는 북한의 대표적인 이모작 지역이다. 북한은 보통 모내기 전년 가을에 파종한 밀과 보리를 수확하고, 해당 연도 봄에 파종한 감자 및 옥수수를 6월 말경 거둬들여 가을 추수 전까지 식량을 충당하는 것이다.

북한의 평야는 큰 하천들을 중심으로 서해안 지대에 넓게 분포돼 있고, 동해안 지역에는 서해안에 비해 평야의 발달이 미약해서 그 규모가 작다. 주요 평야로는, 평양을 중심으로 중부 및 서남부의 대동강 유역에 발달한 평양평야와 황해남도의 재령, 신천, 안악, 은천 등 재령강 유역에 발달한 재령평야, 황해남도 연안, 백천, 청단 지역의 연백평야, 평안남도의 안주, 문덕, 숙주, 평원 등 청천강 유역의 열두 삼천리평야, 함경남도의 함주, 중평 등 성천강 유역의 함흥평야, 평안북도 압록강 유역의 용천평야 등이 있다. 이들 평야들은 농경지가 부족한 북한에서 농산물을 공급하는 중대한 역할을 하고 있다.

북한의 수자원은 압록강(803.3㎞), 두만강(547.8㎞), 대동강(450.3㎞) 등이 있다. 이들 강은 높은 산맥과 고원 등으로 경사가 심한 지형을 따라 흐르고 있어서, 상류의 경우 유속이 빠르고 수량이 풍부해서 동력 자원으로서의 가치가 크다. 대부분의 하천은 서쪽으로 흐르고, 어랑천, 남대천, 북대천, 성천강 등은 동해로 흐른다.

압록강은 백두산에서 발원해 한반도와 중국의 국경을 이루면서 황해로 흐르는 가장 긴 강이다. 허천강(226㎞)·장진강(266.3㎞)·부전강(124㎞)·자성강(109.1㎞) 등을 비롯하여 여러 개의 하천과 지류를 가지고 있다. 압록강의 하류에 있는 수풍발전소는 북한에 중화학 공업을 일으키는 원동력이 된 댐으로서, 많은 양의 전력을 생산하고, 중류에는 운봉발전소가 있다.

두만강은 백두산 남동쪽 사면에서 발원하여 동해로 흐르는 강이다. 북한, 중국, 러시아의 국경을 흐르는 강으로, 상류 지역은 현무암으로 된 용암대지와 화강암, 화강편마암으로 이루어진 무산고원이고, 중류 지역은 산지, 하류 지역은 낮은 산, 충적평야, 모래언덕으로 이루어져 있다. 강어귀에는 전형적인 삼각주가 형성돼 있다. 이런 두만강의 물길은 공업용수, 관개 등으로 이용되고 있다.

대동강은 평안남도와 함경남도 사이 한태령에서 발원하여 평양, 남포시를 지나 황해로 흐르는 강이다. 대동강 연안은 고대문화의 발상지로서 일찍부터 개척이 이루어져 농업이 발달했다. 오늘날에는 이 강물을 공업용수, 생활용수, 농업용수, 관개용수, 수력발전, 수상 운수에 이용하고 있다. 평양~남포, 평양~송림, 평양~만경대 등의 수로가 있고, 남포와 봉화갑문 간에는 여러 하항과 포구들이 있다.

북한에는 크고 작은 자연호수와 인공호수가 많다. 자연호수로는 백두산의 천지(9.2㎢)를 비롯해 함경남도의 광포(9.0㎢), 함경북도의 장연호(7.7㎢) 및 만포호(8.6㎢) 등 5㎢ 이상의 호수만도 5개 정도에 이른다. 인공호수는 관개용수나 수력발전 용도로 조성했다. 수풍호(298.2㎢)를 비롯해 운봉호(104.9㎢), 장진호(46.1㎢), 부전호(20.3㎢), 서홍호 등 5㎢ 이상의 호수가 25개 정도 조성돼 있다.

〈표 4-4〉는 10,000ha 이상의 남한 10대 평야와 면적, 그리고 북한의 9대 평야지대와 면적을 보여준다. 이들의 평야지대가 남북한의 곡창 지역으로 식량을 생산하지만, 제도적 생산 방식에 따라 단위면적당 수량은 큰 차이를 보인다.

표 4-4. 남북한의 주요 평야지대와 면적

남한		북한	
명칭	면적(ha)	명칭	면적(ha)
호남평야	161,775	재령평야	135,000
예당평야	94,682	연백평야	115,000
안성평야	66,792	평양평야	95,000
논산평야	56,349	안주평야	60,000
나주평야	38,185	용천평야	45,000
여주평야	35,579	함흥평야	43,800
김포평야	31,551	강동평야	26,000
상주평야	27,532	박천평야	10,000
김해평야	22,863	안변평야	10,000
철원평야	13,713	-	-
계	549,021	계	534,800

자료: 통계청

〈표 4-5〉는 지난 50년 동안의 남북한 논과 밭, 경지 면적 변화를 보여준다. 2016년을 기준으로 남북한의 논 면적은 1,467천ha이며, 밭 면적은 2,087천ha이다. 남한은 논·밭 면적이 5.4:4.6인 반면, 북한은 약 7:3으로 밭 면적이 훨씬 넓다. 남북한의 경지 면적 중 북한 지역의 논을 제외하고는 모두 감소세를 보였다. 남한의 논 면적은 연 0.3%씩 감소하여 1965년 1,286천ha에서 2016년 896천ha로 감소했고, 밭 면적도 970천ha에서 2016년 748천ha로 줄었다.

표 4-5. 남북한의 경지 면적 변화 추이(1965~2016년)

연도	남한				북한			
	논(천ha)		밭(천ha)		논(천ha)		밭(천ha)	
	경지면적	구성비(%)	경지면적	구성비(%)	경지면적	구성비(%)	경지면적	구성비(%)
1965년	1,286	57.0	970	43.0	550	27.6	1,443	72.4
1970년	1,273	55.4	1,025	44.6	580	28.5	1,457	71.5
1980년	1,307	59.5	889	40.5	635	30.2	1,469	69.8
1990년	1,345	63.8	764	36.2	645	30.1	1,496	69.9
2000년	1,149	60.8	740	39.2	576	28.9	1,416	71.1
2010년	984	57.4	731	42.6	609	31.9	1,301	68.1
2015년	908	54.1	771	45.9	571	29.9	1,339	70.1
2016년	896	54.5	748	45.5	571	29.9	1339	70.1

자료: 북한의 주요 경제지표 2017, 통계청

북한의 경우 경지 면적의 변화는 크지 않았으나 1965년보다 2만여ha 의 논 면적 증가를 보였다. 밭의 경우 약 10여만ha의 감소를 나타냈다. 산업용지, 주택, 도로 등의 용도로 경지 면적의 전용이 크게 증가했고, 북한보다 남한이 훨씬 많았다. 남한의 논과 밭 면적은 각각 -0.3%와 -0.2%씩 해마다 감소한 것으로 나타났다. 북한의 논 면적은 2만여ha 늘었고, 밭 면적은 1985년 150만ha까지 증가를 보이다가 2015년 1,339천ha로 감소했다.

<표 4-6>은 1970년 이후 5년마다 남북한의 농가 호수 및 호당 경지 면적의 변화를 나타낸 것이다. 한국의 1970년 농가 호수는 2,483천 호이고, 호당 경지 면적은 0.93ha였으나, 2016년에는 각각 1,068천 호, 1.54ha였다. 즉, 농가 호수는 57% 감소로 나타났고, 호당 경지 면적은 65% 이상 증가했다. 반면 북한의 1970~2005년 기간의 자료에서 농가 호수는 증가했고, 경지 면적은 1.42ha에서 0.96ha로 감소해 남북한이 서로 반대되는 현상을 보였다. 이는 한국이 산업화로 농촌 인구가 대량으로 도시 인구로 전입된 반면, 북한 지역은 도시화의 유인 조건이 충족되지 않았을 뿐 아니라, 거주이전의 자유도 제약되기 때문이다.

다. 노동력

인구는 노동력을 제공하는 자원이다. 인구총량은 경제활동인구와 비경제활동인구로 나뉜다. 경제활동인구는 총인구 중에서 15세 이상 인구를 말하며, 현역 군인, 전투경찰, 기결수는 제외된다. 경제활동인구는 다시 취업자와 실업자로 구분되며, 실업자가 경제활동인구에 포함되는 것은 조사 시점에서 일시적인 이유로 직장이 없어 구직 활동을 하고 있으나 보통의 상태에서는 취업해야 할 것으로 생각되는 인구이기 때문이다. 비경제활동인구는 취업자도 실업자도 아닌 사람, 즉 일할 능력이 있어도 일할 의사가 없거나 일할 능력이 없는 사람들을 말한다. 이를테면 가사에 종사하는 주부, 학생, 연로자와 장애인 자선사업이나 종교단체에 참여하고 있는 사람들은 비경제활동인구로 분류된다. <표 4-7>은 북한의 총인구와 농업부문 인구 동향을 보여준다. 총인구 중 농촌 인구는 증가 추세를 보이지만, 농가 인구는 해가 거듭됨에 따라 감소 추세를 보이고 있다.

표 4-6. 남북한 농가 호수 및 호당 경지 면적 (단위: 농가 호수: 천 호, 경지 면적: ha)

연도	남한 농가 호수	남한 호당 경지면적	북한 농가 호수	북한 호당 경지면적	남북한 농가 호수	남북한 호당 경지면적
1970년	2,483	0.93	1,437	1.42	3,920	1.11
1975년	2,379	0.94	1,593	1.30	3,972	1.09
1980년	2,155	1.02	1,603	1.31	3,758	1.14
1985년	1,926	1.11	1,705	1.26	3,631	1.18
1990년	1,767	1.19	1,820	1.18	3,587	1.18
1995년	1,501	1.32	1,872	1.06	3,373	1.18
2000년	1,383	1.37	1,943	1.03	3,326	1.17
2005년	1,273	1.43	1,991	0.96	3,264	1.14
2010년	1,177	1.46	…	…	…	…
2015년	1,089	1.54	…	…	…	…
2016년	1,068	1.54	…	…	…	…

표 4-7. 북한의 농업부문 인구 동향(1985~2016년) (단위: 천 명)

구분	1985년	1995년	2000년	2005년	2010년	2015년	2016년
총인구	18,778	21,764	22,702	23,561	24,187	24,779	24897
농촌 인구	7,954	8,919	9,270	9,572	9,749	9,842	9,660
농가 인구	7,662	7,362	6,885	6,309	5,671	?	?
경제활동인구	8,208	10,409	11,029	12,197	13,238	13,630	14,002
경제활동인구 (농업부문)	3,364	3,522	3,318	3,241	3,084	2,936	?

*주: 2015년 자료는 KOSIS의 통계량임. 자료: FAO Statistics

<표 4-8>은 남북한 농가 인구의 변화를 나타낸다. 한국의 농가 인구 변화는 1998년 440만 명에서 2016년 2,496천 명으로, 뚜렷한 감소 추세를 나타낸다. 전 인구 중 농가 인구는 4.9%로 떨어진 반면, 북한의 농가 인구는 2008년까지의 자료이나 미미하지만 약간의 증가 추세를 보이고, 농가 인구의 비중은 36.8%로 높았다.

표 4-8. 연도별 남북한 농가 인구의 변화 추이

연도	남한 농가 인구 (천 명)	비율 (%)	북한 농가 인구 (천 명)	비율 (%)	남북한 농가 인구 (천 명)	비율 (%)
1998년	4,400	9.5	8,009	36.5	12,409	18.2
2000년	4,031	8.6	8,160	36.8	12,191	17.6
2002년	3,591	7.5	8,232	36.8	11,823	16.9
2004년	3,415	7.1	8,357	36.8	11,772	16.6
2006년	3,304	6.8	8,493	36.8	11,797	16.5
2008년	3,187	6.5	8,573	36.8	11,760	16.3
2010년	3,063	6.2	...	...	...	...
2012년	2,912	5.8	...	...	...	...
2014년	2,752	5.5	...	...	...	...
2016년	2,496	4.9	...	...	...	...

자료: KOSIS 국가통계포털

<그림 4-1>은 북한의 지난 46년간 연도별 도시와 농촌 인구의 시계열 자료이다. 도시와 농촌에서 다같이 인구증가 추세는 분명하지만, 도시 인구의 증가가 1970년에 비해 두 배 가까이 늘어난 반면, 농촌에서는 1.5배 정도 증가했다. 1970년 도농 인구의 비율은 54:46의 구성이었으나, 2016년엔 61:39로 도시 인구의 비중이 크게 높아졌다. 한국에서 도시 인구가 농촌 인구를 추월하기 시작한 것은 1977년부터다. 2015년 남한의 농촌 인구 비중은 9,392천 명으로 18.6% 정도이다. 북한의 38%에 비하면 도시화 비율이 크게 앞서 있다.

그림 4-1. 북한의 도시와 농촌 인구 구성의 변화(1970~2016년)

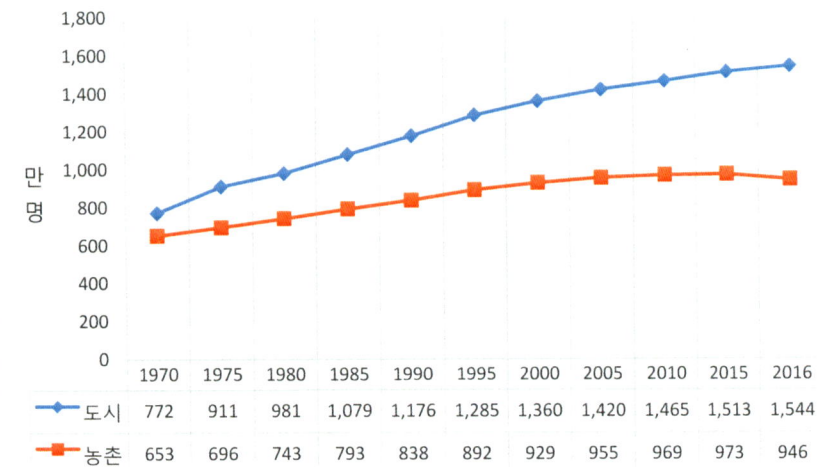

자료: 북한의 주요 경제지표 2017, 통계청

2. 식량 생산과 부족의 실상

가. 자연재해

북한의 자연재해는 여름철 태풍과 홍수에 의해 발생했다. 1995년과 2007년에 대표적인 홍수 피해 사례가 기록되었다. <표 4-9>와 <표 4-10>은 북한에서 일어난 홍수의 유형을 보여준다. 일반 홍수, 돌발 홍수, 불특정 홍수의 순으로 발생률이 높게 나타났다. 1985년부터 2008년까지의 홍수로 인한 총피해액은 약 175억 달러이며, 원화(1123.1원 환율 기준)로 환산하면 약 20조 원에 이르는 것으로 추정된다. 이는 남한 지역의 홍수로 인한 총피해액의 약 7배에 가까운 금액으로, 1995년의 큰 피해가 원인이었다.

<표 4-9>는 1985~2008년 기간의 남북 홍수 피해액을 대조한 것이다. 경제적 피해 부분에서는 남한의 경우 돌발 홍수가 약 19억 달러로 가장 많은 피해액을 발생시켰다. 북한의 경우 일반 홍수가 약 153억 달러로 가장 많은 피해액을 발생시켰다. 남북한이 경제적 피해 부분에서 큰 차이를 보이는 것은 세계 50대 자연재해로 기록된 북한의 1995년 대홍수 피해액이 약150억 달러로 많았기 때문이다. 수년간 야산 개발로 인한 산림토양의 파괴와 땔감 채취로 민둥산이 되어버린 북한의 산이 홍수에 매우 약했던 것이다.

표 4-9. 홍수 유형별 남한과 북한의 경제적 피해 규모(1985~2008년)

홍수 유형	구분	금액(US$)	원화(1123.1원 기준)
불특정 홍수	남한	약 4억	약 5천억
	북한	약 22억	약 2조 5천억
돌발 홍수	남한	약 19억	약 2조 1천억
	북한	약 1천만	약 1백억
일반 홍수	남한	약 6억	약 7천억
	북한	약 153억	약 17조
합계	남한	약 28억	약 3조
	북한	약 175억	약 20조

자료: 박소연, 이영곤, 김세원, 『기상기술 전략개발 연구』, 2010, 국립기상연구소

홍수는 일차적으로 농작물의 침수, 도복과 떠내려감 등으로 치명적 피해를 줄 수 있고, 가장 큰 감수의 원인이 된다. 북한은 〈표 4-10〉에서 보는 바와 같이, 10번의 홍수와 태풍의 피해를 당하여 곡물 생산에 심각한 타격을 입었다. 그뿐만 아니라 인명 피해도 커서 2007년 홍수에는 610명, 1995년에는 68명이나 사망했다.

표 4-10. 북한의 자연재해로 인한 경제적 피해(1985~2008년)

순위	재해 유형	발생 시기	피해액(mil.$)	피해액(원)	사망자(명)
1	홍수	1995.8.1.	15,000	약 17조	68
2	태풍(프라피룬)	2000.8.31.	6,000	약 7조	46
3	홍수	1996.7.26.	2,200	약 2조	116
4	홍수	2007.8.7.	300	약 3천억	610
5	태풍(로빈)	1993.8.8.	110	약 1천억	-
6	홍수	2004.7.24.	20	약 2백억	-
7	홍수	2001.10.9.	9.4	약 1백억	114
8	홍수	1999.7.30.	2	약 20억	-
9	태풍(루사)	2002.8.31.	0.5	약 6억	-
10	태풍(위니)	1997.8.18.	0.01	약 1천만	-

자료: 박소연, 이영곤, 김세원, 『기상기술 전략개발 연구』, 2010, 국립기상연구소

나. 식량 생산

식량 문제는 국민의 생존과 직결되는 중요 사안이다. 북한의 인구나 경지 면적으로 보아서는 인민이 굶주림에 이르게까지 될 것 같지는 않아 보인다. 그러나 1990년대 중·후반 심각한 식량난을 겪으면서 주민들이 중국으로 탈출, 많은 주민들이 남한으로 들어왔고, 2016년 말에는 3만 명 탈북 주민 시대를 열게 되었다.

북한의 식량 생산은 2000년대 들어 서서히 회복되어 2005년에는 생산량이 450만 톤을 상회했다(표 4-11). 2000년대 중반까지 북한의 식량 생산 증대 추세는 1990년대 말부터 시작된 국제사회의 지원과 남한의 비료 지원에 힘입은바 크다. 2008년 남한과 국제사회의 지원은 중단되었다. 그럼에도 불구하고 그 이후 북한의 식량 생산은 점차 증가하고 있다. 이는 북한의 자구책 강구에 의한 것으로 보인다. 식량 사정이 호전되고 있음에도 불구하고, 북한은 여전히 식량의 수급 균형에는 도달하지 못하고 있다. 식량 생산이 증대되었다고 하나 절대적인 수요량을 충족시킬 만큼 농업 생산 능력이 회복되지 않았고, 인구 증가에 따라 식량 소요량도 꾸준히 증가하고 있기 때문이다.

'고난의 행군'은 1995년에서 1998년까지 북한에서 식량 부족으로 발생한 대기근을 이르는 말이다. 원래 고난의 행군이란 말은 1930년대 말부터 1940년대 초까지 김일성이 일본군의 추격을 피해 쫓겨 다니며 추위와 배고픔을 참아가며 유격전을 감행했다고 주장하던 시기를 일컫는 말이었다. 그러나 지금은 북한의 기아선상의 파괴적 경제난을 지칭하는 단어가 되었다.

통계청에 따르면, 1994년 이후 2000년대 초반까지 약 482천 명이 식량 부족으로 늘어난 사망자를 추계하고, 또한 식량난으로 줄어든 신생아 수를 약 128천 명으로 추계하여, 총 61만 명이 식량난의 영향을 받은 것으로 보고 있다. 한 탈북 인사는 회고록에서 고난의 행군 첫 해에

100만 명이 사망하고, 이후에 추가로 100만 명이 더 사망하여, 결과적으로는 300만 명이 죽었을 것이라고 주장했다. 최소한으로는 150만, 많게는 350만 명이 죽었다는 것이다. 그러나 2008년 UN에서 조사단을 북한에 파견해 직접 인구조사를 실시한 결과, 예상보다 총 인구 숫자가 많았다고 한다. 대부분의 국가에서 일반적으로 발표되고 있는 통계자료를 발표하지 않는 북한의 실제적인 통계는 그들만의 전유물인 셈이다.

<표 4-11>에서 보면 남한의 식량작물 생산량은 1975년 7,654천 톤을 정점으로 감소 추세를 보이며, 2016년에는 4,707천 톤으로 38.5% 줄어든 반면, 북한은 1965년 3,548천 톤에서 2016년 4,823천 톤으로 36.1% 증가했다. 2016년 남북한의 식량 생산량은 북한이 116천 톤 더 많았다.

표 4-11. 남북한의 식량 생산량 비교(1965~2016년)

연도	남한		북한		남북한	
	생산량 (천 톤)	증감률 (%)	생산량 (천 톤)	증감률 (%)	생산량 (천 톤)	증감률 (%)
1965년	6,524	-1.7	3,548	3.1	10,072	-4.1
1970년	6,937	-3.3	3,982	1.5	10,919	-1.6
1975년	7,654	11.0	4,355	1.8	12,009	7.5
1980년	5,324	-34.2	3,713	-21.1	9,037	-29.4
1985년	6,990	-4.4	4,193	-10.2	11,183	-6.7
1990년	6,635	-7.3	4,020	-12.2	10,655	-9.2
1995년	5,476	-4.7	3,451	-16.3	8,927	-9.5
2000년	5,911	-1.5	3,590	-15.0	9,501	-7.1
2005년	5,520	-2.6	4,537	5.2	10,057	0.8
2010년	4,836	-12.9	…	…	…	…
2015년	4,846	0.4	4,512	-6.0	9,358	-2.8
2016년	4,707	-2.8	4,823	6.9	9,530	1.8

자료: KOSIS 국가통계포털

<표 4-12>는 남·북한의 주요 식량작물의 연도별 자료이다. 1965년 한국의 쌀 생산은 3,501천 톤으로 식량 생산량의 53.7% 정도였으나, 2016년 89.2%로 크게 높아져 미곡 편중의 양곡 생산을 하게 되었고, 1985년

5,626천 톤을 정점으로 해마다 감소되었다. 이는 연간 1인당 쌀 소비량 감소와 무관하지 않다.

표 4-12. 남북한 쌀 옥수수 생산량 비교(1965~2016년)

연도	남한				북한			
	쌀		옥수수		쌀		옥수수	
	생산량 (천 톤)	구성비 (%)	생산량 (천 톤)	구성비 (%)	생산량 (천 톤)	구성비 (%)	생산량 (천 톤)	구성비 (%)
1965년	3,501	53.7	40	0.6	1,258	35.5	1,527	43.0
1970년	3,939	56.8	68	1.0	1,480	37.2	1,855	46.6
1975년	4,669	61.0	54	0.7	1,738	39.9	2,183	50.1
1980년	3,550	66.7	154	2.9	1,245	33.5	2,035	54.8
1985년	5,626	80.5	132	1.9	1,519	36.2	2,072	49.4
1990년	5,606	84.5	120	1.8	1,457	36.2	1,949	48.5
1995년	4,695	85.7	74	1.4	1,211	35.1	1,851	53.6
2000년	5,291	89.5	64	1.1	1,424	39.7	1,440	40.1
2005년	4,768	86.4	73	1.3	2,024	44.6	1,630	35.9
2010년	4,295	88.8	74	1.5	-	-	-	-
2015년	4,327	89.3	78	1.6	2,016	44.7	1,645	36.5
2016년	4,197	89.2	74	1.6	2,224	46.1	1,702	35.3
증가율 %	0.3	-	1.2	-	1.1	-	0.2	-

자료: 북한의 주요 경제지표 2017, 통계청

1965년 북한의 쌀 생산은 1,258천 톤(남한의 35.6%)에 그쳤으나 2016년에는 2,224천 톤으로 증가되었다. 그럼으로써 구성비가 35.5%(1965년)에서 46.1%(2016년)로 높아졌다. 옥수수의 경우 남한의 생산 비중은 1.6%에 그치지만, 북한의 경우 35.3%로 큰 비중을 차지했다.

〈그림 4-2〉는 2016년 남·북한의 식량작물 생산량을 비교한 것이다. 한국은 4,707천 톤, 북한은 4,823천 톤으로서, 북한의 쌀은 남한의 53% 정도를 생산했다. 그러나 남한이 옥수수는 4.3%, 감자는 39.6%, 두류는 72.5%로, 쌀을 제외하고는 모두 북한이 더 많이 생산했다. 한국의 식량작물은 쌀에 편중되어 전체 생산량의 82%를 넘는 반면, 북한은 쌀 39%, 옥수수 29%, 서류 9%로 분산되어, 남북의 작물 생산 유형이 크게

다름을 나타냈다.

그림 4-2. 남북한 식량작물 생산 구성

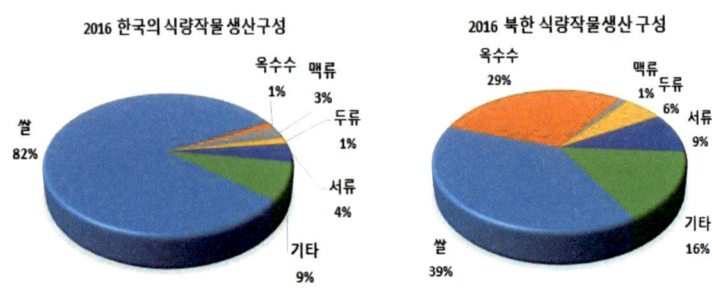

자료: 북한의 주요 통계지표, 통계청

<그림 4-3>은 1995년 이후 북한의 식량 수급량의 추이를 보여준다. 북한의 식량 생산량은 1980년대에도 평균 415만 톤 정도에 불과하여, 정량 배급 기준으로 이미 평균 200여만 톤의 부족 현상을 나타냈다. 이로 인해 북한은 1987년부터 1인당 배급량을 평균 700g에서 22%를 감량한 546g만 배급했다. 다만 이 당시에는 소련을 비롯한 사회주의 국가들의 지원 등으로 기근 문제가 본격적으로 제기되지 않았다.

그림 4-3. 북한의 식량 수급량 추이(1995~2016년)

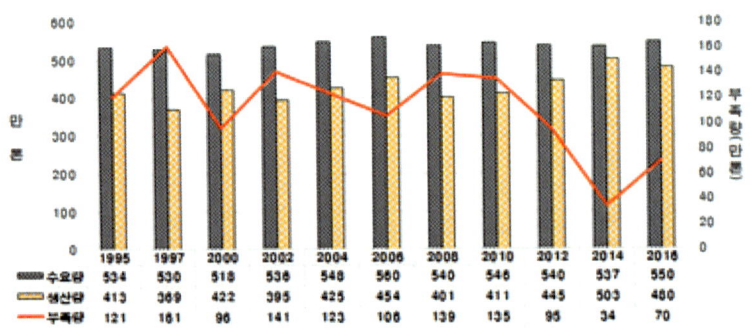

자료: 『북한의 이해』, 2017, 통일교육원, 통일부

1990년대 초 소련을 비롯한 사회주의 국가들의 지원 및 우호 무역이 중단되고, 농자재 생산 급락, 연속된 자연재해 등으로 식량 생산량이 400만 톤 이하로 급감하면서 심각한 기근에 직면하게 되었다. 기근이 가장 심각하게 진행된 것으로 알려진 1995~1997년 3년간의 평균 식량 생산량은 354만 톤에 불과했다.

2000년대 이후 북한은 양호한 기상 조건, 국제사회의 농업 협력, 자체의 농업기반 복구 조성 노력(자연흐름식 물길 공사, 토지정리 사업) 등에 힘입어 400만 톤 이상의 생산량을 회복했다. 2013~2014년에 500만 톤 약간 넘는 생산량을 기록하고, 2013년 이후 480만 톤 이상의 곡물생산 수준을 유지하고 있다. 2016년도의 식량 부족량은 최근 몇 년 사이 가장 큰 70만 톤 수준이지만, 매년 평균 상업적 도입량 30만 톤과 주민들에 의한 소토지 경작 확대, 시장의 역할을 감안할 때 1990년대의 심각한 기근 상황을 벗어난 것으로 판단된다.

<표 4-13>은 2000년 이후 남북한의 식량작물과 미곡의 단위 면적당 수량, 그리고 농가 인구 1인당 식량작물 생산량을 계산한 자료이다. 2016년의 식량작물 생산량에서 북한의 헥타르당 생산성은 한국의 50% 수준에 그친다. 쌀은 남한의 생산성에 비해 70%를 조금 상회하는 수준에 그쳐 큰 차이를 보였다.

농가 인구 1인당 생산량에 대해서는 자료의 미비로 2008년까지의 비교에서 보면 남한이 1.73톤인 반면, 북한은 0.50톤으로 1/3 수준 미만이다. 농업 생산성 저하 원인으로 북한의 정치체제 이외에도 심각한 북한의 토양 문제가 제기되고 있다.

표 4-13. 남북한 단위 면적과 농가 인구 당 농업 생산성 비교(2000~2016년)

연도	식량작물 생산량 (mt/ha)		쌀 수량(kg/10a)		농가 인구1인당 식량작물 생산량 (mt)	
	남한	북한	남한	북한	남한	북한
2000년	4.48	2.28	497	264	1.47	0.44
2002년	4.30	2.63	471	300	1.56	0.50
2004년	4.60	2.70	504	309	1.66	0.52
2006년	4.49	2.80	493	323	1.60	0.53
2008년	4.80	2.67	520	317	1.73	0.50
2010년	4.42	…	483	…	1.58	…
2012년	4.34	2.51	473	356	1.57	…
2014년	4.77	2.58	520	377	1.75	…
2016년	5.10	2.57	539	389	?	…

자료: KOSIS

다. 축산물 생산

아래 〈표 4-14〉는 1970년부터 5년마다의 북한 축산물 생산 자료이다. 쇠고기 생산량은 1970년 21.9천 톤에서 46년이 지난 후에도 변화가 없이 정체된 상태로 머물러 있다. 1995년 45.0천 톤까지 최고에 이르렀고, 이후로는 20.0천여 톤 수준을 크게 벗어나지 못하고 있다. 이는 1990년대 중반의 식량 위기로 소의 사육 두수가 급격하게 감소한 결과로 추정된다. 돼지고기는 1970년 85.0천 톤에서 1990년까지 계속 증가하여 225.0천 톤인 최고조에 있었으나, 1995년에는 115.0천 톤으로 반 동강이 났다. 이 또한 식량 위기로 인한 돼지 사양의 감소로 여겨진다.

해에 따라 기복이 있었으나 우유는 1970년에 비해 5배 이상, 달걀은 2.3배 정도로 증산되어 꾸준한 증가세를 나타냈다. 표를 만들지 않았으나 곡물사료에 의존하는 돼지 등의 가축 사양은 감소를 보였고, 초식가축인 염소, 토끼, 오리 등의 사양은 크게 증가했다. 이는 북한 당국이 소나 돼지 위주에서 풀 먹는 가축을 중심으로 하는 부업 축산으로 전환한 것과 연관이 있다. 사람이 먹을 식량이 부족한 상황에서 가축 사료로 이용할 곡물을 마련하기 어렵기 때문이다.

<표4-14>의 2016년 괄호 안의 수치는 한국의 축산물 생산량이다. 쇠고기는 약 11배, 돼지고기는 9.2배, 우유는 25배, 달걀은 5.2배를 더 많이 생산했다. 따라서 북한의 1인 1일 섭취 칼로리는 한국의 63%에 머물고, 동물성 단백질의 섭취 칼로리가 23% 정도에 그치고 있다.

표 4-14. 북한의 연도별 축산물 생산(1970~2016년)   (단위: 1,000톤)

연도	쇠고기	돼지고기	닭고기	우유	달걀
1970년	21.9	85.0	20.0	16.0	54.0
1975년	25.5	125.0	27.0	26.0	70.0
1980년	30.8	165.0	32.5	54.0	105.0
1985년	37.5	195.0	37.4	75.0	125.0
1990년	34.5	225.0	47.3	88.0	145.0
1995년	45.0	115.0	22.0	85.0	85.0
2000년	20.0	140.0	26.8	90.0	110.0
2005년	21.5	168.0	35.7	94.0	140.0
2010년	22.0	110.0	31.9	95.4	155.0
2015년	21.2	95.7	?	82.1	125.0
2016년 (한국)	20.9 (231.0)	96.7 (891.0)	33.0* (599.0)	81.8 (2,069.6)	125.0 (657.6)

* 주: 2013년 FAOstat의 자료   자료: 북한의 주요경제지표 2017, 농림축산식품 주요통계 2017

북한은 강원도의 세포, 평강, 이천 3개 군에 걸쳐 5만ha에 이르는 축산 단지를 2017년 10월 완공했다고 발표했다. 여기에 소, 양, 염소, 돼지를 사육하고, 축산물 가공 기지, 사료 가공 공장 등이 건설되었다. '세포등판 개간사업'이라 하여 '고난의 행군'이 한창이던 1998년, 김정일 국방위원장이 식량난 해결을 위한 방법의 하나로 '풀 먹는 집짐승 기르기'를 적극 장려하면서 시작됐다. 그러나 이 개간 사업은 2005년에 시작했다가 여러 가지 문제점으로 중단되었다. 문제점을 보강해서 2012년 김정은의 지시로 다시 시작하여 완공하기에 이르렀다.

인공 초지 조성을 위해 강원도 주둔 인민군 2개 군단을 동원해 공사를 재개했고, 겨울에는 농업부문 돌격대까지 조직하여 공사를 강행한 것으로 알려져 있다. 북한은 이곳에서 2020년까지 연간 1만 톤의 고기와 육가공 제품, 유제품 등을 생산할 계획이다. 가축은 몽골에서 소와 양, 염소 등 가축 1만 마리를 무상으로 들여와 키울 계획이었으나, 운송 문제로 일부만 실현되었고, 아직까지 확보하지 못한 것으로 보도되고 있다.

라. 공산체제의 붕괴

1991년 12월 25일은 기념비적인 날이다. 이날 고르바초프의 소련 해체 선언 연설과 함께 소비에트 연방은 붉은 광장에서 소련의 국기가 내려오고 러시아 삼색기가 올라가면서 공식적으로 해체되었다. 이후 소련을 구성하던 15개 공화국이 독립하고, 냉전이 끝을 보게 되었다. 소련의 해체로 수십 년 간 나토(NATO)와 바르샤바(Warszawa) 조약기구 사이의 냉전이 끝나게 되었다. 이것은 마르크스-레닌주의의 종말을 의미했다. 현재 사회주의 체제가 유지되고 있는 국가로는 북한, 중국, 쿠바, 베트남, 라오스에 불과하다.

<그림 4-4>는 FAO 자료에서 작성한 1985~2014년 기간 북한의 주요 곡물인 쌀, 옥수수, 감자와 콩의 생산량 시계열 자료이다. 밀과 보리의 생산도 있으나 위의 4개 곡물에 비해 낮으므로 제외했다. 쌀의 경우 1993년 4,787천 톤을 생산하여 꼭지점을 찍고, 3년 연속 내리막길을 걸어 1996년 1,426천 톤으로, 3년 전 생산의 30% 수준으로 떨어졌다.

그림 4-4. 북한의 연도별 주요 곡물생산량 변화 추이(1985~2016년)

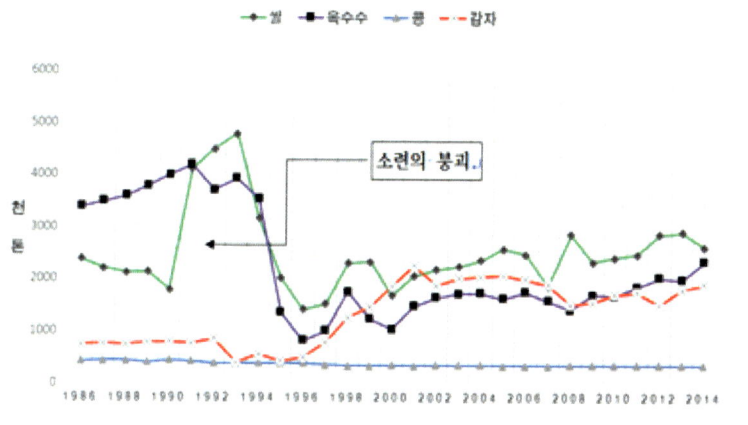

자료: FAOstat

또한 옥수수도 1993년 3,937천 톤에서 1996년 825천 톤으로, 약 21%의 생산으로 급락하고 있다. 콩의 생산은 미미한 감소 추세가 보이는 반면, 감자는 1993년 402천 톤의 생산에서 2001년 2,268천 톤까지 크게 증산된 것으로 나타나, 대체 식량으로 감자가 중요한 역할을 했다.

북한의 농업 생산은 왜 이 같은 변화를 맞게 되었는가? 일차적으로 자연재해의 피해가 치명적 타격을 입힌 것은 사실이지만, 국제적 대세의 흐름에서도 결코 북한 측에 유리한 것이 아니었다. 실제로는 1991년 6월 공산국가들 결속의 주체인 소련이 붕괴되기 전에 경제상호원조회의(COMECON)가 먼저 해체되었다. 코메콘은 1949년에 창설되었고, 1970년대와 1980년 사이에 코메콘 회원국들의 경제성장률은 선진 자본주의 국가 성장률을 능가했다. 소련을 주축으로 한 사회주의 국가들 상호간의 새로운 유형의 경제관계로, 생산에 있어 국제적 전문화의 확장·협력과 산업·농업·수송의 발전에 있어 회원국의 공동의 조치를 수행하고 실현하는 원조를 했다. 그리고 진보된 생산 경험의 과학기술적 전문지식의 교환 등을 위주로 많은 노력을 기울였던 것이다.

북한은 중국, 소련, 동유럽 공산국가 간의 우호 교역에서 필요한 재화를 유리한 조건으로 수입하거나 교환해 왔으나, COMECON이 해체됨으로써 무역의 동맥경화가 생겨났다. 더욱이 모든 상품 교역에서 경화 결재를 요구하게 됨으로써 북한의 어려움은 가중되었다.

마. 주체농법

주체농업은 주체사상에 근거해서 북한의 식량 자급을 목표로 하는 농법이다. 주체사상은 무엇인가? 한마디로 북한 왕조를 보전하기 위해 만든 철학적 원리이다. 이 원리의 기본은 '사람이 모든 것의 주인이며 모든 것을 결정한다'는 것이다. 여기서 사람이 모든 것의 주인이라는 말은 사람이 세계와 자기 운명의 주인이라는 것이며, 사람이 모든 것을 결정한다는 것은 사람이 세계를 개조하고 자기 운명을 개척하는 데 결정적 역할을 한다는 것이다. 이와 함께 사람은 '가장 발전된 물질적 존재이며 물질세계 발전의 특출한 산물'이기 때문에 자주성·창조성·의식성을 가진 사회적 존재라는 것이다(『위키백과사전』).

북한은 2009년 4월에 헌법을 개정하면서 아예 공산주의 대신 주체사상을 국시로 정했다. 주체사상은 종교적인 강령처럼 북한 어디에서나 지배 원리로서의 뼈대를 이룬다. 주체농법이란 기후풍토와 농작물의 생물학적 특성에 맞게 농사를 과학기술적으로 짓는 과학농법이며, 현대

과학기술에 기초해 농업 생산을 고도로 집약화하는 집약농법이다. 화학비료의 증시 및 밀식 재배를 그 특징으로 한다. 농업에서 알맞은 장소와 시간에 농작물을 생산하자(適期適作, 適地適作)는 내용으로서 틀린 말은 아니지만, 수백 년 농사를 지어 오면서 주산지를 이룬 것은 농민들이의 노력이지, 지배세력이 가르친 것이 아니다.

북한은 1970년대 초반부터 기후 조건을 극복하면서 농업 생산을 높일 수 있는 새로운 농법을 모색했다. 그런 과정에서 탄생한 것이 바로 주체농법이다. 주체농법이 추구하는 것은 단위 면적당 수확을 높임으로써 농업 생산에서 증산을 이루는 것이다. 부족한 경작지와 농사에 불리한 기후 조건을 극복하고 식량의 자급자족을 이루어내기 위해서는, 다수확 알곡 작물의 품종을 끊임없이 개량하여, 단위 면적당 수확량을 극대화시켜야 한다. 이것이 바로 주체농법이 지향하는 집약농법의 핵심이다.

또한 토지를 가장 효과적이고 집약적으로 이용하여 단위당 수확고를 최대한 높이기 위한 방도로서, 토양의 물리화학적 성질을 포전별로 세밀히 분석하고, 모든 논밭에 많은 유기질 비료, 다량원소 비료, 미량원소 비료를 투하할 것을 강조한다. 이를 일컬어 자연 그 자체가 줄 수 없는 새로운 비옥도를 높여주는 방법이라고 칭한다.

그러나 주체농법에 의해 북한의 농업 생산 구조는 기존의 다각적 영농에서 다수확 작물인 강냉이와 벼 중심의 단작 영농 형태로 점차 고착화되었다. 그리고 적지적작의 원칙 역시 점차 작물에서 품종으로 초점이 옮겨갔다. 또한 품종 배치가 전국적 범위에서 중앙집권적으로 이루어졌다. 주요 작물의 품종은 내각과 농업위원회의 결정과 명령에 의해 지대별, 도별에 따라 일률적으로 배치되었다. 이런 단작 영농 구조는 1990년대 중반까지 계속되었다.

주체농업 중 강냉이 '영양단지 만들기'란 것이 있다. 한마디로 부식토 포트에 옥수수를 알갱이를 심어 모판을 마련하고 어릴 때 옥수수를 이앙하는 것이다. 이 자체가 반드시 나쁘다고 할 수는 없다. 하지만 문제는 엄청난 수작업으로 진행하여 노동력을 쏟아 붓는 데 비해, 증수되는 수확량이 많지 않아 효율성이 한심한 수준이라는 점이다. 지구상에서 옥수수를 이앙해 재배하는 국가는 북한뿐이다.

또 하나는 다락밭 만들기로서, 산을 깎아 계단식 경작지를 만든 것이다. 이것은 산지가 남한보다 많은 북한의 외연적인 농지 확대를 고려하면 의외로 괜찮아 보일 수 있지만, 결정적으로 나무를 다 베었으니 홍수에 약할 수밖에 없다.

그림 4-5. 길림성 집안(集安)시에서 바라본 북한의 다락밭

주체농법에 의해 다각적 영농에서 쌀과 옥수수 중심의 단작 영농 형태의 농업 생산 구조로 바뀌고, 화학비료의 대량 투입으로 인해 지력 약화와 심각한 토지 산성화를 초래했다. 이에 따라 북한은 1990년대 들어서서 급격한 농업 생산력 저하에 직면하게 되었다. 그리고 이는 북한이 만성적인 식량 부족 현상을 겪게 되는 요인이 되었다.

3
식량 부족의 원인과 개선책

북한의 농작물 생산을 위한 기초는 통계적인 수치로 보아 나쁘지 않다. 속단하기는 어렵지만 고원지대의 기상조건을 제외하면 강수량과 기온에 있어서 농작물 생산이 어려운 지역은 없다. 남한에 비해 상대적으로 우연적인 기상변화나 토지 여건이 불리한 것은 부인하지 못한다.

2016년의 북한 주요통계지표에 따르면, 밭 면적이 더 많아 식량작물 재배 면적은 남한보다 1.8배 더 많다. 식량작물 생산량은 쌀을 제외한 옥수수, 맥류, 서류 등은 남한보다 많고, 두류는 비슷한 수치를 보였다.

북한은 정확한 정보를 공개하지 않아 북한의 실체에 도달하기는 쉽지 않다. 여기서는 남·북한이 비슷한 자연환경을 갖고 있는데, 남한보다 더 넓은 경지 면적을 갖고 있으면서도 북한이 왜 만성적인 식량 부족에 시달리고 있는지 그 원인을 살펴보고자 한다.

가. 제도적인 원인

사회주의의 생산과 공급 방식을 보면, 토지는 국가 소유로 하는 것과 공동 생산과 공동 분배가 특징이다. 북한에는 전국적으로 3,000여 개의 협동농장이 있는 것으로 집계되고 있다. 이 농장들에 속해 있는 농민은 전체 경제활동인구의 30% 정도로 추산되고 있다. 자기 소유의 농지나 빌린 땅에 자기가 선택한 작물을 생산해서 자유롭게 판매하는 일반적인 남한의 영농 방법과는 판이하게 다르다.

<표 4-15>는 북한의 농경지 면적 191만ha를 농장 경영 형태별로 구분한 것으로, 대부분 협동농장(91.6%)에 속해 있고, 국영농장 5.3%, 종합농장 3.1%를 점유하고 있다. 북한에도 식량자급의 중요한 정책 목표가 있고, 제한된 농지에서 목표를 이루려다 보니 집약적으로 영농을 할 수밖에 없다. 북한의 지형 특성상 농경지 면적의 많은 부분은 경사가 있고 나무를 벌채해 경사지에 농사를 짓는 경우도 있어서, 비가 많이 오면 토양 유실이 심각하다.

표 4-15. 북한의 농장 경영 형태와 농경지 분포

구분	협동농장	국영농장	종합농장
경지	175만ha	10만ha[1]	6만ha[2]
기능	식량 및 농산물 생산	종자, 종축, 축산물, 특수 작물 생산	식량 및 농산물 생산 특수 작목 대규모 생산
종류	-	채종농장, 종축장, 원종장 전문농장(과일, 담배, 양묘) 축산농장(가금류, 돼지, 염소)	일반 농산 종합농장 전문종합농장 (과일, 담배)
소유/관리	공유/협동 경영	국유/국영, 도영	국유/국영
소득분배	분배와 국가 수매	임금 지불과 국가 수매	임금 지불과 국가 수매

주 1. 국영농장의 경지 면적에는 국가 기관과 공장 기업소의 부업농지가 포함된 것임.
　 2. 종합농장의 경지 면적은 총면적 중 협동농장과 국영농장의 경지 면적을 뺀 면적임.

자료: 농림수산업, 북한정보포털, 통일부

　　국영농장은 정부가 소유하고 경영하는 농장으로서 두 가지 종류로 구분된다. 하나는 농사 시험, 채종, 가축 및 가금 사양, 양잠, 묘목, 과수 등에 특화된 농장이다. 다른 하나는 농장의 모범적 사례로서, 군의 협동농장들을 하나로 통합해 대규모 농장으로 개편한 종합농장이다. 후자에 속하는 국영농장은 최근 들어 점차 과거의 협동농장 단위로 다시 분할되는 추세를 보이고 있다.

주요 기구로는 최고 기관인 농장총회·대표자회·관리위원회·검사위원회 등이 있다. 필수적인 부대시설로는 탁아소·신용조합·학교·진료소 등이 있다. 협동농장의 관리위원장은 그 지방의 행정위원장을 겸직하도록 돼 있다. 관리위원회 밑에는 약 100여 명으로 구성되는 작업반이 있으며, 작업반 아래는 작업의 기초 단위인 작업분조가 있다. 협동농장은 생산 부분과 지원 부분으로 나뉘고, 생산 부문 내에는 계획, 노동, 농산, 축산, 농기계 등의 담당부서가 있다. 지원 부분 측은 원가 계산, 노력일 계산, 재산관리, 부기, 창고관리 담당자가 있다(그림 4-6).

총 경지 면적은 협동농장이 전체의 90% 이상을, 국영농장이 9% 정도를 차지하고 있는 것으로 알려져 있다. 협동농장의 규모는 보통 농가 호수 80호 내지 300호까지로, 경지 면적은 130ha 내지 500ha로 돼 있다. 또한 협동농장은 형식상 협동농장관리위원회의 자율적 경영으로 이루어지고 있는 것처럼 선전되고 있다. 그러나 실제로는 정무원의 농업위원회, 도 농촌경리위원회, 군 협동농장경영위원회의 지도에 따라 운영된다. 협동농장 관리위원장은 이(里) 인민위원장이 겸하고 있다.

그림 4-6. 북한 협동농장의 조직 구성

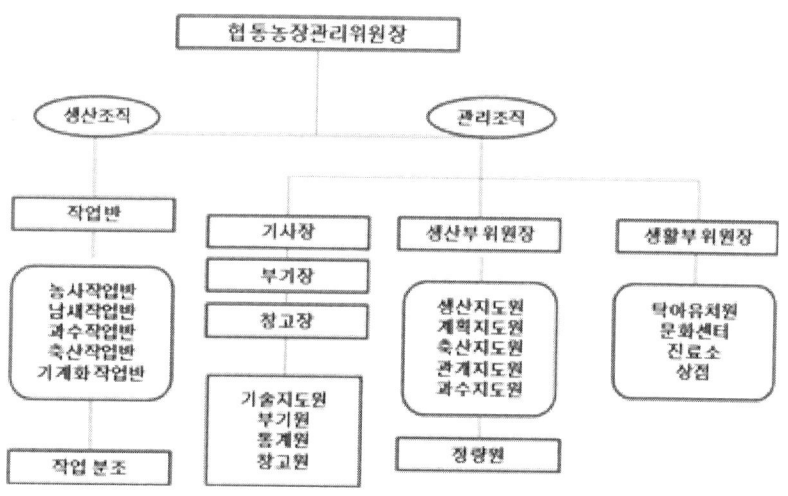

자료: 『북한의 이해』, 2017, 통일교육원, 통일부

분조(分組)의 운영은 각 분조에 일정 면적의 농경지와 농기구 등을 주고, 생산 계획량을 달성한 실적에 따라 식량과 현금을 분배해 주는 방식이다. 그러나 최근 들어 식량난이 계속됨에 따라 농민들의 영농 의욕을 높여 생산성을 증대시켜 보고자, 분조 관리제를 개선하여 운영해 오고 있다. 분조 규모를 10~25명에서 7~8명 선으로 축소하고, 친인척과 가족이 포함된 분조가 구성되는 것도 허용하며, 생산 계획량을 현실에 맞게 조정해 주었다. 특히 계획 외의 초과 생산분에 대해서는 자유로이 처분할 수 있도록 하고 있다. 협동농장원들은 일한 양을 공수(工數)로 따져서 평가받는다. 북한에는 그날 한 노동의 성격과 양에 따라 몇 공수를 줘야 하는지에 대한 규정이 자세히 마련돼 있다.

그러나 문제는 분조원들이 농사를 지어도 모든 산출은 국가소유가 되며, 내가 맘대로 처분 판매할 수 있는 양이 없고, 나에게 분배되지 않는다는 점이다. 내가 아무리 열심히 일해도 부여된 생산 계획량을 초과 생산하지 않는 한, 나의 소득이 되는 혜택이 오지 않는다. 일에 대한 동기부여가 결여되고 의욕이 떨어지는 것은 당연하다. 요란한 구호와 농사 현장에 다니며 나팔과 노래로 위문과 격려를 한다고 해서, 작물 생산량에 얼마나 영향을 줄 것인가!

나. 투입재의 부족

농업을 위한 투입 자재는 비료, 농약, 농기계, 농업용 비닐, 유류 등이다. 북한에서 노동의 경우 성수기에는 학생, 도시 주민, 군인까지 동원하는 조직적인 영농 활동이 있다. 2000년대 이후 북한의 농자재 공급 상황을 보여주는 구체적인 자료는 없다. 그러나 비료와 농약 수급과 농기계 이용 등의 상태는 북한을 방문한 농업 전문가나 국제기구를 통한 자료에 따르면, 그리 원활하지 못한 것으로 판단되고 있다.

최근 북한의 에너지 수입 현황을 볼 때 농자재 산업의 생산 활동이 쉽게 회복될 수 있는 상황이 아님을 알 수 있다. 이에 따라 비료, 농약, 농업용 유류, 비닐, 농기계 부품 등 농자재의 생산과 공급도 크게 부족할 것으로 추정된다. 이 중에서 특히 큰 문제는 화학비료의 부족이다. 농업 위기 이전인 1980년대 북한의 헥타르당 비료 사용량은 350kg(성분량 기준)에 달할 정도로 화학비료를 많이 사용하고 있었다. 그러나 1990년대 장기적인 경제침체 이래 비료 공급은 크게 감소했다. 1998년 유엔개발계획(UNDP)의 자료에 따르면, 화학비료는 성분량으로 12만 4,000톤만 공급되었는데, 이는 연간 총소요량의 21%에 불과한 양이라고 한다. 더욱이 국내 생산량은 4만 7,000톤으로 총공급량의 38%, 총소요량의 8%에 불과할 만큼 미미했다는 것이다.

<표 4-16>은 남북한 화학비료 생산 능력과 생산량을 보여준다. 2012년의 북한 화학비료 생산 능력은 남한의 43% 정도이며, 2016년 생산량은 남한의 약 26%에 불과해 화학비료의 부족 현상을 대변해 준다.

표 4-16. 남·북한 화학비료 생산 능력 및 생산량(1998~2016년)

연도	생산 능력(천 톤)		생산량(천 톤)	
	남한	북한	남한	북한
2000년	4,588	2,352	3,730	539
2002년	4,512	2,352	3,301	503
2004년	4,722	2,372	3,614	434
2006년	5,124	1,949	3,183	454
2008년	4,249	1,949	3,188	479
2010년	4,299	1,949	2,815	459
2012년	4,299	2,249	2,577	476
2014년	-	2,249	2,320	501
2015년	-	1,907	1,982	528
2016년	-	1,907	2,065	604

자료: KOSIS 국가통계포털

2000년대 초반에는 한국과 국제사회의 지원에 힘입어 화학비료를 연간 소요량의 45% 수준으로 조달했다. 국제사회의 지원이 중단된 2000년대 후반에도 비료 공급량은 그 수준으로 유지될 수 있었다. 그럼에도 불구하고 북한은 비료의 절대적 부족 문제를 여전히 해결하지 못하고 있는 것으로 판단된다.

<표 4-17>은 남북한 토양과 비료의 형태, 그리고 시비 방법을 비교하고 있다. 한국은 1964~1969년 전 국토에 대한 개략 토양조사를 완료했고, 1970~1979년까지 전국의 농경지 및 야산개발 가능지 280여만ha에 대한 토양 정밀조사를 하여, 시군별 정밀 토양도 및 조사 보고서를 발간했다. 북한의 경우 국토에 대한 개략 토양조사를 마친 상태에 있으며, 토양 정밀조사는 아직 이루어지지 않고 있다.

표 4-17. 남북한 토양·비료 기술 비교

구분	남한	북한
토양 조사	전국 논 세부 정밀 조사 완료	전 국토 개관조사 완료
비료 형태	다양한 종류와 품질 - 3요소, 전용복비, 미량요소, 유기질 비료 등 - 속효성, 완효성	단순한 형태 형질 간단 - 3요소, 퇴구비 중점 - 산성비료 사용(교체 중) - 속효성, 단비 중심
시비 방법	전층, 표층. 측조(側條) 시비	전층, 표층 시비

출처: 『북한의 산업』 2015, 산업은행

비료의 형태에서 한국은 다양한 종류와 품질이 있어 속효성 및 완효성 그리고 복합비료가 주를 이루고 있다. 그러나 북한에는 속효성의 질소비료가 주를 이루어 토양의 산성화가 진행되고 있다고 판단된다.

시비 방법에 있어서는 전층 및 표층 시비는 남북한이 동일하지만, 모내기와 동시에 비료를 시비하는 측조 시비(側條施肥)가 북한에서는 이용되지 않고 있다. 이 방법은 비료가 뿌리 옆 2~3cm, 지표면 3~5cm 깊이로 시비되기 때문에 비료의 효율이 높아, 비료를 20~30% 줄여도 관행 재배 시의 수확량을 기대할 수 있다고 알려져 있다.

<표 4-18>은 남북한 농기계 기술을 기종별로 간략하게 정리한 것이다. 트랙터의 경우 한국이 소, 중, 대형의 기종이 다양한 데 비해, 북한은 대형 트랙터 중심으로 단순하다. 협동농장 초기부터 농기계화의 추진으로 큰 트랙터를 일률적으로 보급했기 때문이다. 그러나 오늘날 북한의 경운기는 발동기식의 열기관인 반면, 남한은 가솔린 또는 디젤 기관이 사용되었다. 또 이앙기 역시 북한의 이앙기는 운전하는 사람 1인과 모판을 보충해 주는 사람 2인이 타서 작업하는 반자동식 이앙기가 주를 이루고 있다.

표 4-18. 남북한 농기계 기술 비교

구분	남한	북한
트랙터	소형, 중, 대형, 기종이 다양함.	대형 중심, 기종 단순
경운기	가솔린, 디젤 기관	열기관(발동기식)
이앙기	상자 육묘용 4~8조식	성묘용 7~10조(반자동)
방제기	방제 전용기 및 부착기	트랙터 부착용 위주
수확기	자탈 형 콤바인 위주	6조 예도 형 예취기 위주

출처: 『북한의 산업』 2015, 산업은행

남쪽에서는 6줄로 모를 심는 승용 형 6조 이앙기가 가장 널리 쓰이고 있다. 남한은 자탈 형의 수확기 콤바인을 사용하지만, 북한은 6줄을 동시에 베는 예취기 위주의 수확기가 보통 사용된다. 그리고 벼를 벤 후 다시 탈곡장으로 옮겨 탈곡하는 인력 위주의 기계화에 머물고 있다.

사회주의 몰락과 함께 교역이 후퇴하면서 트랙터의 부품, 타이어 연료 등의 부족으로 가동할 수 없게 되었고, 보유 대수는 감소했다.

다. 재배 기술의 상대적 후진성

북한의 주요 식량작물은 벼, 옥수수, 감자이다. 북한의 평야지대는 대부분 서해안의 강 유역을 따라 발달해 있다. 그래서 대부분의 벼농사는 재령, 연백, 평양, 안주, 용천 등의 평야지대가 주산지이고, 약 70% 이상의 벼가 서해안 평야지에서 생산된다.

① 벼: 동해안인 함북의 수성, 함남의 함흥, 영흥평야와 강원지역의 안변평야가 북한의 벼농사 지대이다. 위의 〈표 4-19〉는 남북한의 주요 벼 생산 기술을 비교한 것이다.

벼 품종은 남한이 훨씬 다양할 뿐 아니라 용도와 형질이 우수한 78개의 품종을 보유하고 있는 반면, 북한은 다수확 위주의 품종으로 개발돼 있다. 파종 방법은 남쪽에서 기계 이앙을 위한 상자 육묘를 해서 어린모 상자를 이앙기에 얹고 작업하는 반면, 북한은 냉상 못자리를 이용해 모이앙을 하거나 반자동식 이앙기를 이용하고 있다. 북한의 재식밀도는 평당 120~125주로, 남한의 73~92주보다 35~45주를 더 많이 심어 밀식 재배가 이루어지고 있다.

시비량은 10a당 인산과 칼리는 같은 양의 수준이나, 질소의 경우 30kg를 더 많이 주고 있다. 사실상 북한의 시비량은 권장량일 뿐 실제의 시비량은 크게 그에 못 미치는 것으로 추정할 수 있다. 북한은 화학비료 이외에도 유기질 비료의 하나인 갈탄(褐炭)이나 니탄(泥炭: 토탄)에 암모니아를 섞어 만든 퇴비성 비료인 '흙보산 비료'를 생산하여 이용하고 있다. 수확은 남쪽이 콤바인을 이용 수확하고 이를 건조장으로 옮겨 말리는 반면, 북쪽은 인력으로 베거나 예취기를 이용하여 수확한 벼를 탈곡장으로 옮겨 탈곡 후 건조한 다음 저장한다.

표 4-19. 남북한 벼 재배 생산 기술 현황

구분	남한	북한
품종	일반계 양질미 위주 78품종 - 용도 및 형질 다양	종간잡종 3, 통일계 7 등 10여 품종 - 수량 위주, 형질 간단
파종(이앙)	어린모 기계 이앙, 직파	보온못자리, 성묘 이앙
재식밀도	73~92주/평	120~125주/평(밀식재배)
시비 (N-P-K)	110-70-80kg/10a	140-70-80kg/10a
수확관리	생력 기계화, 콤바인 탈곡	인력 이용, 전기탈곡

출처: 『북한의 산업』 2015, 산업은행

② 옥수수: 북한에서 옥수수는 쌀에 버금가는 중요한 식량원이다. 식량작물의 29%를 생산(2016년)하며 빵, 국수, 과자 등 다양한 형태의 식품으로 가공되고 있다. 남북한 모두 1970년대 교잡종 육종 기술을 받아들여 신품종을 개발했지만, 남북의 옥수수 육종의 목표는 차이가 있다. 한국은 옥수수가 주식이 아니어서 맛있는 옥수수와 사료용 청예 옥수수 개발로 비중이 기울었고, 북한의 경우에는 곡물 생산을 늘리기 위해 조생종 단간 밀식재배를 집중적으로 연구했다.

〈표 4-20〉은 남북의 옥수수 재배 생산과정을 비교한 것이다. 장려품종의 개발은 북한이 28품종으로 더 많으며, 남한은 용도별로 8개 품종을 개발했다. 파종은 남한이 직파 기계파종을 하는 반면, 북한은 주체농법에 따른 영양포트 재배로 이식하는 재배 방법을 고집해 왔다. 재식밀도에서도 북한은 헥타르당 80천~90천 본으로, 남한의 55천 본보다 훨씬 많다. 한국은 제초제를 이용해 잡초를 방지하고 기계 수확을 하는 반면, 북한은 인력 작업이 많고 기계 수확은 일반화되어 있지 않다.

영양단지는 김일성이 창시했다는 주체농법의 일환이다. 영양물질이 많이 섞인 흙덩어리를 만든 뒤, 여기에 강냉이 씨앗을 심고, 어느 정도 자라면 흙 덩어리째 밭에 옮겨 심는 것이다. 빨리 고르게 튼튼한 모를 키우고 씨앗을 절약한다는 장점이 있지만, 손이 많이 가는 까닭에 효율성 측면에선 상당히 뒤떨어진 농법이다.

표 4-20. 남북한 옥수수 재배 기술 현황

구분	남한	북한
·장려품종 ·파종방법 ·재식밀도	·용도별 8품종 ·직파 재배, 기계 파종 ·천본/ha	·종실용 위주 28품종 ·영양포트 재배→직파 재배 전환 80~90천 본/ha(밀식재배)
·시비(N-P-K) ·제초, 수확	180-150-150kg/ha ·제초제 사용 및 기계 수확	140-140-80kg/ha(재배) ·손작업 60%, 기계 제초 30%

출처: 『북한의 산업』 2015, 산업은행

 북한은 노동투입의 다과를 가리지 않고 토지 생산성을 높이기 위한 노력에 경주해 왔다. 남한은 고임금과 농촌 노동력의 고령화로 노동력이 부족해서 기계화를 도입하지 않을 수 없었다. 토지 생산성을 높이기 위한 방안으로 다수성 품종의 육성, 토지이용의 고도화, 관개시설의 투자 등을 들 수 있다. 다락밭 개발과 옥수수 이식 재배는 식량을 늘리기 위한 노력의 일환이지만, 손을 들어 줄 만큼 뛰어난 기술도, 더구나 찬양할 일은 더욱 아니다.

 ③ 감자: 북한에서 감자는 쌀, 옥수수와 함께 3대 식량작물의 하나이다. 고원지대와 밭 면적이 넓은 북한 지역의 재배작물로서, 병충해 방제나 시비가 제대로 되면 수량성이 높아 식량조달에 크게 기여할 수 있다. 독일이나 북부 유럽의 주식이 감자인 것을 감안하면 충분한 것이다. 다만 육류를 곁들이지 않으면 단백질 부족의 식품이 되어 가난의 상징적인 대상처럼 보인다.

 아래의 <표 4-21>은 남북한의 감자 재배 기술을 요약한 것이다. 남한의 감자는 80~90일 재배 기간의 조·중생종으로 평탄지나 고랭지에서 생산된다. 북한의 경우는 90~140일의 중·만생종으로 산간 고랭지에서 집중적으로 재배되고 있다. 파종은 직파 재배로 남북이 동일하나, 재배방법은 다르다. 남한의 경우 하우스 터널이나 비닐멀칭 재배가 일반적이어서 주년(周年) 재배로 정착돼 있는 반면, 북한은 직파 밭 재배가 보편적이고 7~8월 여름 재배의 단기생산에 그친다.

표 4-21. 남북한 감자재배 기술

구분	남한	북한
·품종	·용도별 내병 다수성 7개 품종(수미 등) (조중생종 위주: 80~120일)	·식용위주 포태계통 (중만생종 위주: 90~140일)
·재배지역	·평탄지 75%, 고랭지 25%	·산간고랭지 집중재배 (800m 이상)
·재배방법	·직파재배, 비닐멀칭재배, 하우스터널재배	·직파재배
·파종 -파종법	·직파재배, 비닐멀칭재배, 하우스터널재배	·직파재배
·재식거리 -재식밀도	70×25cm 45~55천 주/ha 소식	70×20cm 60~78천 주/ha 밀식
·시비량 (kg/10a) -퇴비	춘작: 10-10-12 추작: 15-10-12 하작: 15-18-12 2,000	·하작 중심: 6-7-2 400
·제초	·제초제 위주	·손 제초 위주 및 제초제
·병충해 방제	·약제방제(역병, 진딧물)	·부분적 약제방제(역병)
·수확	·기계수확, 인력수확(2~12월 주년생산)	·인력수확(7~8월 하계 단기생산 위주)

출처 : 북한의 산업 2015, 산업은행

재식밀도는 벼나 옥수수에서와 마찬가지로 밀식 재배여서, 헥타르당 60~78천 주로, 남한의 45~55천 주보다 월등하게 많이 심고 있다. 남쪽에서는 일반적으로 제초제를 이용해 풀을 제거하는 반면, 북한은 주로 인력을 통한 제초 작업이 이뤄지고 일부에만 제초제를 이용한다. 병충해의 경우 약제의 부족으로 정상적인 방제가 이루어지지 못하고 있다. 수확할 때 남한에서는 기계 수확이 일반화되어가는 추세이나, 북한에서는 인력에 의한 수작업이 보편적이다.

FAO(2016년) 자료에 따르면, 북한의 감자 수량은 12.1톤/ha, 남한은 26.3톤/ha으로, 한국의 50%에도 못 미치는 낮은 수량을 보이고 있다.

라. 농지기반 조성과 관개시설 복구

농업은 땅과 사람 그리고 자연의 합작으로 이루어지는 복합적 산업이다. 땅이 아무리 넓다 해도 농지조성이 잘돼 있지 않고 물이 없으면 농사는 지을 수 없다. 북한이 국가적 사업으로 추진한 농업기반 정비 사업은 토지정리 사업과 관개체계 개선 사업이다.

북한은 1998년 강원도를 시작으로 1999년에는 평안북도, 2000년부터 2002년까지 황해남도, 2002년부터 2004년까지 평안남도·평양·남포 등지에서 토지정리 사업을 실시해 총 27만 5,900천ha를 정리했다고 발표했다. 북한은 토지정리 사업 추진 과정에서 210만 개의 소필지들을 56만 개의 규격화된 필지로 정리했다. 또 13만㎞의 논두렁을 8만㎞로 줄이고, 2만 3천㎞의 수로를 새로 건설했으며, 7,600여ha의 농지를 새로 조성했다고 발표했다. 한편 1990년대 들어 북한이 추진해 온 대규모 물길 개설공사는 에너지가 많이 요구되는 양수식에서 자연흐름식으로 관개체계를 바꾸기 위한 사업이다. 또한 노동력을 최대한 활용할 수 있다는 측면에서 북한 현실에 적합한 농업기반 정비 사업으로 평가할 수 있다.

표 4-22. 북한의 토지정리 사업 추진(1998~2004년) (단위: ha)

지역	추진 기간	사업 면적	경지증가
강원도	1998.10.~1999.4.	30,000	1,760
평안북도	1999.10.~2000.5.	51,500	2,000
황해남도	2000.10.~2002.3.	100,000	2,310
평남/평양/남포	2002.3.~2004.6.	94,400	1,530
계	-	275,900	7,600

자료: 통일부, 『2002년도 북한경제 종합평가』, 2003

북한은 1999~2009년 기간에 대규모 관개수로 사업도 시행했다. 개천-태성호 구간 수로(1999~2002년, 수로 154㎞, 관개면적 99,610ha), 백마-철산 구간 수로(2003~2005년, 수로 168.5㎞, 관개면적 46,740ha), 미루벌 수로(2006~2009년, 수로220㎞, 관개면적 26,000ha)의 3대 사업이었다. 수혜 지역은 평양, 평남의 10여 개 시군, 평북의 100여 개 협동농장과 황해북도 35개 협동농장이었다.

표 4-23. 북한 주요 농업 생산 기반시설 추정

구분	남한		북한	
	2001년	2016년	2000년	2016년
저수지(개소)	17,956	17,401	1,890	1,910
양수장(개소)	5,830	7,890	36,400	36,400
취입보(개소)	18,320	18,098	5,400	20,000
용배수로(㎞)	19,048	113,627	50,000	51,400
지하수 시설(개소)	17,134	24,083	142,000	227,000

자료: 1. 김관호, 2016, 「한반도 통일농업과 농업 생산기반 정비」 남북 농업협력 심포지움
2. KOSIS 국가통계포털

위의 표 〈4-23〉은 농업 생산 기반 수리시설을 보여준다. 2016년을 기준으로 저수지 수는 남한에 비해 10.9%에 불과한 반면, 남한의 양수장의 개소 수는 북한의 21.6%에 불과하여, 남북한의 관개수 방법이 크게 차이가 있음을 나타낸다. 즉, 북에서는 아래 유역의 물을 양수기를 이용해서 위로 퍼올리는 방법이 크게 우세하며, 한국은 저수된 물의 낙차를 이용, 관개를 하는 것이 지배적인 것이다.

강 중간의 일부 또는 전부를 막고 물을 이용하는 취입보(取入洑)의 경우, 남북한의 설치 수는 큰 차이를 보이지 않으나 용·배수로는 남한이 북한보다 두 배 이상의 큰 차이를 보인다. 그러나 지하수 시설의 경우 남한은 북한의 10%를 조금 넘는 수준으로 열세를 보였다.

북한의 농지기반 사업은 농지정리와 관개수리 시설의 정비 사업이었다. 북한은 쌀과 옥수수의 증산을 위해 1958년 이후 저수지, 수로 양수기 등 관개용 시설투자를 시행하여 146만ha에 달하는 관개시설을 마쳤다고 선전했다. 그러나 1990년 초반 이후부터는 자연재해와 국제 교역의 악화, 주체농업의 실패 등으로 인한 관개시설의 관리 부족으로 수리

면적은 감소한 것으로 판단된다.

  더욱이 사회주의 국가들이 붕괴되고 1990년대 중반 고난의 행군이 진행되면서 북한 농촌은 1940~1950년대로 회귀했다. 농기계가 있어도 연료가 없어 무용지물이고, 기계가 가동되지 않아 부속이 녹슬어 버리고, 공장이 멈춰서다 보니 새 부속도 구하기 힘든 악순환이 이어졌다. 협동농장 시스템은 농민들의 근로 의욕을 사라지게 했고, 그 결과 도시에서 막대한 인력이 투입됐음에도 농장의 생산량은 시원치 않았다. 농민과 지원 노력 모두 주인의식과는 거리가 먼 탓이었다.

4 맺는 말

동서양을 막론하고 역사상 풍족한 식량을 자급해 태평성대를 이룬 왕조는 별로 없었다. 세계 역사상 기록에 남아 있는 아일랜드 대기근, 에티오피아 대기근, 우크라이나 홀로도모르(Holodomor), 일본의 에도(江戶) 4대 기근, 조선왕조의 경신(庚申) 대기근, 가까이로는 1959~1962년 중국의 대기근, 1990년대 중반 북한의 기근 등, 무수한 식량 부족의 참혹한 조각들이 점철돼 있다(<부록> 참조).

2016년 식량 생산량은 남한 4,707천 톤, 북한 4,823천 톤으로 부양 인구를 고려하면 북한이 더 충분한 식량을 생산했다. 남한은 쌀 생산량을 제외하면 옥수수, 맥류, 서류 등의 생산에서는 북한보다 더 적었다. 그러나 북한의 식량 수요량 549만 톤에 비하면 생산량은 크게 부족한 것이었다. 핵무기 개발의 징벌적 국제조치로 인해 국제교역이 자유롭지 않은 북한으로서는 부족한 식량조달을 위한 자구책과 해외 돌파구가 필요해 보인다.

북한의 농업 생산 기반은 중국 동북3성이나 남한과 비교해 특별히 나쁘지 않다고 판단된다. 경지면적은 더 많으며, 경지 이용률도 남한보다 높다. 다만 북한은 논 면적이 남한의 63%에 불과해, 벼농사에 있어서 남한을 뛰어넘기 어려운 제약을 갖고 있다. 북한 식량 부족의 핵심 원인은 협동농장 경영의 비효율성, 경직성, 그리고 주체농법에 따른 무리한 토지의 외연적 확대에 의한 산림 파괴, 그리고 토지 생산성을 높이려는 무리한 농법과 기술의 후진성, 특히 1990년대 중반의 연이은 자연재해는 농산물 생산의 어려움을 가중시켰다. 또한 동구권 공산주의의 몰락으로 교역의 경색 등 북한의 농산물 생산의 장애는 복합적이었다. 결과는 '고난의 행군'으로 수백만 명의 아사자를 냈고, 탈북 행렬로 이어졌다.

여기에 더해 협동농장이란 특수 제도는 생산자의 창의적인 기술개발이나 스스로의 강도 높은 노력이기보다는, 타율적인 당의 방침으로 검증된 연구결과도 없이 소위 '전투'라는 이름으로 강행되어 왔다. 농자재의 부족과 생산 기술의 후진성은 농업 생산을 더욱 후퇴시켰다고 보아야 할 것이다. 관개시설에 있어서도 저수지의 물을 이용하는 자연흐름의 농용수가 아니라, 물을 위쪽으로 퍼올려서 이용하는 양수식 관개 방법이 압도적으로 많은데, 이는 전기가 부족한 북한으로서는 합리적인 공급 체계라고 보기 어렵다.

토지의 외연적인 확대 정책으로 산지를 개발한 '다락밭'은 나무를 벌채한 후 만든 것이어서 홍수에 매우 취약할 뿐 아니라, 많은 경우 경운, 파종, 수확의 농작업에 있어서 기계를 이용할 수 없는 허점이 있다. 홍수의 피해가 남한보다 북한이 훨씬 크게 나타난 것은 이런 내용을 증명해 준다.

남북 농업협력 사업으로 북한에 체재하며 경험한 농업 전문가는 남한의 벼농사에서 투입하는 농자재만큼 북한의 논농사에 사용한다면, 충분히 한국의 수량과 대등할 수 있다고 증언했다. 결국 식량 부족의 핵심 요인은 협동농장의 비효율성과 주체농법의 경직성에 있다. 세계 어디에서나 국가 소유가 된 협동농장은 성공하지 못했다. 쉽게 말하면, 농민들은 다른 사람의 땅에서 일하는 것보다 자기가 소유한 땅에서 훨씬 더 열심히 일하고 소출을 더 많이 낸다. 북한은 협동농장을 소련에서 도입했지만, 그들의 집단농업과 협동농장은 모두 실패했다.

1917년 혁명이 일어나기 전 러시아는 세계에서 가장 큰 식량 수출국가 중 하나였다. 러시아의 협동농장 시대는 1930~1990년까지 식량을 충분히 생산하지 못했고, 1960년대부터 해외에서 대규모로 수입하기에 이르렀다. 협동농장 시대가 시작된 다음 러시아는 심각한 기근을 경험했고, 수백만 명의 농민들이 굶어죽었다. 그러나 공산주의가 사라지고 국가가 경영하는 협동농장이 없어지자, 러시아는 곡물 생산이 높아지고 다시 수출국이 되었다.

1946년 토지개혁 법령에 의해 실시되던 북한에서의 토지 무상몰수 무상분배에 따른 개인 소유화는 1954년부터 시작되어, 1958년에 끝마친 농업 협동화의 실현과 함께 종결되었다. 북한의 협동농장이 완성된 것은 1958년이었다. 한마디로 말해서 농업, 공업, 상업의 100%가 국가의 통제하에 들어간 해이다. 전 농민이 협동농장에 소속되어 공동생산, 공동분배의 새 체계에서 일하게 된 것이다.

북한은 무상몰수 무상분배를 했지만, 남한은 유상몰수 유상분배를 했다는 것이 서로 다른 정통성을 가름하는 기준이 되었다. 소작농민 입장에서 무상몰수 무상분배는 천지개벽이나 다름없었지만, 문제는 그 다음이었다. 북한은 현물세로 연 30%를 거둬간 일에 대해 얘기하는 사람이 거의 없었다. 한국은 15할이라고 하여, 연 생산물의 30%씩에 해당하는 돈을 5년만 국가에 납부하면, 분배받은 땅이 영원히 자기 것이 되었다. 하지만 북한은 이론적으로 30%씩 국가에 영원히 바쳐도 자기 땅이 되지 않았다. 이것이 무상분배의 진실이었다.

이기심을 없앤다는 명목을 들고 공동생산 공동분배라는 명분으로 개인에게 주었던 땅을 모두 협동농장으로 만들었다. 이것은 전 농민을 소작농으로 만드는 조치였고, 교묘한 이름으로 토지를 다시 '무상 국가환수(無償國家還收)'시켰던 것이다.

북한의 식량 문제를 해결하기 위해서는 농업개혁과 산림녹화 등을 통해 농업 생산 구조가 근본적으로 개선되어야 할 것이다. 산림녹화가 전력문제와 함께 장기적인 과제라고 한다면, 농업개혁은 정부의 의지만 있으면 조만간 추진할 수 있는 과제이다. 중국과 러시아, 베트남의 경험에서 볼 수 있는 것처럼 국가의 소유권과 이용권을 분리하고, 생산자의 생산물 처분권을 확대해서 생산량을 크게 올릴 수 있기 때문이다.

참고문헌

1. 권태진, 2015, 「북한의 식량수급 변천과 2015년 전망」, 『수은 북한경제』 2015년 봄호
2. 김관호, 2016, 「한반도 통일농업과 농업 생산 기반정비」, 남북 농업협력 심포지움, 한국농어촌공사
3. 김영훈, 2012, 「김정은 시대 북한의 농업과 식량사정」, 『수은 북한경제』, 2012년 여름호
4. 농림수산업, 북한정보포털, 통일부
5. 문헌팔, 2016, 「한반도 통일농업과 농업생산 기반정비」, 남북 농업협력 심포지움, 한국농어촌공사
6. 박소연, 이영곤, 김세원, 2010, 『기상기술 전략개발 연구』, 국립기상연구소
7. 『북한의 산업』 2015, 산업은행
8. 『북한의 이해』, 2017, 통일교육원, 통일부
9. 북한의 주요 경제지표 2017, 통계청
10. 서완수, 박내경, 2016, 「중국 농업구조 변화와 정책 및 한·중 FTA 발효 이후 전망」, 『북방 농업연구 제39권 1호』, 북방 농업연구소
11. 주성하 2010 「북한 협동농장의 어두운 오늘」, 『신동아』 2010. 7. 동아일보사
12. 통일부, 「2002년도 북한경제 종합평가」, 2003
13. 中國統計年鑒 2017, 中國統計出版社
14. http://nkinfo.unikorea.go.kr
15. KOSIS 국가통계포털
16. FAO Special Report, Nov. 2013, FAO/WFP Crop and Food Security Assessment Mission to the Democratic People's Republic of Korea
17. www.FAOstat

제5장

한국의 해외농업 개발현황과 문제점

한국은 인구에 비하여 경지면적이 좁아 국민이 자급할 수 있는 모든 식량을 생산하지 못하고 있다. 매년 약 1,500여 만 톤이나 되는 곡물을 수입하고 있다. 2016년 농수산물유통공사에 따르면 우리나라가 수입한 주요 곡물은 옥수수 981.3만 톤, 밀 446.1만 톤, 대두 132.7만 톤, 쌀 34.0만 톤이다.

이들 4개 품목과 기타 곡물의 수입으로 지출한 외화는 약 42억 5,500백만 달러(약 5조 원)이다. 그뿐이 아니다. 수입한 육류는 쇠고기 40.3만 톤, 돼지고기 50.2만 톤, 닭고기 12.8만 톤, 면(산)양고기 약 12,300톤 등으로 37억 1,700백만 달러를 지출하였다. 2016년 한국은 농림축수산물 수입이 344억 6,240만 달러, 수출은 85억 9,260만 달러로 1차 산업 부문에서 258억 7,000만 달러의 적자를 보였다. 이 중 농산물에서만 120억 8,520만 달러를 차지하였다.

이처럼 우리나라는 쌀을 제외한 주요 식용 곡물 및 사료 수입의존도가 매우 높고 특히 옥수수와 밀은 100%에 가깝다. 곡물은 국제 경쟁 입찰에 따라 수입 가격이 결정되지만 낙찰자는 세계 곡물메이저가 60~70%의 큰 몫을 차지하여 왔다. 지금까지 밀의 수입은 주로 미국, 러시아, 캐나다, 호주, 우크라이나 등지에서, 옥수수는 미국, 브라질, 아르헨티나, 헝가리, 호주에서, 콩은 브라질, 미국, 호주 등지에서 수입되어 왔다. 쌀은 미국, 중국, 태국 등지에서 대부분 도입되었다.

우리의 곡물 수입은 곡물메이저의 횡포에 그대로 노출되어 있다고 할 수 있다. 따라서 우리는 곡물의 안정적 수급을 위한 방안을 마련할 필요가 있는 것이다. 곡물 생산은 대규모의 농지가 필요하여 협소한 경지를 가진 우리나라는 곡물의 자급률을 높이기 어려운 구조적 약점을 가졌다.

기업들의 해외 농업 진출은 지난 2009년부터 본격화되기 시작했다. 회사를 중심으로 러시아의 연해주, 인도네시아, 필리핀, 캄보디아, 중국, 키르기스스탄, 몽골 등 여러 나라에 활발하게 진출하고 있는 것이다. 기업들의 해외 농지개발 사업은 국내 식량 자급률을 높이고 해외 식량기지로 활용할 수 있다는 점에서 주목할 만하다. 이들이 임차하거나 구입한 땅은 53만 3,000여ha로 현대중공업(현재 롯데그룹으로 이관), 한화무역, 삼성물산, 오디코프, 상생영농 등 다양한 기업들이 해외에서 생산 활동을 하고 있다. 해외농업 진출 기업은 2008년까지 17개 업체에 불과했으나 2009년 35개, 2010년 68개, 2016년 169개 사업체로 증가하였다. 이들이 사업에 착수하여 생산하고 있는 품목은 다양하다. 곡류(밀, 옥수수, 콩, 쌀 등), 서류(감자, 카사바), 특용작물 분야(양잠, 버섯, 목화, 피마자 등), 축산(육우, 양돈, 양(육)계)등의 사업이 이루어지고 있으며, 그 외에도 블루베리, 토마토, 녹차 등의 생산 사업과 가공과 농산물 유통 분야의 진출도 생겨나고 있다.

과거 정부의 주도로 1960~1970년대 남미의 농업이민 사업과 1995년 중국 흑룡강성에 진출했던 농장개발 사업은 시도는 거창했으나 몇 년 후 모두 실패로 끝나고 말았다. 최근 다시 해외 농업개발에 관한 논의와 진출이 활발하게 이루어지고 있는 것이다. 그러나 현재까지 해외 생산기지에서 생산된 농산물이 국내에 반입된 양은 미미한 실정이다. 여기서 다루려는 내용은 우리나라의 식량생산 사정과 국제곡물 생산과 교역, 해외농업 개발의 당위성, 해외농업개발의 진출현황, 그리고 개발현지의 문제점을 찾아보려는 것이다.

1
해외 농업개발의 필요성

　식량을 자급하려는 노력은 어느 나라나 가지고 있는 공통분모이다. 식량 공급이 보전되지 않으면 국민의 생존에 위협을 받을 수 있기 때문이다. 식량안전을 보장하기 위해 나라마다 정책적인 수단을 강구하고 있다. 일차적인 방법은 국내의 식량증산 정책이고 다음은 해외의 공급을 늘이는 방법이다. 그러나 식량수입은 외화유출이라는 반갑지 않은 문제에 부닥친다.

　국내의 공급을 증대시키기 위하여 기술혁신(품종개량, 재배법개선, 토양개량 등)과 관개시설의 정비를 생각할 수 있다. 한편으로 식량공급이 감소한 경우를 대비한 국제적인 해외 식량생산 기지의 구축 등을 생각할 수 있다. 평화 시에는 국제무역에서 원활하게 공급되다가 상대국과의 무역마찰, 전쟁, 기타 원인에 의하여 식량의 공급이 원활하지 못하다면 국민의 안보와 직결되는 문제이다. 따라서 자국의 자연환경을 활용하여 주식량에 관한 한 자국의 식량자급을 주장하는 이유가 여기에 있다.

　모든 상품이 시장경제 지향으로 발전해 가고 있으나 자국의 주식량에 관한 한 다른 나라의 영향권 안에 있기를 원치 않는다. 식량자급이 곧 식량안보이기 때문이다. 1986년부터 시작하여 7년간 끌어온 우루과이 라운드(Uruguay Round)협상에서 공산품과 서비스 분야, 지적 소유권 등은 상대적으로 쉽게 타결되었으나 농산물 분야로 인하여 오랜 세월을 끌어 왔던 것은 자국 농업문제의 사활이 걸렸다고 보았기 때문이다. 1993년 말에야 타결되었고, 1995년부터 발효되었다. 그 결실로 세계무역기구(WTO)가 출범하였던 것이다. 비교우위론에 입각한 무역의 상호

편익이 반드시 적중되지 않을 수 있는 산업이 농업이라고 할 수 있다. 나라마다 자국의 기본식량의 안정적인 자급률을 높이고 식량공급에 차질이 없도록 국제환경에 예민하게 반응하는 것은 당연하며 만일의 경우를 대비하여 비축 체제를 구축해 둘 것을 생각할 수 있다. 그리하여 항상 자급자족의 능력을 갖추어야 하는 것이다.

우리나라의 식량생산과 농산물 도입, 세계 주요 곡물의 생산과 무역 그리고 국제 곡물가격의 동향, 우리나라의 해외 농업진출 상황을 살펴보려는 것이다.

가. 우리나라 식량작물 생산과 수입

표 5-1은 우리나라의 과거 60년간 식량생산의 시계열 자료로 전반적으로 모든 작물의 총생산량이 감소하고 특히 맥류 생산량의 감소는 크게 두드러지게 눈에 띈다. 2010년 맥류생산은 가장 많이 생산되었던 1970년 181만 9,800톤의 4.4%에 불과하다. 쌀의 경우 1985년의 562만 5,900톤으로 정점을 이루다가 감소하는 추세를 보였다. 잡곡, 두류, 서류에서도 1980년대의 생산량에 비하여 증가세는 보이지 않고 있다.

표 5-1. 식량작물 생산량(곡물) (단위: 천 톤)

연도	미곡	맥류	잡곡	두류	서류
1950년	2,013.5	698.8	72.2	142.0	528.5
1960년	3,046.5	1,667.8	80.7	150.3	326.0
1970년	3,939.2	1,819.8	124.1	270.9	783.2
1980년	3,550.3	905.9	170.1	266.2	431.2
1985년	5,625.9	583.7	146.6	274.8	359.0
1990년	5,606.0	417.3	132.9	271.3	207.9
1995년	4,695.0	292.0	86.0	189.0	213.0
2000년	5,291.0	163.0	75.0	134.0	248.0
2005년	4,768.0	200.0	86.0	199.0	266.0
2010년	4,295.0	81.0	85.0	119.0	216.0
2015년	4,326.9	137.7	98.5	119.0	198.9
2016년	4,196.7	146.5	93.0	90.7	220.5

자료 1. 통계로 본 한국의 발자취 1995, 통계청. 2. 양정자료 2017, 농림수산식품부

표<5-2>는 우리의 주식량인 벼의 1990년 이후 최근 26년간의 시계열 생산 자료이다. 재배면적은 1990년 1,244천ha이었으나 해마다 감소하여 2016년 779천ha로 465천ha나 감소하여 37% 이상 줄었다. 이는 매년 0.98%씩 줄어든 것이다. 생산량은 매년 약 1.0% 감소하여 1990년보다 1,409천 톤이 감소, 25% 이상 축소되었다. 이와 같이 쌀 생산량의 감소에도 쌀의 자급에 큰 문제가 없는 것은 연간 1인당 소비량이 해마다 줄어 1990년 119.6kg이었던 것이 2016년 61.9kg로 50% 가까이 감소된 때문으로 해석된다.

표 5-2. 벼 재배면적, 생산량, 수량 및 1인당 연간 쌀 소비량의 변화 추이

연도	재배면적 (1,000ha)	생산량 (1,000 톤)	수량 (kg/10a)	연간 쌀 소비량 (kg/1인)
1990년	1,244	5,606	451	119.6
1994년	1,103	5,060	459	108.3
1998년	1,059	5,097	482	99.2
2002년	1,053	4,927	471	87.0
2006년	955	4,680	493	78.8
2008년	934	4,843	520	75.8
2010년	892	4,295	489	72.8
2012년	849	4,006	638	69.8
2014년	816	4,241	692	65.1
2016년	779	4,197	723	61.9
성장률(%)	-0.98	-1.0	-	-

자료: 농림수산식품 주요통계 각 년도, 농림수산식품부

<표 5-3>은 우리나라의 과거 45년간 곡물자급도를 보여준다. 전체의 자급률은 2016년 23.8%에 불과하고 1965년 93.9%에 비하면 턱없이 내려 앉아 OECD 국가 중 제일 하위에 있다. 이것은 사료용 곡물을 포함한 전체 양곡에 대한 자급률이고 식용곡물만을 포함시키면 식량자급률은 54.9%이며 해외의 농업생산을 포함시킬 경우 곡물 자주율은 27.1%로 0.4% 상향되는 것으로 발표되고 있다.

우리나라는 현재 쌀과 서류를 제외하고는 자급되는 것이 없다. 특히

옥수수, 밀 자급률은 각각 0.9%, 0.8%에 불과하며 콩은 7.0%에 지나지 않는다. 따라서 이들 세 가지 곡물의 수입에 집중되어 있다. 소비되는 곡물의 3분의 2 이상을 수입에 의존하는 세계 4위의 식량수입국으로 세계 곡물시장에서 거래되고 있는 곡물의 6.3% 정도를 수입하고 있다.

이처럼 식량의 해외의존도가 지나치게 높아, 세계적인 식량파동이 닥치면 식량안보상의 중대한 위기를 피할 수 없을 것으로 보이는 것이다. 국내의 수입곡물 시장은 세계적인 곡물 메이저에 의해 장악되어 있고 심각한 것은 이러한 식량의 수입구조가 일시적인 현상이 아니라 점점 고착화되고 있다는 데 있다. 식량자급률만 본다면 우리나라는 21세기 세계에서 안보능력이 가장 취약한 나라 중의 하나인 셈이다. 이러한 곡물부족분을 메우기 위해 해마다 막대한 양의 양곡을 수입하며 그 양은 증가추세에 있다. 가장 많이 수입되는 것은 옥수수로 전체 도입의 58.6%를 차지하며, 밀이 30.5%, 콩이 8.5%를 차지한다. 쌀 수입은 2.1%에 그친다 하더라도 2016년 34만 톤을 수입하였다(그림 5-1).

표 5-3. 한국의 곡물 자급도(1965~2016년) (단위: %)

연도	총계	쌀	보리	밀	옥수수	두류	서류	기타
1965년	93.9	100.7	-	27.0	36.1	100.0	100.0	100.0
1970년	80.5	93.1	106.3	15.4	18.9	86.1	100.0	96.9
1975년	73.1	94.6	92.0	5.7	8.3	85.8	100.0	100.0
1980년	56.0	95.1	57.6	4.8	5.9	35.8	100.0	89.8
1985년	48.4	103.3	63.7	0.4	4.1	22.5	100.0	11.6
1990년	43.1	108.3	97.4	0.05	1.9	20.1	95.6	13.9
1995년	29.1	91.4	67.0	0.3	1.1	9.9	98.4	3.8
2000년	29.7	102.9	46.9	0.1	0.9	6.4	99.3	5.2
2005년	29.4	102.0	60.0	0.2	0.9	9.7	98.6	10.0
2010년	26.7	104.6	26.6	0.8	0.8	8.7	98.7	7.8
2015년	23.8	101.0	21.9	0.7	0.8	9.4	94.6	11.8
2016년	23.8	102.5	23.3	0.9	0.8	7.0	94.8	11.9

자료: 통계로 본 한국의 발자취 1995, 양정자료, 농림수산식부 2017

그림 5-1. 연도별 양곡도입의 추이(1970~2016년)

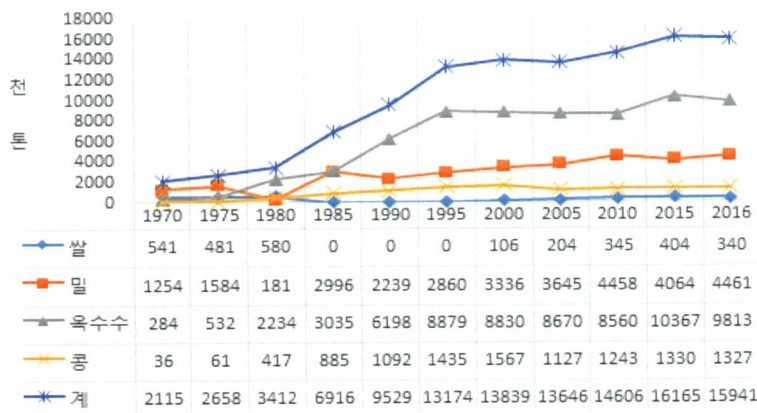

자료: 농림수산식품 주요통계, 2017, 농림수산식품부

표 5-4. 축산물 수입량(1992~2017년)   (단위: 천 톤)

연도	합계	쇠고기	돼지고기	닭고기	낙농품
1992년	204	167	4	-	33
1996년	318	164	53	11	90
2000년	596	264	145	68	119
2004년	536	176	187	32	141
2008년	768	232	340	70	126
2010년	872	292	306	106	168
2012년	1,041	299	403	130	209
2014년	1,076	315	394	141	226
2016년	1,297	403	502	128	264
2017년	1,367	414	533	132	288

자료: kati.net

　표 5-4는 우리나라의 축산물 도입 실적(MTI분류 기준)이다. 2017년 총 136만 7천 톤을 수입하였고 이중에 돼지고기 533천 톤, 쇠고기 414천 톤, 닭고기 132천 톤, 그리고 낙농품이 288천 톤으로 쇠고기 수입보다는 돼지고기 수입량이 크게 앞서 있다. 닭고기나 낙농제품의 수입량도 지속적으로 증가되는 추세에 있다.

쇠고기는 호주, 미국, 뉴질랜드, 캐나다, 우루과이 등 7개 나라에서, 돼지고기는 미국, 캐나다, 칠레, 덴마크, 독일, 스페인 등 19개국에서, 닭고기는 태국, 미국, 중국, 브라질, 덴마크 등 8개국에서 수입되었고 낙농제품은 뉴질랜드, 네덜란드, 독일, 미국, 호주, 스위스 등 60여 개 국가에서 수입되어 수입의 다변화가 이루어지고 있었다.

그림 5-2 쇠고기와 돼지고기의 수입국 구성비(2017년)

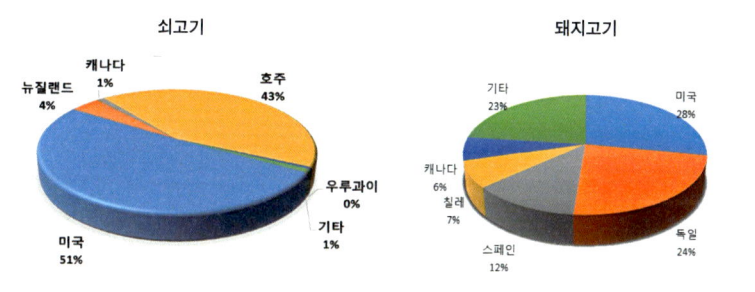

자료: k-stat

그림 5-3 닭고기와 낙농제품 수입국 구성비(2017년)

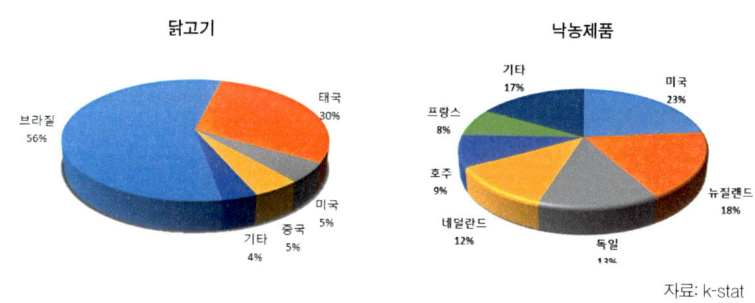

자료: k-stat

축산물은 이제 우리의 주식품이나 다름없다. 연간 한 사람이 40kg 이상의 육류와 50kg 이상의 우유를 소비해, 총 섭취 열량의 13%, 단백질의 30%를 축산물에서 조달하고 있어서 축산물 없는 식단은 생각하기 어렵다.

최근 소비자가 가장 관심을 갖는 유기농산물이나 무농약 농산물 생산은 기본적으로 축산에서 나오는 분뇨가 있어야 가능하다고 할 수 있다. 축산분뇨가 볏짚이나 왕겨 등과 어울려 농작물을 건강하게 자라나게 하는 데 필수적인 퇴비를 생산하기 때문이다. 따라서 한국축산은 모든 소비자의 삶을 풍부하게 하는 데 매우 큰 영향을 미친다고 할 수 있다.

나. 세계 주요 곡물의 수확면적과 생산량

세계의 3대 곡창지대는 흑해의 북쪽에 있는 우크라이나, 아르헨티나 팜파 지역, 미국의 콘벨트(Corn belt)로, 이 지역은 부식토가 지하로 몇 미터씩 쌓여 검은색을 띠고 있어 흑토지대라고 불린다. 만주의 흑룡강성에서 길림성, 요녕성을 빗금으로 잇는 지역도 중국의 흑토지대로 옥수수와 콩의 주 생산지이다. 다음의 〈표 5-5〉는 세계 인구를 먹여 살리는 4개 식량을 어느 나라에서 가장 많이 생산하고 있는가에 대한 정보를 제공한다.

옥수수는 미국, 중국 등 6개국이 세계 재배면적의 59.6%를 차지하며 생산량에서는 73.1% 이상을 차지한다. 특히 미국과 중국, 브라질 3개국이 세계 수확면적의 48.4%, 생산량의 65%를 점유하여 이들 세 나라가 옥수수 국제 공급을 좌우한다. 수량에 있어서는 미국이 헥타르당 10,950kg로 단연 우세를 보였고 아르헨티나가 7,443kg, 중국은 5,948kg의 순이었다. 세계 평균 수량은 5,820kg이었다.

밀은 중국, 인도, 러시아 등이 주산지로 아래의 6개국이 세계 재배면적의 50.3%를 차지하며 생산량은 53.3%를 점유한다. 밀은 세계적으로 광범위하게 재배되고 있어서 옥수수보다는 편중되는 경향이 상대적으로 크지 않다. 수량은 중국의 5,409kg가 돋보였고 미국이 3,539kg, 인도가 3,093kg를 나타냈다.

표 5-5. 세계 주요 곡물의 수확면적, 생산량 및 수량(2016년)

옥수수

국가	수확면적(천ha)		생산량(천mt)		평균수량(mt/ha)
세계	187,959	100.0(59.6%)	1,060,107	100.0(73.1%)	5,820
중국	38,952	20.7	231,674	21.8	5,948
미국	35,106	18.7	384,778	36.3	10,950
브라질	14,959	8.0	64,143	6.0	4,288
인도	10,200	5.4	26,260	2.5	2,575
멕시코	7,598	4.0	28,251	2.7	3,718
아르헨티나	5,346	2.8	39,793	3.8	7,443

밀

국가	수확면적(천ha)		생산량(천mt)		평균수량(mt/ha)
세계	244,456	100.0(50.3%)	749,460	100.0(53.3%)	2,985
인도	30,230	12.4	93,500	12.5	3,093
러시아	27,313	11.2	73,295	9.8	2,684
중국	24,346	9.9	131,696	17.6	5,409
미국	17,762	7.3	62,859	8.4	3,539
카자흐스탄	12,373	5.0	14,985	2.0	1,211
오스트레일리아	11,282	4.5	22,275	3.0	1,973

벼

국가	수확면적(천ha)		생산량(천mt)		평균수량(mt/ha)
세계	159,808	100.0(72.1%)	740,961	100.0(76.5%)	4,910
인도	42,965	26.9	158,757	21.4	3,695
중국	30,200	18.9	211,091	28.5	6,937
인도네시아	14,275	8.9	77,297	10.4	5,415
방글라데시	11,386	7.1	52,590	7.1	4,919
태국	8,678	5.4	25,268	3.4	2,912
베트남	7,783	4.9	42,437	5.7	5,581

자료: FAOSTAT

벼는 아시아 몬순지대가 주 생산지여서 인도와 중국 등 아시아지역 6개국이 세계재배 수확면적의 72% 이상을 차지하고 세계 생산량의 76% 이상을 공급하고 있었다. 중국과 인도 두 나라가 벼 재배면적의 43.6%, 생산량의 47.2%를 점유하였다. 재배면적은 인도가 더 많았지만 생산량은 중국이 크게 앞서 있었다. 이는 단위 면적당 수량에서 기인한 것이다. 단위 수량은 중국이 헥타르당 6,937kg로 가장 높았으며 베트남 5,581kg, 인도네시아 5,415kg의 순위를 보였다.

<표 5-6>은 2016년 세계의 콩 재배현황과 생산량을 보여준다. 미국이 3,348만 2천ha, 브라질이 3,315만 3천ha, 아르헨티나는 1,950만 4천ha를 재배하여 이 세 나라가 세계 콩 재배의 67.2%를 차지하고 생산량의 78.6%를 점유하고 있다. 또한 이들 3개국의 평균수량은 3,139kg/ha로 다른 지역보다 높은 수량을 보였다.

중국의 콩 재배는 663만 9천ha로 세계 재배면적의 5.2%, 생산량은 3.4%를 차지한다. 콩은 원래 동북3성과 한반도가 원산지로 알려져 있고, 중국은 수요의 100%를 자급자족하였다. 그러나 2000년부터 대두 수입을 자유화하면서 수입 콩이 해마다 큰 폭으로 늘어나 이제는 세계 최대의 수입국가로 국제 대두 가격에 영향을 미치는 국가가 되었다. 1999년 432만 톤 수입에 불과하던 대두 수입은 2000년 1,042만 톤으로 늘어났고 2016년 세계 콩 생산량의 24%에 해당하는 8,391만 톤이나 수입하였다.

표 5-6. 세계 콩 재배의 수확면적, 생산량과 수량(2016년)

국가	수확면적(천ha)		생산량(천mt)		평균수량(mt/ha)
세계	128,173	100.0 (85.7%)	346,860	100.0 (90.3%)	2,545
미국	33,482	26.1	117,208	33.8	3,501
브라질	33,153	25.9	96,297	27.8	2,901
아르헨티나	19,504	15.2	58,799	17.0	3,015
인도	11,500	9.0	14,008	4.0	1,218
중국	6,639	5.2	11,963	3.4	1,801
파라과이	3,370	2.6	9,163	2.6	2,719
캐나다	2,190	1.7	5,827	1.7	2,660

자료: FAOSTAT

다. 곡물의 국제무역과 국내도입

국제곡물 무역시장은 위에서 살펴 본 4가지 곡물이 가장 큰 비중을 차지한다. 문제는 세계 곡물 시장에서 몇 개의 주요 생산국이 옥수수, 밀, 콩, 벼 생산량의 대부분을 차지하여 일부 국가에 생산량이 집중되어 있고, 수출도 이들 나라의 수출조건에 의하여 크게 영향을 받아 수입국은 외부 위험에 쉽게 노출되어 있다는 점이다.

세계 곡물교역량은 2016년 생산량의 약 15.7% 수준에 불과하며, 미국, 프랑스, 아르헨티나, 호주, 캐나다, 브라질 등 5~6개국이 세계 수출량의 3분의 2를 차지한다. USDA 통계에 따르면 2016년 곡물 공급량은 밀 99,191만 톤, 옥수수 124,868만 톤, 콩 41,522만 톤, 쌀 59,798만 톤이었다. 곡물의 무역은 몇 개의 곡물 메이저에 의해 영향을 받아 국제 곡물 교역량의 80% 정도를 카길(Cargill) 에이디엠(ADM), 루이스 드레퓌스(Louis Dreyfus), 벙기(Bunge) 등 4대 곡물메이저가 지배하고 있다. 우리나라도 곡물메이저, 특히 카길에 대한 곡물 수입의존도(60~70%)가 높아 세계 곡물공급 부족 시 가격 위험에 노출되어 있다고 볼 수 있다. 따라서 곡물 교역을 둘러싼 불안정 요소가 많아 안정적인 식량 공급을 위해 해외 농업개발 사업을 강화해야 한다는 주장이 나오는 것이다.

곡물을 비롯한 농산물은 가격이 상승하여도 수요가 크게 줄지 않는 비탄력성을 갖고 있는 반면, 수급불균형이 발생하면 가격은 급격히 반응한다. 일반적으로 농산물 물가는 공산품 등 다른 물가변수에 비해 가격 변동성이 크며 가격 급등세가 지속될 경우 '자원 민족주의'적인 성격이 나타나는 특징이 있다.

〈표 5-7〉은 4대 곡물을 중심으로 가장 많이 수출입하고 있는 나라들이다. 미국만이 모든 곡물을 수출하고 있으며 프랑스가 옥수수와 밀, 아르헨티나가 옥수수와 콩의 수출국이었다. 수입에 있어서는 일본이 옥수수, 밀, 콩을 모두 수입하였고 스페인이 밀, 옥수수와 콩, 중국이 콩과

옥수수와 밀, 멕시코가 옥수수와 콩을 가장 많이 수입하였다. 한국은 일본 다음으로 가장 많은 양의 옥수수를 수입하였고 밀은 8위로 중국 다음으로 많은 4,706천 톤을 수입하였다.

표 5-7. 세계의 주요 곡물 수출국가와 수입국가 그룹 (단위: 만 톤)

구분	옥수수		밀		쌀		콩	
수출국	브라질	2,662	미국	3,320	인도	1,130	브라질	4,280
	미국	2,418	캐나다	1,981	태국	679	미국	3,918
	아르헨티나	2,007	프랑스	1,964	베트남	394	아르헨티나	778
	우크라이나	1,673	호주	1,800	파키스탄	382	파라과이	508
	프랑스	628	러시아	1,380	미국	318	우루과이	352
	인도	475	독일	822	중국	224	캐나다	329
	루마니아	323	우크라이나	776	나이지리아	219	우크라이나	149
	소계	10,186	소계	12,043	소계	3,346	소계	10,314
	무역량	22,609	무역량	28,323	무역량	7,544	무역량	20,953
수입국	일본	1,440	이집트	1,029	중국	224	중국	6,338
	한국	872	브라질	727	나이지리아	219	독일	362
	중국	734	인도네시아	674	이란	218	멕시코	361
	멕시코	715	알제리	630	배냉	137	스페인	339
	이집트	577	일본	620	이락	132	네덜란드	331
	스페인	552	이태리	579	남아연방	127	일본	276
	네덜란드	426	중국	551	사우디아라비아	126	인도네시아	179
	소계	4,990	소계	4,810	소계	1,183	소계	8,186
	무역량	12,747	무역량	16,172	무역량	3,784	무역량	10,302

자료: FAOSTAT에서 작성

　최근 화석 에너지를 대체하는 바이오연료와 신흥국의 육류 소비 증가로 세계 곡물 수요가 급증하는 데 비하여 생산은 지구 온난화에 따른 잦은 기상이변 등으로 둔화되고 있다. 중국은 곡물 수입국이 아니었다. 그러나 식품 소비의 다양화로 가축사양이 증가하고 사료곡물의 수요가 팽창함에 따라 자급하던 콩과 옥수수 등을 대량 수입하며 국제 곡물가격을 올리는 원인을 제공하고 있다. 선진국의 바이오연료 사용 권장에 따른 곡물의 대체수요 증가, 주요 수출국의 곡물수출규제 등으로 우리나라와 같은 곡물 수입국들은 안정적으로 곡물을 확보하기가 더욱 어려워질 것이라고 전망된다.

　우리나라의 곡물생산량은 산업화와 주택 도로의 확장으로 인한 경지

면적의 잠식으로 계속 하향곡선을 그리고 있다. 식량안보 문제가 자주 제기되는 것은 국제 곡물수급이 불안하고 곡물 가격이 불안정하기 때문이다. 우리나라는 곡물 수입의 80% 이상을 소수의 4~5개 곡물 수출국에 의존하고 있어 세계 곡물시장 변화에 매우 민감하다.

우리나라가 수입하는 옥수수는 식용과 사료용으로 구분된다. 식용은 한국전분당협회, 곡물음료조합, 한국콘협회, 농산물유통공사에 의해 수입되고 있다. 식용 옥수수의 용도별 유통비중은 전분, 옥분용이 75%로 제일 크고 그밖에 곡차용, 팝콘, 튀김용은 1% 미만으로 비중이 낮다. 기타 제지, 골판지용, 의약용품 등으로 사용된다.

사료용 옥수수를 수입하는 곳은 사료협회와 농협사료(농협중앙회)이다. 실수요자는 카길애그리퓨리나, CJ사료 등 사료협회의 42개사와 농협사료이다. 사료용 옥수수 수입은 사료협회를 통한 공동구매와 농협사료의 단독구매로 이루어진다.

해외에서 공동용선 방식으로 수입되는 밀은 제분협회 회원사로 공급되고 개별 회원사들은 제면업체, 제과업체 등 대규모 수요처로 직접공급하거나 대리점을 통해 시중으로 유통시킨다. 국내수입 밀의 실 수요업체는 한제분공업협회에 속한 8개사이며 주요 업체는 대한제분, CJ제일제당, 동아제분 등이다. 업체별 유통비중은 대한제분 26.2%로 제일 많고, CJ제일제당 25.5%, 동아제분 16.1% 순이다. 그 외에 삼양밀맥스, 한국제분 등 나머지 5개 사의 비중은 약 30%를 차지한다.

콩은 농산물유통공사를 통하여 수입되며 연식품조합, 한국콩가공협회, 식품공업협회 등으로 공급이 이루어지고 이렇게 공급된 콩은 개별 회원사와 업체에 제공된다. 콩의 실수요업체는 두부제조업체, 장류조합, 메주조합, 콩가공식품협회 등으로 식용을 취급하며 채유(콩기름)와 박류용(粕類用)은 CJ와 사조해표에서 취급된다. 채유회사는 CJ제일제당, 사조해표(전 동방유량)의 2개 회사가 대표적이고 판매실적은 CJ가 약 60%, 사조해표가 40%를 점유하고 있다.

라. 국제 곡물가격의 동향

한국은 해에 따라 다르지만 세계 곡물 수입량의 4~5위를 달리는 대표적인 수입국이다. 따라서 국제 곡물 가격이 오르면 곡물수입의 물가 상승, 가공식품 및 식료품 가격 상승, 사료가격 상승, 축산물 가격 상승을 통해 시차를 두고 최종적으로 소비자물가에 영향을 미치게 된다. 특히 가계의 실질소득 감소를 가져오게 되어 식료품 지출 비중이 많은 저소득층의 실질구매력 약화로 국내 시장에 파급효과를 발생시킨다. 그뿐 아니라 소비자 물가상승과 무역수지의 감소 등으로 이어진다.

FAO는 1990년 이후 매년 식량가격지수와 곡물(밀, 옥수수, 쌀, 콩), 유지류, 육류, 낙농품, 설탕 등 55개 주요 농산물의 국제 도매가격 변동을 매달 발표하고 있다(2002~2004 평균=100). 따라서 식량가격지수는 국제 농산물의 물가수준을 나타내는 지표라고 할 수 있다. 한편 곡물가격지수는 밀, 옥수수, 쌀과 콩을 중심으로 작성된 가격지수로 식량가격지수와 대비된다.

<표 5-8>은 2000년 이후 식량가격지수와 곡물을 포함한 다른 주요 식품의 가격지수를 보여 주고 있다. 식량가격 지수는 기준년도에 비하여 가파른 상승으로 두 배 이상 크게 올랐고 곡물의 가격지수는 2013년 236.1까지 상승하였다가 2017년 공급량의 증가로 안정화되어 2017년 151.6로 내려갔다. 다른 식품에서도 마찬가지로 2012년 가장 높은 지수를 보였으나 그중에서도 유지류 3.2배, 설탕 2.61배, 유제품 2.1배 그리고 육류 1.8배의 상승추세를 나타내고 있다.

식량과 곡물의 가격지수를 따로 떼어서 나타내 보면 <그림 5-4>와 같다. 국제 곡물가격은 2006년 이후 모든 작물에서 빠르게 상승하고 있으며 2007년 이후에는 더욱 가파른 상승세가 나타나 2008년 곡물 가격 파동을 일으킨바 있다. 2013년 이후 곡물가격지수는 식량가격지수 이하로 내려가 안정세를 보이고 있다.

표 5-8. 식량의 국제 가격지수 변화(2000~2017년) (단위: %)

연도	식량 가격지수	육류	유제품	곡물	유지류	설탕
2000년	91.1	96.5	95.3	85.8	69.5	116.1
2002년	89.6	89.9	80.9	93.7	87.4	97.8
2004년	112.7	114.2	123.5	107.1	11.9	101.7
2006년	127.2	120.9	129.7	118.9	112.7	209.8
2008년	201.4	160.7	223.1	232.1	227.1	181.6
2010년	188.0	158.3	206.5	179.2	197.4	302.0
2012년	213.3	182.0	193.6	236.1	223.9	305.7
2014년	201.8	198.3	224.1	191.3	181.1	241.2
2016년	161.5	165.2	153.8	146.9	163.8	256.0
2017년	174.5	170.2	202.2	151.6	168.8	227.3

자료: FAOSTAT

그림 5-4. 국제 식량가격지수와 곡물가격지수의 동향

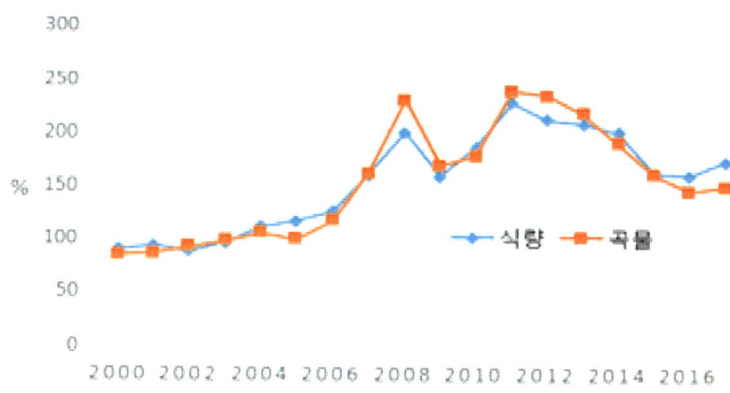

국제 곡물 가격을 보면 우리나라와 같이 곡물의 대부분을 해외 수입에 의존하는 수입국의 경우 최근 벌크선을 중심으로 한 운임의 상승에 따른 이중 압력으로 수입가격이 높아지고 있다.

가파른 오름세는 첫째, 곡물 수요량의 급증 때문이다. 신흥 경제국의 생활수준 향상과 이에 따른 육류섭취 증가로 식용 및 사료용 수요가 증가하는 동시에 화석 에너지를 대체하는 바이오 에너지에 대한 수요가 급증하기 때문이다.

둘째, 공급 측면에서는 기후변화에 따른 작황 부진과 주요 수출국의 수출 통제로 급증하는 수요에 대응하지 못하고 재고율이 지속적으로 하락 하는 추세이다. 셋째, 실물에서의 수급 불균형 외에도 미국 경기 둔화에 따른 달러화 약세와 금리 인하로 비상업적 투기자금의 상품시장 쏠림 현상이 심화되면서 수요 상승을 부채질하고 있다는 것이다.

넷째, 다른 요인으로는 유가상승이 수입국의 해상운임을 상승시켜 최종 수입가격의 증가를 더욱 확대시키는 한편, 바이오 에너지 수요를 더욱 증가시켜 수급 불균형을 가져오기 때문이라는 것이다. 식용, 사료용, 연료용 곡물의 수요증가, 비상업적 투자자금 유입 확대가 지속되는 한 국제 곡물의 수급 상황은 호전되지 않고 곡물 가격 상승의 원인을 제공할 것이다.

현재와 같은 가격 급등 현상은 과거 1973년과 1995년에 발생했던 곡물 파동에서처럼 이상기후에 의한 일시적인 생산량 감소의 결과가 아닌 곡물 시장을 둘러싼 구조적 문제에 기인한다는 것이다.

2
해외 농업 진출의 현황

　우리나라 해외농업 진출의 역사는 길지 않다. 1960년대에 남미로 농업이민을 간 세대는 모두 도시로 이주했고 실패로 끝났다. 해외에서 영농을 시작한 기업은 2008년 17개 업체에 불과했으나 2009년 35개소, 2010년 64개소, 2011년 말 79개소로 늘어났다. 〈그림 5-5〉는 2016년 말 169개 업체가 진출한 내용을 나라별로 정리한 것이다. 투자지역은 77.5%의 북방아시아와 동남아시아 지역이 압도적으로 우세하며 세계 29개 나라에 퍼져 있다. 진출 분야는 다양하다. 옥수수, 콩, 밀, 감자, 벼 등의 농작물, 카사바, 바나나와 같은 열대작물, 버섯, 목화, 약용작물, 양잠, 커피 등의 특수작물, 체리, 블루베리, 고추, 토마토, 국화 등의 원예작물을 재배하는 농업이나, 양돈, 양계, 소, 사료작물 등의 축산분야, 곡물저장과 유통에 관련한 유통분야에 진출한 기업이 있다.

　국회는 해외 농업개발을 체계적으로 수립하고 확대 지원하기 위하여 2011년 6월 23일 해외 농업개발 협력법안을 통과시켰다. 이 법안이 담고 있는 주요 골자는 10년 단위로 해외농업 개발 사업에 관한 목표와 전략 및 단계별 추진계획 등의 종합계획을 수립하도록 하고 해외농업개발심의회를 설치하도록 하는 것이다.

　해외농업개발 사업자를 지원하기 위하여 사업에 필요한 비용을 보조하거나 행정적으로 지원하고 자금을 융자해 주며 소득세, 법인세 등을 감면해 줄 수 있게 되어 있다. 해외농업 개발 사업에 경험이 있는 인력의 육성 및 관리 등을 위하여 시책을 수립하고 시행할 수 있도록 하였다.

사업자의 권익보호와 해외농업 개발사업의 건전한 발전과 효율적인 수행을 위하여 장관의 인가를 받아 해외농업 개발협회를 설립할 수 있도록 하며 개발도상국과의 농업협력체계를 구축하고 해외농업개발 사업자의 해외진출을 지원하기 위하여 국제농업협력사업의 촉진을 위한 시책을 수립하고 시행하는 내용도 담고 있다. 따라서 해외에서 농장개발, 농축산물의 생산과 국내외의 판매, 유통 등에 활발하게 진입할 수 있는 기틀이 마련된 것이다.

그림 5-5. 해외 농업 진출 나라별 업체 수(농업인 포함)

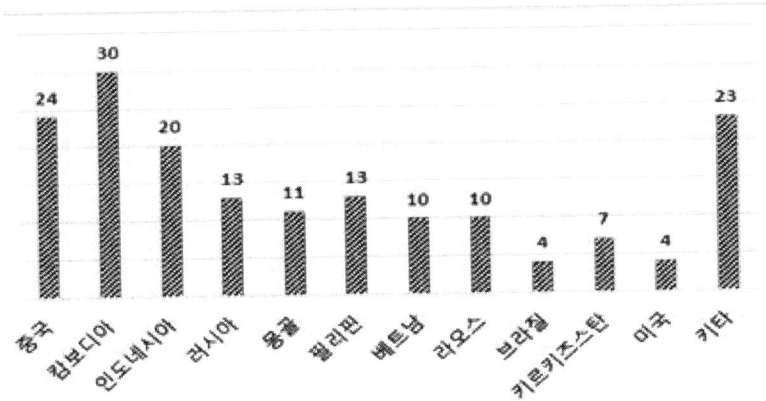

자료: 해외농업자원개발협회

정부는 국내 및 해외농장 개발 사업을 확대하여 곡물자주율*을 2020년 65%까지 끌어 올린다는 계획을 세운바 있다. 그러나 식량자급률은 2016년 23.8%까지 내려갔고 식량자급의 희망은 멀어지기만 하고 있다.

국내의 부족한 농지자원으로는 생산성에 한계가 있고 영농비용도 크게 절감할 수 있는 방안이 있는 것도 아니어서 해외의 농지자원을 적극 활용, 식량과 사료곡물을 생산 도입하여 식량생산의 영토를 넓힌다는 것이다.

---

* 국내식량 자급률과 해외 농업생산을 포함한 새로운 개념. 곡물자급률은 사료용을 포함한 곡물 전체량, 식량자급률은 식용곡물만을 대상으로 추계한 내용이다. 식량안보 강화를 위해 정부는 최근 '곡물 자주율' 개념을 도입하였다. 이는 국내 생산뿐만 아니라 '해외 곡물의 안정적 확보 가능성'까지 확대해 우리 기업이 해외에서 생산 유통하는 물량까지 포함하는 개념이다.

<표 5-9>는 농기업 해외진출과 활동현황을 보여준다. 2016년 말 해외농업자원개발협회에 신고된 해외 농업 진출 농기업체는 169개 업체이지만 실제 활동 기업 수는 38개 업체에 불과하여 22.5%에 지나지 않는다.

우리 기업이 해외에서 농지를 전용으로 사용하여 농작물을 생산할 수 있는 개발면적은 2016년 76,726ha이며 곡물 확보량은 426,141톤이었다. 생산되고 있는 곡물은 옥수수, 콩, 밀 등이다. 국내반입량도 2010년 424톤, 2013년 9,950톤, 2015년 10,077톤에 불과하였으나 해마다 상승하여 2016년 27,735톤으로 늘어나고 있기는 하다. 그러나 수입량에 비하면 아직 갈 길은 멀고 초보 단계에 있다.

외형적으로 많은 기업이 진출하였지만 현지의 정착률은 매우 저조한 편이다. 이는 의욕만 앞세우고 면밀한 현지 정보수집 없이 투자했다가 진출 지역의 예상 못한 지출의 증가, 외교, 행정지원의 부족 등 난관에 부닥친 것이다.

표 5-9. 농기업 해외진출과 활동현황(2016년)

국가	신고 기업수	활동 기업수	비중(%)	개발면적(ha)	확보량(톤)	반입량(톤)
29개국	169	38	100.0	76,726	426,141	27,735
러시아	13	9	23.7	24,795	66,983	9,643
캄보디아	30	5	13.2	12,932	218,950	15,182
인도네시아	20	4	10.5	36,256	123,302	-
중국	24	3	7.9	97	7	-
몽골	11	3	7.9	1,035	771	40
베트남	10	2	5.3	90	2,030	2,000
브라질	4	2	5.3	575	1,001	-
기타	57	10	26.3	946	13,097	870

자료: 해외농업 자원개발 종합계획(2018~2022년), 농림축산식품부

과거 2008~2016년 동안 해외농업 진출은 양적으로 크게 성장했고 해외의 개발면적을 확보하였으며 곡물 생산의 확보량도 크게 늘어났다.

그러나 진출 신고 기업체에 비하여 실제 활동 업체 수는 많지 않아 크게 성공한 사업으로 자랑할 수 있는 수준은 아니다. 따라서 진출 기업들이 조기 정착할 수 있도록 진출계획 단계에서 해외농업 개발 지식을 갖춘 전문가의 상담과 대상국가의 행정과 외교력을 갖춘 전문가를 구성하고 온라인 행정지원을 아끼지 말아야 할 것이다.

해외농업 개발 사업에 관한 목표와 전략은 지금까지 주로 면적확보와 곡물생산에 초점이 주어졌다. 앞으로 이를 좀 더 확대하여 수입이 많은 식품원료와 가공식품 등 품목을 다양화 할 필요가 있다. 예로서 전분류, 유지류, 당류, 커피 등 우리나라가 수입하는 품목을 현지에서 생산뿐 아니라 구입, 가공, 유통할 수 있도록 사업을 확장하고 지원하는 것이다.

진출하고 있는 나라에서 농기업체는 협의체를 구성하고 공동관심사와 이익이 되는 사업에 적극적으로 참여하도록 지원하여야 할 것이다. 특히 대형기계를 이용해야 하는 진출지역의 기업농은 기계의 조작, 관리, a/s 등의 부분에서 제조사와 연계되어야 한다. 지역에 맞는 품종의 선택이나 개발은 기업농이 독자적으로 결정하기보다는 적응시험을 거치고 우수품종으로 인정된 것을 보급하여야 하는 방식으로 해야 한다.

진출지역에서의 기업농이 겪는 가장 큰 애로사항 중의 하나는 대관업무와 통역이다. 법인설립, 농지임대, 인허가 등 행정의 지원이 요구된다. 특히 러시아 지역에서의 전문성은 부족한 상태이다. 해외농업 전문가를 양성하는 대학교육과정도 신설하여야 할 필요가 있다. 이러한 상황에서 농어촌개발공사에서 설립할 연해주 지원센터의 역할이 기대되는 것이다.

러시아는 아직 GMO 농산물을 생산하지 않고 있다. 특히 국내에 북미와 남미에서 도입되는 옥수수와 콩은 GMO 농산물로 국민의 거부감이 없는 것이 아니다. 따라서 연해주 콩의 시장개척이나 수요확대에 긍정적인 신호가 될 수 있다. 그러나 문제는 국내에 도입되는 연해주산 곡물가격 물류비용이 높아 톤당 가격이 미국산보다 더 많다는 점이다. 미국산 옥수수의 경우 톤당 220달러/톤인 반면 연해주산은 240달러/톤으로 더 비싼 것이다.

가. 북방아시아

현재 해외 농업 진출업체의 30%에 가까운 48개 기업농이 북방아시아 지역에 집중되어 있다. 지리적으로 가깝고 우리의 농업기술이 잘 적응되는 상품성이 좋은 품목을 현지에서 생산하여 판매하거나 수출하는 것이다.

1) 중국: 베이징 도심에서 서쪽으로 30㎞가량 떨어진 통저우(通州)에는 면적이 30만㎡나 되는 대규모 나주배 과수원 농장이 있다. 나주배가 여기에서 한 해 120만 개나 생산된다. 한·중 수교 직후인 1993년 중국에 들어와 자동차 정비 공장을 운영하던 한 교포는 10년 전 배 농사로 전업했다. 사질토여서 뭘 심어도 안 된다는 땅을 헐값에 장기임차하고, 고향인 나주에서 배 묘목을 가져다 심었다. 이곳에서 나는 나주 배는 한국산만큼이나 크고 맛이 좋다는 평가를 받는다. 중국 돌배와는 맛과 품질에서 큰 차이가 난다. 8개의 최상품 나주배가 든 1상자가 최고 300위안에 팔릴 정도로 가격도 비싸다. 한국식으로 배즙도 만들어 판매한다. 산동성에 있는 한국 배 농장들은 주로 일본·캐나다 등 해외로 배를 수출하지만, 베이징 근교의 이 농장은 내수가 충분해 수출은 생각조차 하지 않고 있다는 것이다.

우리나라 농업의 중국 진출은 24개 기업이 등록만 하고 활동이 미미한 수준이지만 제조업과 달리 농업 분야의 양국 간 기술 격차는 적어도 5년 이상 된다는 것이 전문가들의 진단이다. 고도성장으로 중국 중산층의 한국 농·수산물에 대한 선호도 갈수록 높아지고 있다. 한국의 농산 가공품이나 축산물(신선우유)이 시장에 출하되었을 때가격이 높은데도 불구하고 매진되는 것은 이를 대변해 주고 있다.

한·중 FTA협정은 여러 가지 장치를 만들어 무차별 수입이 이뤄지지 않 도록 안전장치를 만들었다고 하지만 관세철폐가 최종목적인 협정은 농업에 관한 한 장기적으로 불리하다. 그러나 발상을 전환한다면 한·중 FTA는 우리에게 오히려 기회가 될 수도 있다. 중국 시장에 뿌리내린 한국 농업의 선구자들이 그 길 중 하나를 잘 보여주고 있다.

2) 러시아(연해주): 극동 러시아는 한국과 지리적으로 인접해 있어 농업 분야에서 한국 기업의 진출이 활발한 편이다. 첫째로 연해주는 한반도와 접하고 있는 지정학적 이점을 갖고 있다. 즉, 한국과 상대적으로 가까운 외국이며, 생산된 농산물을 운송할 수 있는 경로가 매우 짧아 속초와 블라디보스토크를 연결하는 여객선은 17시간이면 상대국에 도착한다. 한국, 일본, 중국 등 가장 큰 시장을 가까이 두고 있다.

둘째, 무공해 청정지역이라는 이미지를 가지고 있다. 극동 러시아에서는 GMO 유전자 조작 농산물을 경작하지 않는다. 이런 점에서 연해주는 몇 개 남아 있지 않은 순수 자연산 농작물을 확보할 수 있는 지역이다. 유전자 조작 품종에 비해 생산성이 다소 떨어진다는 단점은 있지만, 건강에 대한 소비자들의 요구가 더욱 까다로워지고 있는 시점에서 강점을 갖고 있다고 볼 수 있다.

셋째, 유휴 농경지가 넓고, 낙후되어 있어 진출할 수 있는 여지가 많다. 우리의 자본과 영농기술, 마케팅 능력을 접목할 경우 경쟁력 있는 농산물을 생산할 수 있다. 연해주 농지의 영농 잠재력은 수리안전답 생산 자포니카 쌀이 최대 20만 톤, 밭에서 생산하는 옥수수, 맥류, 두류, 서류가 최대 200만 톤, 건조 목초가 최대 80만 톤이다. 옥수수, 대두, 유채 등 사료 및 에너지 작물, 티모시, 브롬글라스, 연맥 등 건초작물, 쌀과 감자 등 식량작물의 재배가 가능하다.

1994년 진출한 '고려합섬(高合)'은 모기업의 경영난이 겹치면서 실패한 사례로 남아 있으나 연해주 농업투자 진출의 최초 시도였다. '아그로상생'은 2008년부터 13만여ha의 농장에서 콩, 벼 등을 경작하고 있고, 남양 유니베라는 23,300여ha의 농장에서 콩, 알로에 등의 환금작물을 재배하고 있으며, 2009년 현대자원개발(현대중공업 계열)에서 위탁운영하고 있는 연해주에는 현대 하롤 농장과 미하일로프카 농장 두 곳이 있다. 연해주에만 현재 12개의 농산물 생산업체들이 신고를 하였으나 정상적인 활동하고 있는 곳은 8개에 불과하고 나머지 기업은 농지분쟁, 현지인과의 투자지분 다툼 그리고 자금의 부족 등으로 사업이 중단된 실태이다. 안정적으로 영업이익이 발생하는 기업은 3~4개 기업에 불과한 것으로 알려지고 있다.

3) 몽골: 한반도의 7.4배에 달하는 넓은 땅이지만 농업을 할 수 없는 불모지가 많고 자연 환경적인 요인으로 농작물 재배에 어려움이 있는 지역이다. 강들이 북극해로 진행되어 있어 평야도 북쪽지역에 발달되어 있다. 농업은 광활한 초원지가 많아 목축업이 주업이고 농작물 생산은 전체 생산액의 20% 정도에 그친다.

몽골에는 11개의 농산물 생산 운영업체와 두 명의 개인 농업인이 들어가 있다. 생산 활동지역은 주로 수도인 울란바토르에서 인접한 투브(Tov), 불간(Bulgan), 셀렝게(Selenge) 지역에 있으며 2009년에 들어간 ㈜동대문개발은 동몽골 도르노트(Dornot) 지역에서 밀과 옥수수를 생산하고 있었으나 생산물판매와 운영의 어려움으로 사업을 접은 것으로 알려졌다. 2012년 헨티(Henti) 지역에 들어간 김정곤 농업인은 약용식물과 감자, 밀의 재배를 운영하고 있다.

몽골은 넓은 국토면적에 비하여 농업개발의 투자가 아직 활발하지 않은 지역이다. 넓은 초원에서 방목하며 양, 염소, 소, 말 등의 축산업이 주산업이다. GDP 중 농업생산이 차지하는 비중은 20% 정도이며 농업생산액 중 목축업이 차지하는 비중은 약 80%를 차지하고 경종부문의 생산액은 상대적으로 낮다. 자연 초지를 포함한 농업용지 중 경작지로 이용되는 면적은 1% 미만으로 1,217천ha 정도이다. 한국에서 진출한 농산물 생산은 주로 밀, 감자, 콩의 경작에 집중되어 있다. 최근에 경북농업기술원, 강원도농업기술원 등 지방자치단체가 몽골과의 기술협력으로 원예 분야의 생산기술을 전수하고 몽골 현지에 생산기지를 만들어 여러 가지 채소를 실험적으로 생산하고 있다.

2011년 몽골에서 열린 한·몽 정상회담에서는 자원개발과 인프라, 동몽골 농업개발 분야 등의 협력 강화 방안을 논의했고 양국관계를 포괄적 동반자 관계로 격상시키기로 합의한바 있다. 동 몽골지역은 도르노트, 헨티, 수흐바타르 3개 도(아이막)를 지칭하며 수도 울란바토르로부터 780km(초이발산 시까지) 거리로 아직 개발되지 않은 지하자원뿐 아니라 광활한 농지로 이용될 수 있는 땅이 있다. 특히 도르노트 지역의 할르골 솜에 한국농어촌공사의 농촌마스터 플랜지원 사업을 지원하여 27만ha 인프라 구축과 영농기술을 전수한바 있다.

몽골에는 현재 한국국제협력단(KOICA)의 해외단원들이 현지에 머물며 농촌개발 사업과 농업기술을 시험전수하고 있다. 2015년에는 농촌진흥청의 해외농업기술지원단(KOPIA)이 들어가 활동하기 시작하였다.

나. 동남아시아

동남아는 열대지역이어서 작물의 주년재배가 가능하고 농업생산의 기초 요소인 토지와 노동의 비용이 상대적으로 저렴하다는 장점을 가지고 있다. 이 지역에는 5개국 83개의 기업 또는 개인이 진출해 가장 큰 비중을 차지한다. 캄보디아 30개, 인도네시아 20개, 필리핀과 베트남이 각각 13개, 10개, 라오스 10개 기업이 진출했다. 필리핀, 캄보디아, 인도네시아에서는 옥수수와 카사바 재배가 주종이며 베트남에서는 옥수수와 바나나, 라오스에서는 커피, 옥수수와 콩의 생산을 위하여 진출하였다. 그러나 실제로 활동 중에 있는 기업은 캄보디아 5개, 인도네시아 4개, 베트남 2개 기업으로 실제로는 빈약한 상태에 머물러 있다.

1) 인도네시아: 18,108개의 최대의 섬나라이자 총인구의 88%가 회교도인 최다 인구의 이슬람 대국이다. 대략 6천 개가 유인도이며 자바, 수마트라, 칼리만탄(보르네오의 일부), 술라웨시, 이리안자야(뉴기니 섬의 서부)가 5대 섬이다. 엄청난 면적의 삼림과 석유, 천연가스 등의 자원부국이기도 하다. 우리에게는 일찍부터 목재의 수입원이었고 이를 이용한 합판공업은 한때 우리나라의 주력 수출산업이기도 했었다.
1960년대에 진출한 한국계 코린도(Korea-Indonesia의 합성어)그룹은 이 나라 30대 재벌에 들며 여전히 조림과 목재 관련 산업이 주력 업종이다. 2009년에는 CDM 인터내셔널, (주)대상, (주)팜스코 등이, 2010년에는 삼양제넥스 등 5개 회사가, 2011년 삼성물산이 칼리만탄(보르네오) 주에서 카사바재배 사업을 착수하였다. 2011년 한국은 인도네시아와 양국의 농업 관심사와 협력방안을 논의하고 한국의 발전된 농업 기술을 인도네시아에 전수하고 인도네시아는 농업자원을 제공하여 점차 심각해지는 식량문제 해결에 공동으로 노력하기 위해 농업협력 양해각서(MOU)를 체결하였다. 따라서 양국의 농업 인력과 기술의 교류 및 농업투자를 안정적으로 추진할 수 있는 기반이 마련되었고 우리나라와 인도네시아는 농업협력위원회를 2년에 1번씩 개최하여 농업협력에 관한 관심사를 논의키로 하였다. 2016년 현재 20개의 농가업이 진출하여 있으나 활동 중에 있는 기업은 4개뿐이다.

농업협력 MOU는 한국의 기술력과 인도네시아의 자원이 결합하여 양국의 농업발전과 식량문제를 해결하기 위한 포괄적 농업협력 동반자 관계를 만든 것으로 평가된다. 또한, 인도네시아의 풍부한 농업잠재력을 토대로 우리나라의 기술력과 자본을 결합한 농산업복합단지(MIC: Multi-Industry Cluster)를 만들기로 하였다.

2) 캄보디아: 인도차이나 반도 중앙에 위치하고 면적은 한반도의 4/5인 약 181천㎢로 인구는 14.7백만 명이며(크메르인 90%, 베트남인 5%, 기타 5%) 불교국가이다. 산업구조(2016년) 서비스업 42%, 제조업 32%, 농업 26%이고 1인당 GDP는 1,390달러 정도이다. 주요 수출품은 목재, 천연고무, 쌀 등이며, 수입품은 석유제품, 건축자재, 기계류 등이다. 주요 부존자원은 원유, 가스, 원목, 원석, 철광석 등으로 자원이 풍부하다. 경제적인 강점으로 임산물과 관광자원이 풍부하다는 점이 있으며 약점으로는 열악한 인프라와 부정부패가 지적되고 있다.

한국의 농업 진출은 2009년 바탕방주에 ㈜코지드가 옥수수와 카사바를 재배하기 위해 상륙한 이후 해마다 늘어나 2016년 30개의 생산업체가 등록하였으나 실제로 활동 중인 기업은 5개 업체에 머물고 있으며 주로 남부 평야지대에서 생산활동을 하고 있다. 김포폭크는 양돈과 사료작물을 생산하기 위해 2010년 캄퐁추주에 들어가 다른 업체와 구분되는 생산을 하고 있다. ㈜MH에탄올은 캄퐁스프주에서 약 8,000ha(여의도 10배 면적)의 카사바를 재배하고 이를 이용해 바이오에너지인 에탄올을 생산하여 수출하고 있다.

3) 필리핀: 우리나라 농기업 주체들은 주로 민다나오에 코파농산, 신명R&D, ㈜코민이 옥수수재배를 하고 있다. 2009년 ㈜필콘이 상륙했고 2010년 네그로스섬에 ㈜대한바이오에너지가 들어가 에탄올을 생산·수출하고 있다.

민다나오 지역은 열대성 기후로 기온의 격차가 작은 편이다. 연평균 기온 27°C 정도로 옥수수 등 열대 작물이 자라기에는 최적의 지역이다. 특히 하루에 한 번씩 스콜(Squall)이 20~30분 정도 내려 주기 때문에 밭 작물이 자라기에 적당한 수분이 유지되어 별도의 관계수로나 저수시설이 필요 없다. 토질이 비옥하여 농작물 재배에 알맞고 산이 높지 않은 평원지대를 이루고 있어 농장 개발에 많은 비용이 소요되지 않는다.

이 섬 북쪽 지역을 연결하는 일리간(Iligan)에서부터 부투안(Butuan)까지 500여㎞의 해안도로가 건설돼 있어 운송교통은 물론 인근에 국내선 공항이 있고, 대형 선박도 입출항할 수 있는 접안시설이 있는 항만으로 접근성도 좋다.

정부는 필리핀 정부와 함께 농업 중심 복합산업단지(MIC)사업을 추진하고 있다. 농업 중심 MIC란 농업을 중심으로 농기계, 비료, 농약 등 관련 제조업까지 포괄하는 복합단지를 말하는 것으로 정부 간 협력으로 토지 임차 문제 해결을 지원하고 정부 및 민간 협력방식으로 투자 재원을 조달하게 된다. 정부는 MIC를 민관 협력 해외농업 개발의 성공모델로 만들어 앞으로 대규모 영농이 가능하고 물류여건이 좋은 국가들로 진출 지역을 다변화할 예정으로 있다. 13개 농기업체가 들어가 있다.

4) 베트남: 면적 331,210㎢, 인구 92.6백만 명(2016년), 불교 70%, 로마가톨릭 10%, 1인당 GDP 2,164달러(2016년)이며 주요 수출품은 의류, 신발, 수산물, 원유, 전자제품 등이고, 주요 수입품으로는 기계류 및 장비, 석유제품, 철강제품을 수입하고 있다. 주요 부존자원으로 석탄, 원유, 철광석, 주석, 아연, 금, 크롬, 철, 납, 인광석도 산출된다. 경제적 강점으로는 정치·사회적으로 매우 안정되어 있다는 점과, 양질의 풍부한 노동력을 꼽을 수 있다. 약점으로는 열악한 사회 인프라와 불균형적인 발전을 지적할 수 있다.

베트남의 주요 산업은 GDP 기준으로 39%를 차지하는 제조과 건설업, 즉 2차 산업이며, 농림업과 수산업의 1차 산업은 17%에 이른다. 3차 산업인 서비스업은 44%로 높은 성장률을 이루어냈다. 그럼에도 전체 노동인구의 약 40%가 농림업과 수산업에 종사하며 이들은 쌀, 고무, 사탕수수, 커피, 열대 과일 등과 새우 등의 수산물 등을 생산하고 있다.

베트남에는 2010년 (주)글로브 팜이 바나나 재배를 네안성에서 시작으로 10개의 생산업체가 진출등록을 하였으니 실제로 활동하는 기업은 2개 기업에 그친다. 생산물은 바나나, 옥수수, 돼지, 사료 등이다. 한·베 축산개발(주)이 빈증성에서 양돈사업, (주)CM물류서비스는 2012년 타이빈성에서 옥수수를 이용한 사료생산을 계획하고 있다.

5) 라오스: 인도차이나반도 중앙내륙에 위치하고 면적은 237천㎢(한반도의 1.1배)이며, 인구는 7.1백만 명(2016 기준)이고, 수도는 비엔티안(Vientiane, 80만 명), 민족은 라오인(55%), 크모족(11%), 몽족(8%), 소수 민족(26%)이며 종교는 불교가 67%로 대세를 이루고 있다.

산업구조는 서비스업 38.5%, 제조업 31.7%, 농업 29.8%이며 1인당 GDP는 1,821달러(2016년)이다. 주요 수출품은 목재류, 커피, 전력, 구리·동, 금 등이고 주요 수입품으로는 기계류 및 장비, 차량, 원료, 소비재가 많다. 주요 부존자원으로는 철광석, 석탄, 주석이 많이 생산된다. 경제적 강점으로 저렴한 임금, 정치·사회적 안정을 들 수 있고, 경제적 약점으로는 내수시장이 협소하고 인프라를 갖추고 있지 못하며, 기술인력이 절대 부족하다는 점을 들 수 있다.

라오스에는 10개 업체가 활동 중이다. 2009년에 (주)에코프라임이 콩과 피마자의 재배를 위해 참파삭주에 들어간 이래 같은 해에 쌀 생산을 위해 (주)다움에프앤비가 비엔티안에 옥수수 생산을 위해 (주)코라오에너지가 같은 지역에 입성하였다. 2010년 (주)엠따불유홀딩스는 커피재배를 위해 참파삭주에 정착하였다.

다. 중앙아시아

중앙아시아에는 1991년 소련이 해체된 후 15개 공화국 가운데 발트 삼국과 그루지야를 제외한 11개 공화국이 참여해 창설한 독립 국가 연합(Commonwealth of Independent States: CIS)이 있다. 키르키스스탄, 우즈베키스탄, 타지키스탄에 우리의 농업이 진출하여 활동하고 있다.

1) 키르기스스탄: 면적 199.9천㎢, 인구 6.1백만 명, 수도 비쉬켁(Bishkek; 93.38만 명), 민족구성은 키르기스인(64.9%), 우즈벡인(13.8%), 러시아인(12.5%), 언어는 키르기스어, 러시아어(이상 공용어), 종교는 회교와 러시아 정교, 산업구조에서는 서비스업 56%, 농업 18%, 제조업 26%이며 1인당 GDP(2016년) 956달러이다. 주요 수출품은 면화, 양모, 담배, 금, 우라늄, 수은, 천연가스, 기계류 등이고 수입 품목은 석유, 가스, 기계·설비, 화학제품, 식료품 등이며 부존자원은 수력자원, 금, 석탄, 석유, 천연가스, 기타 희귀금속이 많다. 경제적인 강점으로 수력자원의 개발 잠재력이 매우 크며 약점으로 낙후된 사회간접자본, 빈약한 부존자원, GDP 대비 높은 외채비중을 가지고 있는 것이 지적되고 있다.

키르기스스탄에는 2009년 동원농산종묘가 감자재배를 위해 츄이주에 들어갔고 2010년 ㈜성생개발과 코도스 농업개발이 상륙하여 고추와 체리를, 코도스는 옥수수와 밀을 경작하고 있다.

2) 우즈베키스탄: 면적 447.4천㎢(한반도의 2배), 기후 대륙성 사막기후, 인구 31.3백만 명(2016년 기준), 수도 타슈켄트(Tashkent: 237.1만 명), 민족 우즈베키스탄인(80.0%), 러시아인(6.0%), 타지크인(5%), 언어는 우즈베키스탄어(공용어)와 러시아어이다. 종교는 이슬람교(88%:수니파)와 동방정교회(8%)가 주를 이룬다.

산업구조(2016년)는 서비스업 47%, 제조업 34%, 농업 19%로 1인당

GDP는 2,131달러이다. 주요 수출품은 금, 면화, 에너지, 광물비료, 금속, 직물 등이며 주요 수입품은 기계·설비, 식료품, 화학제품, 금속 등이다. 주요 부존자원으로 천연가스, 석유, 석탄, 금, 우라늄, 은, 동이 많다. 이 나라의 경제적 강점은 천연가스, 금 등의 천연자원에 대한 개발 잠재력이 양호하다는 점이다. 경제적 약점으로서 시장경제체제 전환이 미흡하고 1차 산업 위주의 취약한 산업구조를 가지고 있다는 점을 들 수 있다. 여기에는 한 개의 사업체 ㈜명성프라콘이 2010년 토마토 재배를 위해 나보아주에 입성하였다.

3) 타지키스탄: 면적은 143.1천㎢(한반도의 2/3), 인구 8.8백만 명(2017년), 수도 두샨베(Dushanbe:77만 명), 민족은 타지크인(84%), 우즈벡인(14%), 러시아인(2%), 언어는 타지크어(공용어), 러시아어를 사용한다. 종교는 이슬람교(90%: 수니파, 시아파)가 대세를 이룬다.

산업구조(2016년)는 서비스업 43.6%, 제조업 25.9%, 농업 27.8%이며 1인당 GDP(2017년)는 819달러이다. 주요 수출품(2016년 기준)은 알루미늄, 전력, 면화, 과일, 의류 등이며 주요 수입품은 석유제품, 알루미나, 기계·설비, 식료품 등이다. 주요 부존자원으로 수력, 우라늄, 수은, 갈탄, 납이 있다. 경제적 강점으로 풍부한 수력자원과 고품질의 면화생산이 지적되고 약점으로는 낙후된 사회간접 자본을 들 수 있다. 여기에는 2009년 ㈜지씨앤티가 누에고치를 생산하기 위해 호센트 지역에 양잠업을 시작하였다.

라. 기타 지역

브라질에 3개, 우루과이, 뉴질랜드, 마다카스카르에 각각 1개 농기업이 진출하여 활동하고 있다. 브라질에는 돌나라통상이 바이아주 2개

지역에 밀과 콩 재배를 위해 2009년에 진출했고 다른 업체도 콩의 생산을 위해 진출하였다. ㈜지비루트는 목화도 겸하여 생산하고 있다.

우루과이에 나가 있는 ㈜인성실업은 까넬로네주에서 옥수수, 밀뿐만 아니라 양돈과 양계를 생산하는 복합영농을 실현하고 있다. 뉴질랜드에는 ㈜서해건설이 화카타니지역에 옥수수를 생산하고 있다. 마다가스카르에는 2008년 대우로지스틱스가 안타나나리보지역에 130만ha에 이르는 광활한 땅에 농장을 개설하고 100만ha에 옥수수를 재배하며 30만ha에 야자나무를 식재할 계획이었으나 정권이 바뀌면서 전 정권의 계약을 파기한다고 선언하여 중단되었다.

3. 진출지역 농업개발의 문제점

가. 투자국과 기지국과의 토지 임차관계

넓은 토지에 비하여 인구가 적은 나라에서는 농지의 개발이 경제발전의 기초가 될 수 있다. 일자리 창출과 인프라의 구축 그리고 농산물 생산으로 식량을 자급하여 외화유출의 방어가 가능해지기 때문이다. 자본과 기술의 문제로 인해 황무지 상태로 방치하고 개발하지 않은 대지가 세계 곳곳에 남아 있다. 우리의 해외 농업 진출지역은 대부분은 이렇게 사람의 손길이 닿지 않았던 완전한 미개발 토지이다. 이런 곳을 경작지로 만드는 일이다.

곡물메이저의 횡포가 미치지 않고 WTO, FTA 등 국제규범에 제한받지 않으며 농업생산 요소가 저렴한 지역으로 러시아의 연해주지역, 몽골의 동부지역 도르노트(Dornot), 헨티(Henti), 수흐바타르(Sukhbaatar)의 3개 도(아이막), 미얀마의 북쪽 만달레이(Mandalay)지역, 그리고 브라질 동부 마투그로소(Mato Grosso)지역이 적지로 알려지고 있다. 이들 지역에는 이미 한국기업이 진출해 개발 중에 있거나 토지임대가 약정되어 있는 곳도 있다.

FAO는 2009년 '토지 수탈인가 개발 기회인가(Land grab or development opportunity)?'라는 보고서에서 식량부족 국가들의 식량안보를 위한 해외 농지 확보문제를 다루었다. 보고서는 빈곤한 사람들이 농지와 물에 접근할 수 없게 되는 우려와 위험성을 지적하고 있다. 농지를 제공하는 국가의 이익이 보증되지 않을 뿐 아니라 그 지역에 살고 있는 기존의 빈민들에게 생존과 관련된 토지, 물, 초지 등의 자원이 적정한 보상도 없이 투자자에게 일방적으로 수탈될 것을 우려하고 있다. 최근 5년간 가나, 에티오피아, 말리, 마다카스카르, 수단 등지에서 해외국가와 체결한 농지투자계획은 영국 전체 경작지 규모와 맞먹는 250만ha에 달하는 것으로 알려지고 있다. 스위스의 세계적인 식품기업인 네슬레는 아프리카와 남미 등에 이태리 국토 절반에 해당하는 1,500만ha의 농지를 확보한 것으로 집계되었다. 사우디아라비아는 수단과 에티오피아에 투자를 결정했고 ㈜하코드는 수단에서 6만 톤의 밀을 생산하고 '자나트'는 4,000만 달러를 투자하여 21만ha의 농지를 확보하였다.

중국은 천연자원 확보를 목표로 아프리카에 투자를 쏟아 붓고 있다. 2,000여 개의 기업이 진출해 있고 인프라 투자 명목으로 수십억 달러를 지원하고 있다. 그러나 중국의 투자가 아프리카 나라들의 독재정권에 금고만 채워주고 근로자 채용에 있어서는 자국민을 우대해 현지인들의 실업난 해소에는 도움이 되지 못한다는 불만이 나오는 실정이다. 최근에는 세계적으로 해외 농지 수탈에 대한 논란이 거세어지고 있다. 특히 아프리카에서 일어나고 있는 일들은 개발 기회를 빙자한 농지수탈이며 신식민주의(Neo-colonialism) 부활이라는 것이다. 풍부한 자금을 갖고 있지만 농지와 물이 부족한 식량수입국(중동국가들), 인구가 많고 식량 확보에 불안을 느끼는 나라들(중국, 한국, 일본, 인도 등)이 식량생산 기반을 확보하기 위해 해외 농지투자에 열을 올리고 있다. 투자는 주로 생산비용이 낮고 농지와 물이 풍부한 개도국이 대상이 된다. 투자처의 선정은 지리적 근접성과 기초 식량작물 생산에 적합한 기후조건에 따라 좌우된다. 원유가격이 상승함에 따라 바이오 연료생산을 위해 농지를 구하기도 한다.

해외에서의 대규모 농지취득의 문제점은 가난한 개도국의 농업과 농촌 지역이 바라는 투자가 이루어질 가능성은 있지만 현지인들의 생계와 생태계의 지속 가능성을 위협할 수 있다는 점이다. 농지 임대차 협정은 농촌개발 투자를 정하는 경우에도 투자자가 매우 강한 협상력을 가지기 때문에 투자대상 지역사회는 불평등한 조건을 강요받게 된다. 이주를 피할 수 없게 되는 소규모 농지보유자는 이런 강력한 국가적 국제적 당사자와 협상할 때 스스로 유리한 조건으로 협상할 수 없으므로 해외 투자자가 약속이행과 시설공급을 게을리 해도 단념할 수밖에 없다. 소규모 농지보유자가 정식 토지소유권을 가지지 않고 관습적 결정으로 농지를 이용하고 있는 경우에는 교섭력의 불평등이 훨씬 증폭된다. 정식으로 국가가 농지 소유권을 가지고 있는 경우가 많기 때문에 빈곤한 사람들은 아무런 상담이나 보상도 없이 농지에서 쫓겨나기도 한다. 대규모 농지취득은 가난한 사람들이 농지와 물을 이용하는 안전망을 빼앗는 것으로 그들의 복지를 더욱 위협하게 한다.

국제식량정책연구소(IFPRI)가 해외 농지확보를 위하여 투자국에 권하는 행동규범의 내용은 다음과 같다. ① 충분한 정보에 의한 사전 자발적 동의가 있어야 하고 특히 원주민과 주변 민족의 권리가 보호되어야 한다. ② 관습적 결정으로 농지를 이용한 것을 포함하여 기존 농지에 대한 권리가 존중되어야 한다. ③ 투자대상 지역사회는 해외농업 투자에서 이익을 얻어야 하고 손해를 보아서는 안 되며 이익을 공유하여야 한다. ④ 토양악화, 생물다양성 감소, 온실가스배출 증가, 물의 전용을 막는 건전하고 지속가능한 농법이 전제되어야 한다. ⑤ 국가 무역 정책의 존중으로서 가뭄 등 이상기후로 인한 국가 식량 안전보장이 위기에 놓일 때는 국내식량 공급을 우선해야 한다. 식량위기 기간 중 해외 투자자는 수출할 권리를 가져서는 안 된다. 따라서 투자국이 우선하여 식량을 선적해서는 안 된다는 것이다.

한편 2012년 5월 FAO는 개도국 농토를 이용할 때 개도국의 토지매입이나 임대에 있어서 가이드라인을 제시하였다. 각국 정부에 조상으로부터 대대로 내려온 지역 토착민의 토지, 바다어장, 숲에 대한 이용권을 인정·보호해 줄 것을 권고하고 있다. 또 토지 매매 시에는 공정한 가치평가가 이뤄지도록 하고 농부들에 대한 신속한 보상을 보장하도록 권고하고 있다. 토지 관련 기록도 투명하게 유지하고 여성에게도 남성과 동등한 토지 소유권을 보장하도록 했다. 민간 기업에도 인권과 지역민의 권리를 보호할 책임을 부여해 매매 계약을 할 때에도 지역사회와 의논할 것을 권고했다. 그러나 이러한 가이드라인을 회원국에 강제할 수 없어 법적 구속력이 있는 것은 아니어서 실행으로 이어질지는 의문이다.

나. 해외생산의 농산물 도입

우리농업의 해외진출에는 적지 않은 난관이 있는 것이 사실이다. 해외 농업개발의 기본적인 목적은 국내에서 생산이 부족한 곡물을 해외에서 생산하여 반입하자는 것이다. 그러나 해외에 풍부한 농지가 있다고 해도 생산기지의 여건이나 조건이 투자를 어렵게 하거나 투자 이후 농산물이 생산되었다 하더라도 유통의 문제로 국내까지의 반입이 문제가 될 수도 있다. 농장조성을 위한 도로개설, 관개수로, 전기, 저장, 기지국의 법령과 조세 등이 대표적인 것이다. 생산지에서 곡물을 생산하고 반입을 위해 선적했을 때 식량이 충분치 않은 그 나라 주민들의 저항은 어떻게 처리해야 할 것인가? 문서에서 약속한 대로 출항이 가능할 것인가? 그뿐만 아니라 생산기지국의 곡물수출 엠바고와 같은 조치를 받을 경우 투자국은 곤경에 처할 수밖에 없는 위치에 놓이게 될 수도 있다.

농업의 해외 진출은 막대한 초기투자가 필요한 반면 수익은 장기간에 걸쳐 회수될 수밖에 없고, 국가 간의 신뢰와 수익을 확보하기 위한 제도적 보호 장치 등이 필요하다. 또한 전략적 해외농업에 대한 우리 농업인들의 인식전환과 합의 과정이 무엇보다 중요한 과제이다. 기업뿐 아니라 지방자치단체도 해외농업 개발에 나서고 있다. 경북도는 캄보디아와 필리핀에 진출가능성을 타진하는 사료곡물 시험생산을 한바 있다.

세계 각국에서 우리나라 기업과 농업인이 농장을 만들기 위해 농로, 용·배수로, 진입도로 등의 시설투자가 이루어지고 있으나 정작 국내에 도입된 곡물량의 통계는 나와 있지 않다. 개발초기에는 숙련노동력의 확보가 어렵고 장비구입이나 시설을 위한 대규모 투자가 이루어져야 한다. 일반적으로 진출지역에는 농자재산업과 유통산업이 발달되지 않아 유통비용이 높을 수밖에 없다. 그뿐 아니라 농장의 토질개선, 품종의 선택, 비료의 안정적인 공급, 농장인력의 공급과 유지를 위하여 농장 내의 취락시설 형성, 주민의 후생, 편의시설의 공급 등 우선적으로 고려하여야 할 사항이 많다. 식량기지 건설은 식량위기를 대비하기 위해서이다. 2008년 곡물가격이 치솟아 식량위기가 왔을 때 각 나라들이 수출을 규제하기 시작했다.

식량생산 기지를 만들어 땅을 개간·경작하고 생산만 하는 것으로 끝나는 것이 아니다. 거기가 오지라면 생산된 곳에서 선적시설까지 나오기 위해 전기를 끌어와야 하고, 저장시설, 도로건설, 필요하면 철도도 만들어야 한다. 많은 부분이 토목공사이다. 해외식량기지를 위해 필요한 토목건설을 하지 않으면 안 된다는 의미이다.

그렇다면 생산된 농산물을 반드시 엄청난 비용을 들여서 국내에 도입만 고집할 것이 아니라 현지에서 판매 처리하는 방법이나 가공하여 판매하는 방법도 고려해야 한다.

4 맺는 말

　우리나라 식량의 생산과 수입 그리고 세계 주요 곡물의 수확면적과 생산량, 곡물의 국제무역과 국내도입을 다루었다. 또한 우리의 해외농업 진출 그리고 문제점을 지적하였다. 곡물가격이 불안정한 원인은 많은 사람들이 공통적으로 지적하고 있는 것처럼 '수급불균형'이다. 수급불균형은 식량안보에 직결되어 있다. 수급불균형은 어디서 오는가? 경제적, 정치적 환경적인 요인들이 복합적으로 내재되어 있다. 수요측면에서 인구증가, 소득증가로 인한 육류소비의 증가, 국제원유가격 상승으로 인한 식물연료(바이오 에너지)정책이 식량으로 소비해야 할 물량이 전환되기 때문이다. 미국, 유럽연합, 브라질, 캐나다가 대표적인 국가들이다.

　정치적인 수급불균형을 초래할 수 있는 것은 곡물 수출국들이 식량 민족주의 또는 식량 자원을 무기화하는 것이다. 농산물 무역제한 조치로 특정 농산물에 대한 통상금지, 국내소비자를 보호한다는 명분하에 수출물량 통제나 수출세를 인상하여 수출제한을 유도하는 식량자원을 정치·외교적 수단으로 이용하는 것이다.

　한편으로 환경적인 위협요소를 부정하지 못한다. 농지의 잠식, 물 부족, 사막화, 지구온난화로 인한 기상변화 그리고 토지생산성의 한계가 여기에 해당된다. 지난 반세기 동안 놀라운 경제 발전을 이룩한 이면에는 열대우림의 벌채, 토지의 비농업 전환, 동식물 서식지의 다양성 상실 등 환경적인 요인이 있었다. 이것들은 국제적인 식량수급에 영향을 주었다.

　농업은 사양 산업이다. 우리나라 전체 GDP 중에서 농업이 차지하는 비중은 1970년 25.4%에서 해마다 감소하여 2016년 1.8% 정도를 차지하고 있기 때문이다. 산업화에 따르는 압축 성장과정에서 2, 3차 산업의 높은 성장에 비해 1차 산업은 상대적으로 저성장을 계속하였기 때문이다. 그러나 총량적으로 잘나가는 휴대전화나 자동차 등의 수출을 위해 농업부문이 좀 희생을 해야 한다는 논리다. 그러나 농산물은 공산품이 아니다. 휴대전화는 없어도 살지만 농산물이 안정적으로 공급되지 못하면 생존의 위기를 맞게 된다.

농산물이 자유로운 교역상품이냐 하면 반드시 그렇지 않다는 점에 문제가 있다. 농산물은 자국 내 소비를 우선할 수밖에 없는 속성을 가지고 있다. 곡물가격 파동으로 실제 식량위기가 발생했을 때 많은 국가들이 농산물 수출을 금지해 온 역사를 가지고 있다.

우리나라와 같이 인구는 많고 농경지가 부족한 나라에서는 해외농업 개발의 당위성을 가진다. 우리는 곡물수입에서 곡물메이저의 영향을 받으며 70% 전후의 곡물을 수입하고 특정 국가에서 80%의 농산물을 수입하는 실정에 있다. 국제 곡물 가격 변동의 충격을 흡수할 수 있는 보호막이 현재로선 없다는 점이다. 곡물조달 시스템이 낙후되어 이를 개선하고 곡물 수출국의 제재에 대비할 수 있는 식량안보체계를 구축하는 것이 시급하다고 보는 것이다.

현재 우리나라의 해외곡물 확보는 민간 기업이 현지에서 생산 판매하는 해외식량기지 형태로 이루어지고 있다. 그러나 진출기업의 곡물생산량이 소규모이고 유통량을 확보하지 못해 반입이 어려운 실정이다. 정부는 해외농장에서의 곡물생산과 국내유통을 연계한 해외곡물 확보 전략을 추진하고 있다.

한국의 해외 농업 진출은 많은 시행착오를 거듭하고 있다. 아르헨티나의 야타마우카 농장매입, 중국 흑룡강성 삼강평원 개발, 마다카스카르 농지 임대계약의 파기 등은 시초에서는 매우 의욕적이고 장래성 있는 유망 투자로 자신했으나 결과는 모두 실패로 돌아간 대표적인 사례들이다. 좀 더 일찍이 파라과이 빼드로 농장, 아르헨티나 루한 농장과 산하비에르 농장에는 농업이민 형식으로 진출했으나 전원이 이탈해 도시지역으로 나갔고, 칠레의 떼노 농장은 현지인에게 임대 중인 것으로 알려지고 있다. 그 외에도 밀을 재배한 대륙종합개발(중국)과 옥수수를 재배한 한국남방개발(인도네시아) 등 많은 업체가 사업의 실효성이 의문시되는 경우가 있다는 것이다.

식량안보와 관련해 대통령이 해외농업개발을 강조하면서 지식경제부, 외교통상부, 농촌진흥청, 농림식품부가 '해외농업 개발협력단'을 구성하였다. 또한 국회의 해외농업개발 촉진법이 통과되면서 기업이나 개인농업인의 해외 진출이 활발해졌다. 앞에서 지적된 바와 같이 전기, 도로, 수송망이 없는 지역에서 대규모 자본투입이 이루어지고 토목공사가 진척된 후에도 생산된 농산물을 국내까지 반입하는 문제, 생산된 물량이 소량이어서 유통량이 확보되지 않는 문제가 발생한다.

곡물조달 시스템 구축 방법은 해외농장에서의 생산된 농산물의 우선구매, 현지 생산농가와의 계약재배, 현지 중개인을 통한 현물구매의 방법 등으로 현지에서 곡물을 확보하여 국가 곡물조달 시스템을 통하여 국내에 반입한다는 것이 물류유통의 핵심이다. 해외 농장을 확보해 곡물을 생산하는 생산기지로서 농장뿐 아니라 해외 곡물의 매입과 유통, 국내 도입을 담당하는 유통망이 구축되어야 할 것이다. 해상운송으로 국내반입을 우선하고 제3국으로의 무역도 진행시키는 것이다.

우리나라의 해외농업 개발이 곡물 자주율을 높일 뿐 아니라 우리 농업 기술을 개도국에 전수하여 개발도상국의 농업생산성 향상에도 크게 기여하는 상생의 방향으로 추진해야 할 것이다. 이를 위해 정부는 해외농업 투자와 동시에 투자대상국에 ODA(공적개발원조)를 통한 농업기술과 국제농업협력 사업을 본격화하여 '식량영토'를 확장해 나가야 할 필요가 있다.

그러나 토지 사용의 권리 확보의 어려움, 진출 지역의 대규모 인프라 투자, 복잡한 행정절차 등의 제약 요인으로 대규모 해외농장 개발은 아직 초기단계에 와 있다. 가난한 개도국의 농업과 농촌지역이 바라는 투자가 이루어질 가능성은 있지만 현지인들의 생계와 생태계의 지속 가능성을 위협할 수 있다는 점을 들어 국제기관이나 다른 나라들로부터 비난을 받고 있는 것도 사실이다.

참고문헌

1. 강체첵, 2009, '한국의 식량안보 확보 방안으로서 해외농업개발'(석사학위논문), 서울시립대학교
2. 권태진, 남민지, 김완배, '해외농업개발과 협력의 연계', 농촌경제연구원, 2010
3. 김병률, '식량위기 극복을 위한 해외농업개발전략', 국회도서관보 제45권 제5호 통권 제348호, 2008
4. 김병률, 전익수, 윤종열, '식량 안보 및 해외농업 물류체계 구축', 한국농촌경제연구원, 2010
5. 김용택 외 6인, '식량안보체계 구축을 위한 해외농업개발과 자원 확보 방안', 한국농촌경제연구원, 2010
6. 김용택, 조우림, 성진근, '해외농업개발의 성공모델과 전략', 한국농촌경제연구원, 2010
7. 농림수산식품부, '농림수산식품 주요통계', 2011
8. 승준호, 한석호. '국제곡물 수급 동향과 전망', 한국농촌경제연구원, 2011
9. 이은수, '식량안보를 위한 해외 농업개발 지원사업 소개', 《농어촌과 환경》 통권 제106호 pp.24-33 한국농어촌공사, 2010
10. 통계청, '통계로 본 한국의 발자취', 1995
11. 한국농어촌공사, '해외농업개발사업 심포지엄', 2011
12. Lorenzo Cotula, Sonja Vermeulen, Rebeca Leonard and James Keeley, 'Land Grab or Development Opportunity?', FAO, IIED and IFAD IISD, 2009
13. Cardin Smaller and Howard Mann, 'A Thirst for Distant Lands: Foreign investment in agricultiral land and water', 2009
14. www.oads.or.kr/main.action
15. http://faostat.fao.org/default.aspx
16. www.mifaff.go.kr
17. www.kati.net/homepage/index.jsp
18. http://stat.kita.net
19. www.koreaexim.go.kr
20. http://blog.naver.com/lofsism
21. cafe.daum.net/kcambo.com
22. http://blog.daum.net/mutual

부록

세계의 역사적 기아에 관한 기록과 조선왕조의 대기근

주민들의 기근 상태에 관심을 가지게 된 것은 북한의 식량 부족 원인을 살펴보면서이다. 그러면서 역사적 기아 상태의 기록을 찾아보게 되었다. 조선왕조에서도 무서운 기근 상태가 존재했고, 세계적으로 나라마다 크고 작은 역사적 기근이 무수히 점철돼 있었음을 관찰할 수 있었다. 인구가 많은 중국과 인도에서 기근이 가장 빈번하게 발생했고, 유럽과 러시아에서도 기아 상태의 역사가 많이 기록되었다. 오늘날 세계인구 73억 명 중 아프리카와 동남아를 중심으로 약 10억의 인구가 기아 상태에 있는 것으로 파악되고 있다. 반면에 선진국을 중심으로 비만과 과체중 인구는 21억 명이나 되는 것으로 추정된다.

기근이나 기아는 한마디로 식량 부족에 의한 '배고픔' 상태가 지속되는 현상이다. 농업발전이 이루어지지 않아 증가하는 인구를 부양할 식량 생산이 부족한 상태이기도 하지만, 핵심적인 원인은 우연적인 기상재해나 정치적 목적 또는 전쟁에 의한 갑작스런 식량 부족 때문이다. 평상시에 공기나 물이 언제나 우리 곁에 있어 소중함을 잊고 지내듯이, 식량도 언제나 우리 주위에 상존하는 것으로 착각하기 쉽다는 것이 문제를 크게 만들 수 있다.

우리나라는 1961년 군사혁명 당시 혁명 공약 6개 항목 중 "민생고를 시급히 해결하고 국가 자주경제의 재건에 총력을 기울인다"는 내용이 있었다. 이는 우리의 만성적인 식량 부족을 해결하려는 의지라고 볼 수 있다. 1950~1960년대 당시의 부족한 식량은 미국으로부터 들여온 잉여 농산물에 의해 해결되었다. 특히 밀과 옥수수의 도입이 대표적인 곡물이었다. 군사정권은 식량증산 7개년 계획(1965~1971년)을 수립하고 기준 연도의 식량 작물 생산량 31,680천 석(4,562천 톤)에서 목표 연도 식량작물 생산량을 48,510천 석(6,985천 톤)으로 설정했다.

7개년 계획은 먼저 식량의 소비 패턴에 큰 변화가 없으며, 인구증가율은 2.88%에서 2.31% 수준으로 낮아질 것이고, 공업 원료와 사료 수요는 증가하고, 잉여 농산물의 도입 의존도는 점차 줄고, 농업 생산조건과 농업구조에는 큰 변화가 없을 것이라는 6가지 가정하에 세워졌다. 정부는 이와 같은 식량증산 목표를 달성하기 위해 단위 생산성 증대(종자 갱신, 지력 증진, 토지기반 정비, 재배기술 개선 등), 기경지의 이용도 제고(작부체계 개선, 토지 이용도 분류 등), 경지확장, 재해대책(병충해 방제, 기상장애 대책, 천수답 재해 극복을 위한 직파 장려 등), 시책 구현수단 강화(시책추진 태세 강화, 생산여건 지원 등)에 대해 다양한 시책을 마련했다. 물론 증산 방법은 곡류별로 차이가 있어, 미곡의 경우 주로 단위 생산성 증대와 관개(灌漑) 개선에 의존하고, 감자류는 개간에 크게 의존해 증산하는 것으로 계획을 세웠던 것이다. 그리고 이와 같은 증산을 위해 토지개량, 개간, 시험사업, 농촌지도 등에 약 305억 원을 투융자하고, 이와는 별도로 미잉여 농산물 무상지원 90억을 개간에 투자하기로 했다.

정부는 이와 같은 계획이 제대로 추진될 경우 1964년 81.4%인 양곡 자급률이 1968년에 완전 자급자족을 이루고, 1969년부터는 수출할 수 있어 외화 획득에 기여할 것으로 전망했다. 그러나 실제로 벼의 경우 1971년 IR667(나중에 통일벼로 명명) 품종이 국제미작연구소로부터 도입된 이래 강력한 농촌 지도체계를 이용해 보급하게 됨으로써 1977년 쌀의 자급을 이루었다.

1960년대가 식량증산 계획 기간이며, 1970년대는 식량증산 실천 기간에 해당된다면, 1980년대부터는 밀과 옥수수를 제외한 식량자급 기간에 들어섰다고 볼 수 있다. 통일벼는 1980년의 냉해로 평년작(445만 톤)보다 약 90만 톤이 감소됨에 따라 식량을 수입하는 위기를 겪기도 했다. 통일벼의 단점들은 수년간에 걸쳐 육종으로 극복되었고 2016년에는 쌀 소비량 감소(1인당 평균 쌀 소비량 61.9kg/년)로 공급과잉에 의한 쌀값 하락이 발생하여, 농가소득 감소가 문제시되고 있다.

여기서는 과거의 세계적인 기아에 관한 역사적 기록과 최근의 기아 상태, 그리고 그 원인을 찾아보고, 조선왕조의 냉엄하고 무서웠던 기아 상태를 살펴보고자 한다.

1 기근(飢饉)의 원인과 측정

가. 기근과 기아(饑餓)의 정의

식량이 부족하여 '굶주림'의 상태를 표현하는 용어로 기근 또는 기아(飢餓)라고 표현한다. 사전적 의미는 흉년으로 먹을 양식이 부족해 지속되는 상태를 나타내고 유사어로 사용되고 있다. 또한 최소한의 수요도 채우지 못할 만큼 식량이 모자라는 상태를 이르는 동의어이다. 그러나 기아는 기근으로 인한 극심한 영양실조, 유행병, 사망률의 증가를 동반하여, 굶고 주림의 고통 상태가 지속되는 현상을 지칭한다.

남북 아메리카를 제외하고 전 세계의 모든 대륙은 역사를 통해 기근의 시기를 겪었고, 지금도 수많은 국가들이 극심한 기근에 시달리고 있다. 유엔식량농업기구(FAO)는 1인당 하루 1,800㎉를 섭취하지 못하는 경우를 영양 결핍으로 규정한다. 이는 일반인이 건강하고 생산적으로 생활하는 데 필요한 최저 기준이다. 식량 부족의 원인은 크게 두 가지로 나누어 볼 수 있다. 자연적 재해와 물리·인위적 원인이 그것이다.

1) 자연적인 재해

첫째, 기상이변이 있다. 가뭄, 홍수, 태풍, 한파 등으로 인한 작물의 수확이 없거나 부족해서 발생한다. 대부분의 흉작은 기상이변으로 발생한 경우가 가장 많고, 그것이 주민에게 고통을 주어 왔다. 삼국시대에서 조선왕조까지의 기록에 의하면 가뭄 피해가 가장 빈번했고, 다음으로는 홍수·해충·서리·태풍·우박 등의 피해 순이다. 이처럼 기상재해가 발생해 흉작을 유발시켰던 것이다.

제2차 세계대전 전후인 1942~1946년에는 비료 및 노동력 부족, 즉 사회경제적인 원인에 의해 흉작이 들기도 했다. 최근의 벼농사를 보면, 1952년 가뭄과 등숙기의 기상불순, 1962년과 1968년에는 주로 가뭄과 병충해, 그리고 1980년에는 여름철의 기온이 낮아 냉해로 인한 흉작을 기록했다. 발생 빈도와 정도는 농작물의 종류 및 지역에 따라서 큰 차이가 있었다.

둘째, 화산 폭발이나 지진은 엄청난 대기오염과 인명과 재산적 피해뿐 아니라 농작물 피해로 흉작을 불러온다. 해외에서 일어난 화산 폭발에 의한 대표적인 피해는 1980년 분출한 미국 St. Helens 화산 폭발로, 57,000㎢의 피해 면적에서 192백만 달러 농업 피해액을 발생시켰다. 이를 비롯해서 1995~1996년 뉴질랜드의 루아페후산(Ruapehu) 화산 폭발로 41,000㎢의 피해 면적과 젖소농장과 원예농장에 입힌 피해액은 130백만 달러(NZD)나 되었다. 2010년 인도네시아에서 일어난 Merapi 화산의 폭발로 인한 피해 면적은 19,870㎢였고, 농업 피해액은 1,400억 루피였다. 가까이 일본의 신모에봉(Shinmoe-dake) 화산은 2011년 분출로 564㎢의 피해 면적을 발생시켰고, 1,024백만 엔의 농업 피해를 주었다.

부산대 이윤정 교수(2013년) 등은 백두산 화산 폭발 시 남한 지역에 미칠 수 있는 피해 지역에 대해, 동해안의 강원도를 중심으로 화산재에 의한 피해를 추정했다. 화산재는 농작물에 직접적 피해를 줄 뿐 아니라 토양 산성화를 유발하는 등, 농업 분야에 심각한 영향을 줄 수 있다는 것이다. 연구 결과 2010년 강원도 농업 총생산량을 기준으로 했을 때, 화산재가 약 4㎜ 정도 쌓이게 되면, 강원도 총 농업 생산액의 약 50%에 피해를 끼치는 것으로 추정했다.

셋째로, 작물의 병충해도 흉작의 원인이 될 수 있다. 농약에 의해 방제할 수 있다고 하지만, 열대지방에 체재하며 농업지원과 연구를 경험하고 귀국한 전문가는 작물의 등숙기나 추수기에 몰려오는 쥐, 메뚜기나 새떼의 무차별 공격은 제어하기 난감했다고 증언했다.

2) 물리·인위적 원인

전쟁과 정치적 기아, 전염병, 사고 등으로 식량이 부족하여 주민을 굶게 만들고 죽게 하는 경우이다. 문명이 발달되지 않은 19세기 이전에는 주로 자연재해에 의한 기근이 많았다. 그러나 20세기에 들어서며 세계 1, 2차 세계대전과 이념의 갈등으로 냉전시대를 겪으면서 가혹한 기아 상태를 유발하고, 수천만 명이 기근을 겪고 사망했다. 전쟁과 정치적 기아는 이어지는 논의에서 더 살펴보기로 한다.

나. 기근의 측정: 세계기아지수(Global Hunger Index: GHI)

주민의 기근 정도를 어떻게 계량화해 국가와 지역, 세계적인 지수로 비교하고 이용할 것인가? 이를 위해 기근 상태에서 발생하는 여러 가지 사회적 현상을 객관적이고 종합적으로 측정하고 개발된 것이 세계기아지수이다.

아일랜드의 비정부 조직(NGO)인 컨선 월드와이드(Concern Worldwide),* 독일의 NGO인 세계기아원조(Welthungerhilfe),** 그리고 미국의 연구기관인 국제식량정책연구소(IFPRI)***가 협력해서 전 세계 나라들을 대상으로 기아지수를 측정하며 매년 조사하여 발표된다. 2006년 10월 처음으로 정식 발

---

* 아일랜드 더블린에 위치. 1968년 설립. 비정부 기구. 전 세계의 개발이 필요한 지역 주민들의 구호, 지원, 증진과 관련한 비종교적이고 자발적인 기구. 각 국가의 가장 가난한 자들을 대상으로 활동한다.
** 독일의 비정부 세계 기아 원조기구. 본부는 본(Bonn)에 있다. 1962년 설립했다. 목표는 기근과 빈곤의 타개이며, 개발도상국 빈곤 지역의 자립을 도와 기아와 빈곤을 벗어나도록 돕고 있다.
*** International Food Policy Research Institute:기아와 빈곤을 종료하기 위한 지속가능한 해결방법을 모색하는 비영리 단체로 1975년 설립되었다. 워싱턴 D. C.에 본부를 두고 기아와 빈곤, 식량안보, 농업, 천연자원, 영양, 정책분석 등 광범위한 사회과학분야에 연구초점을 두고 있다.

표를 한 뒤, 매년 세계 식량의 날(10월 16일) 전에 발표해 오고 있다. 한국에서는 컨선 월드와이드의 주도로 2015년 이후 한국어로도 발표되고 있다.

2016년 세계 기아지수 보고서는 국가, 지역 및 세계 기아에 대한 다차원 척도를 제시하면서, 2000년 이래 세계가 굶주림을 줄이는 데 진전을 보였지만 아직 갈 길은 멀고, 특히 50개국에서의 기아 수준은 여전히 심각하거나 놀랄 만한 상태에 있다고 보고했다. GHI는 4가지 구성을 지표로 삼아 작성되고 있다.

① 인구의 영양실조 비율: 전체 인구 중 영양 결핍에 걸린 사람의 인구 비율(칼로리 섭취가 부족한 인구수를 반영)
② 허약 아동: 체중이 가벼운 5세 미만 아동의 비율(신장에 비해 체중이 가벼운 것으로, 급성 영양실조의 지표)
③ 발육장애(성장부진)의 비율: 발육이 부진한 5세 미만 아동의 비율(나이에 비해 신장이 작은 것으로, 만성 영양실조의 지표)
④ 영·유아 사망률: 5세 미만 영·유아의 사망률(불충분한 영양 섭취와 불결한 환경의 치명적인 상승 효과를 부분적으로 반영)

영양실조의 비율에 관한 자료는 유엔 식량 농업기구(FAO)의 자료이며, 아동의 소모성 질환 및 발육장애에 관한 자료는 유니세프(UNICEF), 세계보건기구(WHO), 세계은행에서 수집되고 있다. <표 A-1>은 2016년 국제식량정책연구소(IFPRI)에서 118개 국가의 GHI 발표 중 20점 이상의 50개 국가의 기아지수를 정리한 것이다. 이 지수는 0점이 굶주림이 없는 가장 좋은 상태를 나타내고, 100점이 최악의 기아 상태를 나타낸다. 10.0점 미만의 값은 낮은 정도의 기아 상태, 10.0에서 19.9는 중간 정도, 20.0에서 34.9는 심각한 배고픔, 35.0에서 49.9는 위중한 배고픔, 50.0 이상의 값은 극심한 위험기아 수준을 반영한다고 설명하고 있다. 심각하고 위중하며 극심한 기아 수준을 나타내는 나라들의 분포는 아프리카와 아시아 지역의 개발도상국가에 집중돼 있다.

표 A-1. 세계 각국의 기아 상태 GHI 지수(1992~2016년)

국가	1992년	2000년	2008년	2016년	국가	1992년	2000년	2008년	2016년
과테말라	28.4	28.0	21.9	20.7	라오스	52.2	48.8	33.9	28.1
감비아	33.5	27.9	24.5	20.9	기니	46.1	44.4	33.9	28.1
캄보디아	45.3	44.7	26.6	21.7	탄자니아	42.1	42.4	32.9	28.4
네팔	43.1	36.8	29.2	21.9	인도	46.4	38.2	36.0	28.5
케냐	38.5	37.6	29.6	21.9	북한	30.9	40.4	30.1	28.6
인도네시아	35.8	25.3	28.6	21.9	짐바브웨	36.1	41.0	35.1	28.8
미얀마	55.8	45.3	32.0	22.0	타지키스탄	-	40.3	32.4	30.0
이라크	19.6	24.9	24.5	22.0	라이베리아	49.7	47.4	38.6	30.7
모리타니	39.7	33.6	23.6	22.1	부키나파소	47.7	48.4	37.1	31.0
토고	45.2	38.5	28.2	22.4	나미비아	35.8	32.5	29.6	31.4
레소토	25.9	32.9	28.0	22.7	모잠비크	65.6	49.4	38.2	31.7
카메룬	40.4	40.3	30.5	22.9	지부티	61.1	48.5	35.9	32.7
보츠와나	32.4	33.0	30.9	23.0	앙골라	65.9	57.8	40.5	32.8
베냉	44.6	38.1	31.8	23.2	에티오피아	70.9	58.5	43.0	33.4
스와질란드	24.8	30.9	30.0	24.2	파키스탄	43.4	37.8	35.1	33.4
나이지리아	49.5	40.9	33.6	25.5	니제르	64.8	53.0	37.1	33.7
스리랑카	31.8	27.0	24.4	25.5	동 티모르	-	-	46.9	34.3
코트디부아르	41.3	31.4	34.1	25.7	아프가니스탄	49.3	52.4	39.2	34.8
우간다	37.6	39.4	31.2	26.4	시에라리온	57.8	53.9	45.3	35.0
콩고	57.6	37.2	31.9	26.6	예멘 아랍	43.8	43.2	36.5	35.0
말라위	57.6	45.3	31.8	26.9	마다가스카르	44.6	44.2	37.1	35.4
방글라데시	52.4	38.5	32.4	27.1	아이티	51.6	42.8	43.4	36.9
르완다	54.6	58.7	37.9	27.4	잠비아	47.1	50.4	45.2	39.0
기니비사우	45.2	43.9	31.9	27.4	차드	62.5	51.9	50.9	44.3
말리	50.2	43.9	34.4	28.1	중앙아프리카	52.2	51.5	48.0	46.1

자료: 2016 Global Hunger Index

중앙아프리카 공화국과 차드는 극심한 기아 상태로, 기아지수(GHI)가 각각 46.1점과 44.3점을 기록했다. 두 나라는 2000년부터 이어진 기아 지수 백분율의 감소폭이 낮을 뿐만 아니라, 2016년 가장 높다. 두 나라의 기아 상태가 이처럼 심각한 가장 주된 이유는 내전으로 인해 식량

안보가 위협을 받았기 때문으로 볼 수 있다. 여기에 기후변화로 인한 작물 생산량 감소, 대규모의 난민 유입 그리고 폭력적인 대립 상황 등이 더해져 더욱 심각한 상황이 되었다.

기아 상태의 감소율이 가장 큰 나라는 르완다, 캄보디아, 미얀마이다. 세 나라의 기아지수는 2000년부터 2016년까지 무려 50퍼센트 이상의 감소율을 보여, 다른 어떤 국가들보다 크게 개선된 기아 상황을 보여주었다. 세 나라에서 이처럼 기아가 크게 개선된 것은 기아의 주된 원인이던 내전이 종식되고, 그 이후 정치적인 안정을 되찾은 데에서 그 이유를 찾을 수 있다. 세 나라의 2016년 세계기아지수는 각각 27.4점, 21.7점, 22.0점을 기록했다.

한편 세계기아지수(GHI)가 대부분의 개발도상국들을 대상으로 산출되지만, 내전이나 분쟁, 폭력적 충돌, 정치 불안 등의 이유로 일부 자료를 구할 수 없는 국가들 역시 존재한다. 부룬디, 코모로스, 콩고 민주공화국(DRC), 에리트리아, 리비아, 파푸아뉴기니, 소말리아, 남 수단, 수단, 시리아아랍 공화국 등 10개국은 여전히 기아 상황이 심각한 것으로 추정된다.

개발도상국의 2016년 세계기아지수는 21.3이다. 이 기아 상태의 수준은 여전히 심각한 것으로 간주되지만, 2000년 GHI 29보다 상당한 개선을 나타낸다. 북한의 GHI는 2016년 28.6으로, 여전히 심각한 기아 상태에 있는 식량 부족국가로 분류돼 있다.

2
세계의 역사적 기근에 관한 기록들

 국가와 사회의 가장 큰 재난은 식량 부족으로 인한 고통을 참고 생존을 유지하기 위해 고전하는 투쟁일 것이다. 과거 수많은 왕조가 사라진 배경에는 기근이 있었다. 무서운 가뭄의 역사는 세상을 바꾼 대기근으로 이어지고, 기아선상에서 주민들의 생사를 넘나드는 고통의 역사가 기록돼 있다. 여기서는 동서양의 세계적인 기근 몇 가지 사례를 살펴보고, 그 원인과 경과, 결과를 살펴본다.

가. 세계의 역사적인 기근

1) 아일랜드(Ireland) 대기근

 아일랜드는 어떤 나라인가? 영국 서쪽에 있는 면적은 70천㎢로 한반도의 1/3 정도이며, 수도는 더블린(Dublin), 인구 470만 정도의 섬나라이다. 민족은 아일랜드(켈트족)인이 85%로 압도적이며, 공용어는 영어이고 아일랜드어도 사용되고 있다. 종교는 가톨릭이 85%로 우세하며, 개신교는 3%로 많지 않다. 1921년 영국으로부터 700년간의 속박을 벗어나 독립했다.

 그러나 아일랜드의 북쪽은 영국령의 북아일랜드로, 면적은 14천㎢이며 주 도(州都)는 벨파스트(Belfast)로서 인구는 약 175만 명 정도이다. 북아일랜드 분쟁은 1960년대 말에 시작되어 30년 동안 암살, 테러, 폭력 등으로 3,500명 이상의 사망자를 발생시켰고, 부상자를 포함한 사상자의 수는 50,000명을 훌쩍 넘었으며, 1998년 벨파스트 협정으로 마무리되었다.

본질적으로 정치적 문제로서, 민족적·종교적 차원에서 분쟁이 전개된 것도 사실이다. 연합주의자 또는 왕당파들은 대부분 개신교인으로서, 북아일랜드가 영국 연합왕국 내부에 계속 '연합'돼 있기를 원했다. 그러나 민족주의자 또는 공화파들은 대부분 천주교인으로서 북아일랜드가 영국을 탈퇴하여 통일 아일랜드를 구성하기를 원했던 것이다.

2016년의 아일랜드 산업구조는 서비스업 60%, 제조업 39%, 농업은 1% 정도이며, 부존자원은 천연가스, 토탄, 납, 아연, 구리, 은이 산출되고 있다. 우리나라와는 1983년 외교관계를 수립했다. 오늘날 1인당 GDP는 68,604달러(2017년)로 영국(38,847달러)보다 크게 앞서 있다.

아일랜드 역사상 최악, 최강의 기근은 1847~1852년의 기근으로서, 인구의 1/3을 아사시켰다. 감자역병이 시작된 1842년, 미국 동부에서 대규모의 감자마름병으로 인해 감자 농사가 주저앉게 되었다. 이 역병은 북미 전역으로 확산된 다음, 다시 배를 통해 전 유럽으로 번지기 시작했다. 역병에 걸린 감자는 다른 세균이 침입하면서 2차 감염으로 썩게 되었다. 1845년 여름의 아일랜드는 유난히 비가 잦았던 탓에 밀과 같은 다른 작물의 작황도 엉망일 뿐만 아니라, 감자역병 감염에 최적의 환경을 제공했다. 그럼으로써 감자와 우유가 주식이던 아일랜드 주민의 기근이 시작되었다.

아일랜드인구의 30% 이상인 약 100만 명이 아사했다. 그리고 100만 명은 미국과 캐나다로 이민을 하고, 인구의 30% 미만이 생존했다. 그 정도로 치가 떨리고 무서운 기근이었다. 당시 아일랜드는 영국의 지배 하에 있었고 민족, 종교, 정치적 갈등 속에 차별받고 있었다. 영국인들은 아일랜드인을 '흰 침팬지 또는 흰 검둥이'로 멸시했고 '하나님의 심판이 도래해 기근이 발생했다'고 비방했다. 천주교가 대다수였던 아일랜드인에게 영국 성공회를 믿도록 강요했으며, 아일랜드 전통의 켈트 문화를 말살하는 정책을 시행했다. 그래서 그들의 언어를 사용하는 것과 전통 축제를 금지시키고, 이를 어기는 경우 무자비하게 처형했다. 영국인들이 건너와 토지는 영국의 지주가 소유했고, 아일랜드 주민은 지대를 납부하고 땅을 경작했다. 더블린 항에는 당시 구차했던 기근으로 떠나는 조각상이 전시돼 있다(그림 A-1).

1879년 아일랜드에는 또 다른 3차 대기근의 흉년으로 고통받게 되어, 소작인들은 지주들이 소작료를 낮추어 줄 것을 아일랜드 북동부 지역의 경작지 지배인으로 부임한 찰스 보이콧(Charles C. Boycott)에게 요구했다. 이 요청은 영국 본토에 있는 지주에게 연락했으나, 지주는 와보지도 않고 거절했던 것이다. 오히려 지배인 보이콧을 시켜 반드시 소작료를 징수하도록 했다. 이로 인해 소작인들은 일치단결해서 보이콧 주거지의 청소, 요리, 우편물 배달, 정원 일 등 모든 협력을 거부하고 지배인을 '왕따'시키는 작전을 펼쳤다. 그는 아사 직전까지 갔고, 결국 출동한 군대에 의해 구출되었다.

보이콧은 결국 1,000명이 넘는 경찰의 도움을 받아 소작료를 징수하는 데 성공했으나, 그해 겨울 결국 아일랜드를 떠나야 했다. 그리고 다음해 영국 수상 윌리엄 글래드스턴(William E. Gladstone)은 아일랜드인들의 요구를 들어주는 법령을 제정하는 것으로 끝났다. 이것이 '보이콧'이라는 일반 성(姓) 씨가 불매, 배척, 제재, 절교란 의미의 보통명사가 된 유래이다.

그들은 얼마나 가난했을까? 굶주리게 되자 기르던 개나 고양이를 잡아먹고, 심지어 시신을 베어 먹는 사태까지 이르게 되었다. 또 다른 지역에서는 먹지 않는 바다 해조류(Irish moss)를 먹기 시작했는데, 그것이 오늘날까지 식용으로 남게 되었다.

경제학에서 기펜재(Giffen)란 개념이 있다. 아일랜드 대기근 때에 발생한 특이한 경제 현상을 발견한 로버트 기펜(Robert Giffen)의 이름을 딴 것이다. 보통의 재화는 가격이 떨어지면 수요가 늘어나는데, 기펜재는 가격이 하락해도 수요량이 오히려 감소하는 특이한 경우의 재화를 말한다. 너무 가난했던 아일랜드인들은 가격이 내려가면 오히려 구입을 주저하는 이상한 현상이 있었다는 것이다. 기펜재는 특정한 재화를 가리키는 것이 아니라, 그런 현상을 가리키는 용어이다.

꾸준히 열등재를 사용해 오던 어느 날, 어떤 이유로 이 '싸구려'의 가격이 내려갔다면, 소비자는 내린 가격만큼 돈을 아낄 수 있다. 이것은 가격이 내려간 만큼 돈을 덜 썼기 때문에 자신의 소득이 늘어난 것과 같은 기분이다. 보통 소득이 늘어나면 물건을 더 사기 마련이지만, 이 제품은 너무나 싸구려였던 터라, 소득이 여유가 생기자 이 싸구려는 이제 그만 쓰고 좀 더 좋은 제품을 쓰게 된다는 것이다. 당시 열등재인 감자 가격이 내리자 소비가 감소하고, 우등재인 빵의 소비가 증가한 내용의 현상을 발견하여 명명하게 된 것이다. 이처럼 가격이 하락하면 수요량이 줄어드는 완전 싸구려(열등재)가 바로 기펜재이다.

대기근의 피해가 유독 아일랜드에서 심각했던 이유는 아일랜드인의 절대적인 주식이 감자였기 때문이다. 아무리 주식이라 해도 다른 대체 작물로 연명하면 최소한의 삶은 유지할 수 있다. 하지만 아일랜드에는 대체 작물이 없었다. 대체 작물을 심지 않아서가 아니라, 밀과 옥수수 등 아일랜드에서 생산된 작물의 대부분을 영국 지주들이 본토로 가져갔기 때문이었다. 게다가 대기근으로 목숨이 위태로운 아일랜드 소작인들의 상황을 아랑곳하지 않았던 지주들은 그나마 재배된 감자를 소작료로 거두어가기도 했다. 아일랜드는 지배자였던 그레이트 브리튼 아일랜드 연합 왕국인 영국 정부에 도움을 요청했다. 그러나 영국은 아일랜드 기근이 '신의 뜻을 거스른 아일랜드인들에 대한 하나님의 심판'이라며 도움을 외면했다.

오늘날 굶주림에 못 이겨 대서양을 건넜던 아일랜드인들은 미국 43명의 대통령들 중 앤드류 잭슨(Jackson), 존 F. 케네디(Kennedy), 리처드 닉

슨(Nixon), 지미 카터(Carter), 로널드 레이건(Reagan), 조지 H. W. 부시(Bush), 빌 클린턴(Clinton), 조지 W. 부시(Bush), 버락 오바마(Barack Obama) 등 최소한 15명 이상이 포함된다. 그들은 아이리시 혈통을 지녔다고 알려지고 있다. 2010년 통계에 의하면 아일랜드계 미국인의 수는 3,467만 명으로, 미국 인구의 10.5%에 이르는 수준이며, 이는 아일랜드 공화국 인구의 7배를 넘는 수준이다.

그림 A-1. 더블린 항구의 기근 조각상   그림 A-2. 우크라이나 기근 때의 어린이들

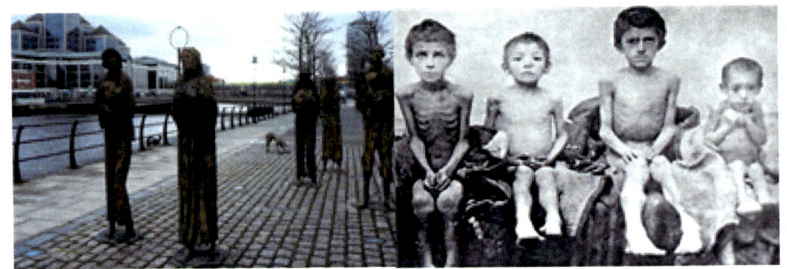

출처:Great_Famine(Ireland), wikipedia   출처:Holodomor, wikipedia

2) 우크라이나(Ukraine)의 홀로도모르(Holodomor)

우크라이나는 소비에트 연방의 해체로 1991년 독립한 신생국가로서 독립국가 연합(CIS)의 준 회원국이다. 동유럽에 위치하고, 남쪽과 남동쪽으로 흑해와 아조프 해, 동쪽과 북동쪽으로는 러시아, 북쪽과 북서쪽으로는 벨라루스, 서쪽으로는 폴란드, 슬로바키아, 헝가리, 남서쪽으로는 루마니아, 몰도바와 국경을 접한다. 면적은 604천㎢(한반도의 2.7배)이며, 수도는 키예프(Kyiv)이다.

대륙성 기후이지만 온화한 편이며, 인구는 42.5백만 명(2016년)이다. 민족 구성은 우크라이나인(78%), 러시아인(17%), 벨라루스인(1%) 등으로 이루어져 있다. 언어는 우크라이나어(공용어, 68%), 러시아어(30%)를 사용하고, 종교는 우크라이나 정교가 대세를 이룬다.

1인당 GDP는 2,459달러(2017년)이며, 산업 구조(2016년)는 서비스업

59.5%, 제조업 27.3%, 농업 13.8%로, 농업 비중이 상대적으로 낮다. 우크라이나의 경지율은 약 70%에 이른다. 곡창지대에서 겨울 밀, 옥수수, 보리, 사탕무, 해바라기, 포도 등의 재배, 가축 사양 등이 이루어져, 소련 시절 매우 중요한 지위를 차지하고 있었다. 약 12,000명의 고려인이 거주하고 있다. 주요 부존자원은 철광석, 석탄, 망간, 천연가스, 석유, 소금 등이며, 우리나라는 1992년 수교하여 외교관계를 수립했다.

소비에트 연방 시절 우크라이나는 1921~1922년, 1932~1933년간 두 차례에 걸쳐 큰 기근을 겪었다. 여기서 설명하려는 것은 두 번째 기근이다. 스탈린이 집단농장 체제에 저항이 심했던 우크라이나에 대해 인위적으로 탄압해 일으킨 기근으로, 홀로도모르(Holodomor)라 불린다. '기아로 인한 치사의 의미로서, 이로 인한 사망자 수는 적게는 8백만 명에서 많게는 1천만 명 이상으로 추산되고 있다. 이때의 대기근은 정치적·행정상의 결정으로 비롯되었다는 사실에 분노를 느끼게 한다.

스탈린의 농장 집단화 정책은 소련의 농촌 지역에서 커다란 반발을 불러일으켰다. 이는 특히 개인 농장경영의 전통이 깊은 우크라이나와 돈강(Don river) 유역에서 심했다. 산업화에 필요한 자본을 농업부문에서 공급하려던 스탈린은 농민들의 반발로 산업화 계획의 큰 위협에 맞닥뜨리게 되었다. 농산물의 생산이 기대에 못 미치자 소련 정부는 그 책임을 부농(富農)인 쿨라크(Кулак)들에게 전가시키고, 이들이 생산한 곡물을 내놓지 않고 있다며 부농들의 농장을 습격, 식용 또는 종자용을 포함해서 보관된 모든 곡물을 압수했다. 농민들은 집단농장에서 농사일에 필요한 가축들을 내놓느니 차라리 도살함으로써 저항했다. 나중에는 일할 소들이 부족해져서 농사지을 수 있는 면적이 급격히 감소하게 되었다.

결과는 비옥한 토지로 유명한 우크라이나 평원의 농촌 지역에 대기근을 맞이하게 되었고, 그 피해는 도시 지역이 아니라 주로 농촌 지역의 인구에 집중적으로 나타났다. 소련 정부는 기근에 대한 보고를 인정하지 않고, 외국 기자들의 기근 지역 출입을 막아 정보를 통제했다. 기근에 대한 정보가 새어 나가는 것을 막기 위해 돈강(Don river) 유역, 우크라이나, 북카프카스, 쿠반 등지에 출입이 금지됨으로써 독 안에 든 쥐의 신세로 기아 상태를 방관했던 것이다.

기가 막힐 일은 우크라이나의 농민들이 굶어죽는 동안에도 소련의 농산물 수출은 증가했다는 사실이다. 다수의 증언에 따르면, 기차를 통해 기아를 탈출하려던 수많은 어린이들이 당국에 체포되어 고아원에 보내지거나 농촌으로 되돌려져, 곧 영양실조로 사망했다고 한다(그림 A-2).

한편 스탈린은 농장 집단화를 반대하거나 1920년대의 우크라이나 민족주의 정책을 지지했던 우크라이나 관리들을 숙청하고, 우크라이나에 대한 통제 수위를 강화했다. 한편 수출용 곡물 수탈은 계속되어 농민들의 반발이 잇따랐다. 그러나 당국은 마을을 통째로 강제 이주시키는 등, 반발에 강력히 대처했다. 이 같은 폭정은 1941년 독소전쟁 초기 우크라이나인들이 나치 독일군을 해방자로 맞아들이게 되는 이유가 되기도 했다

우크라이나 홀로도모르의 기근에 관한 글이나 논의는 공식적으로 거부되었고, 기근으로 죽은 사람들의 무덤에 기념물을 세우는 것조차 허용되지 않았다. 1980년대 후반 고르바초프가 페레스트로이카(Perestroika: 개혁)를 주창하기 전에는 기근 문제에 관한 어떤 담론도 범죄로 분류되었다.

3) 중국 허난성(河南省) 대기근

일본은 대륙 침략을 위해 1931년 만주사변을 일으키고 중국의 동북지방을 점령한 후 '만주국'을 설립, 식민지로 만들었다. 이후 일본은 1937년 베이징 교외의 작은 돌다리인 '루거우차오(蘆溝橋)'에서 일본군과 중국군 사이에 일어난 작은 사건을 빌미로 일방적인 공격을 개시했다. 다리 위에서 사라진 일본군 사병으로 말미암아 확대된 사건은 일본의 조작이었고, 중국을 공격하면서 전쟁으로 확대되었다.

일본의 공격으로 베이징·톈진(天津)이 함락되고, 일본은 독가스까지 쓰면서 전쟁을 상하이로 확대시켰다. 1937년 12월에는 중화민국의 수도 난징(南京)을 점령해 무고한 시민 수십만을 잔인하게 살육했고, 여성들을 강간하고 약탈했다. 그 뒤 후베이성(湖北省)의 우한(武漢)을 공략하고, 광둥(廣東)에서 산시(山西)에 이르는 남북 10개 성(省)과 주요 도시의 대부분을 점령했다.

한편, 중국 측은 국민당과 공산당의 내전으로 혼란을 거듭했으나, 일본의 공격을 막아내는 것이 우선이라는 국공합작(國共合作)을 이루면서, 항일 민족통일 전선을 형성해 본격적인 항전을 시작했다. 일본군은 전쟁 전체 기간에 걸쳐 중국인 1,200만 명을 죽였다. 중국 민족 그 자체를 적으로 여기는 전쟁처럼 많은 중국인을 살육했다. 이것이 중일전쟁이었는데, 이 전쟁 중 허난성(河南省)에서 대기근이 일어난 것이다(『두산백과』 참조).

허난성(河南省)은 '중원(中原)'이라 불리는 중국의 곡창지대이다. 1938년 중일전쟁 당시 일본군이 허난성을 공격하며 화북(華北) 지역의 대부분이 일본군에게 점령당할 위기에 처해 있었다. 국민당 장제스(蔣介石)는 일본군이 서쪽으로 공격해 오는 것을 차단하기 위해 정저우(鄭州)의 황하 유역에 위치한 화위안커우(花園口) 제방을 폭파했다. 1938년 6월 6일 제방이 폭파되자 황하가 범람하여 주변 일대는 수몰되었다. 이 때문에 약 90만 명이 사망하고, 약 1,250만 명의 이재민이 발생했다.

이 사건이 일본군에게 미친 피해는 미미했다. 중국의 민간인들에게만 막대한 피해를 입힌 사건이었다(그림 A-3).

그림 A-3. 花園口 황하제방 폭파로 인한 홍수
출처:花園口 大紀元資料圖片

그림 A-4. 레닌그라드 공방전(1941~1944년)
출처: siege of Leningrad, Wikipedia

정보가 새어 나갈까 봐 주민들에게 대피 정보를 알려주지 않았기 때문이다. 더욱이 이 폭파가 일본군에 의해 저질러졌다고 역선전을 함으로써 반일감정을 일으키려 했다. 문제는 그다음이었다. 수원(水源)이 파괴되자 엄청난 면적의 경작지는 습지나 늪지로 변해 작물재배 면적이 3분의 1로 줄고, 수로와 우물은 메말랐으며, 가축도 몰살되어 농사를 지을 수 없었다. 허난성의 69개 현(縣)은 국민당 장제스 군대에, 그리고 42개 현은 일본군의 점령하에 있어서 대치하고 있었다. 일본군은 점령지에서 물자를 확보하기 위해 약탈과 살육을 감행하여 식량, 물자, 인력을 충당했다.

장제스 국민당 군대도 일본군과 대치하는 상황에서 철도를 이용한 물자보급이 어려워지자, 주둔 현지에서 물자를 조달해야 했다. 따라서 농민들에게 준 피해는 일본군의 약탈이나 별다른 차이가 없고, 더 심했다고 한다. 특히 허난성 작전지구 부사령관 탕언보(湯恩伯) 부대는 식량, 가축, 집기, 징집 등을 수행함에 있어 뇌물을 주면 면제해 주는 대신, 면제된 만큼의 물량은 다른 호구에 강제로 부과했다. "백성이 죽으면 땅은 중국 땅으로 남아 있지만, 군대가 굶어죽으면 일본 땅이 되어버리니 어쩔 수 없다"며, 수탈해 가는 행위를 저질렀다. 오죽하면 이 시기의 4대 해악 중에 탕언보의 수탈 행위가 들어 있겠는가! 화위안커우 제방 폭파, 1942년의 가뭄, 1943년의 메뚜기 떼, 그리고 탕언보 군대의 주민 학대가 그것이었다.

지독한 한발에 이은 메뚜기 떼의 습격은 하늘을 뒤덮어 옥수수, 조, 수수 등 모든 작물을 모조리 먹어치웠으므로 식량이 고갈되었다. 새들의 똥을 주워 소화되지 않은 알갱이를 찾았고, 도자기를 만드는 부드러운 흙(관음토)을 먹고 장 폐색으로 죽기도 했다. 먹을 수 있는 모든 산야초 식물과 열매는 무엇이든 먹어야 했던 것이다. 앉아서 굶어죽느니 자식을 팔거나 아내를 파는 '인간시장'이 형성되었다는 상상하기 어려운 행태가 있었다고 한다. 이런 고통의 기근 속에서도 메뚜기를 먹을 생각은 왜 못 했는가 하는 의문이 든다. 하늘이 보낸 재앙을 먹으면 죽을 것이라고 믿었는지도 모른다. 굶어죽는 것보다 먹고 죽는 것이 낫다고 생각은 못 한 것인가! 이 기근의 고통으로 300만 명이 아사했다. 일본군이 점령했던 지역까지 합하면 500만 명은 되리라고 추정된다.

부패하고 주민의 인심을 얻지 못한 장제스 군대는 대륙에서 쫓겨나 대만으로 밀려났고, 농촌을 근거로 주민의 마음을 얻은 마오쩌둥은 땅을 얻고 중화인민공화국을 세우는 데 성공했다.

4) 마오쩌둥(毛澤東)의 대약진 운동(1958~1962년)

1949년 10월 1일 북경 천안문(天安門) 광장에서 마오쩌둥은 전 세계를 향해 중화인민공화국이 성립되었다고 선언했다. 마오는 근대적인 공산주의 사회를 만드는 것을 목적으로, 1958년부터 1962년 초까지 마오쩌둥의 주도로 시작된 농·공업의 대증산 정책을 펼쳤다. 이를 대약진 운동이라고 말한다.

경제 건설을 기치로 '인민공사(人民公社)' 설립을 결정했다. 농업을 기본으로 공장, 상점, 병원 등을 경영하고, 교육기관과 자체 민병대까지 갖춘 종합 조직이었다. 사회주의 건설을 가속화하고 농공업 대증산을 이룩하겠다는 것이다. 특히 농업 정책에 있어 악명 높은 '인민공사'의 설립은 농민을 집단화하고 생산을 공산화하는 데 목적이 있었다.

인민공사의 주축은 농민이고, 조직은 군대식으로서 전 중국 차원의 거대 조직이었다. 수십 가구로 된 '생산대'에 이어 '생산대대'→'인민공사'로 이어지는 피라미드식이었다. 눈에 보이는 것은 모두 인민공사 소유라는 말처럼, 토지와 농기구는 물론 가축도 인민공사 것이었다. 생산도 집단으로 이뤄졌다. 여기에 밤낮으로 대약진 운동이라는 구호가 전국에 넘쳐 흘렀다. 수백만 명을 처형하며 사상개조를 마친 터라, 처음에는 농민들의 반응이 절대적이었다. 이런 지지에 힘입어 3개월 후에는 모든 농민이 참가한 가운데 전국에 26,000개의 인민공사가 생겼다.

대약진 운동에 따라 집단 농장화를 추진하던 중, 무리한 계획의 실행 등으로 약 2.0~4.5천만 명의 사람들이 식량 부족으로 사망했다. 그러나 중국 정부는 이 대기근에 대한 공식적인 언급이 없었다. 단지 자연재해에 의한 대기근으로만 묘사했다. 당시 기근이 너무나 심해서 경찰서에서는 인육을 먹는 사람들을 체포한 기록이 있다. 어떤 아버지는 곡식 한 줌을 훔친 아들을 산 채로 땅에 묻어버리라는 공산당의 지시를 받고 자살했다. 재난을 겪은 사람들이 이처럼 많이 죽었으나, 기록도 공산당에 의해 파괴되어 증거나 사건에 대한 기록도 없다. 철저하게 실정의 잘못을 감추고 증거인멸을 해버린 것이다.

급조된 개혁은 탈이 날 수밖에 없었다. 함께 일하고 함께 분배한다는 '균등'이 특히 문제였다. '소유'라는 기본적 욕구가 사라진 생산 현장은 생기를 잃었다. 생산량은 날로 줄었지만 보고서엔 날로 증산하는 것으로 보고되었다. 농촌의 현실을 무시한 무리한 집단 농장화나 농촌에서의 철강 생산 등을 진행시킨 결과, 3,000만 명에 이르는 사상 최악의 아사자를 내고 큰 실패로 끝이 났다.

1956년 공산당을 비판한 지식인들을 1957년 '반 우파 투쟁'으로 척결하고 있어서, 당시 탄압받을 것을 우려한 지식인들은 침묵으로 일관했다. 그러나 1959년 7월 2일부터 8월 1일까지 강서성의 루산에서 개최된 루산회의(廬山會義)에서 공산당의 요인 펑더화이(彭德懷)가 대약진의 문제점을 지적하자, 마오의 노여움을 사서, 그의 지지자와 함께 실각시켜 버렸다. 이 결과 대약진에 대한 반대 의견이 없어지는 동시에 한층 무리한 할당량이 부과되고, 할당량을 달성할 수 없던 현장 지도자들은 부풀린 성과를 보고하게 되고, 그 보고를 받아들인 마오는 보다 많은 증산을 명령하는 악순환에 빠지게 되었다.

1958년에는 마오쩌둥이 참새를 가리키면서 "저 새는 해로운 새다"라고 한마디 한 것 때문에 참새잡이 광풍이 불어 참새 개체수가 급락하고, 해충이 창궐해 대흉년을 초래했다. 1960년에는 중국의 총농경지의 반을 차지하는 농토가 가뭄, 태풍 및 여러 가지 수해에 휩쓸렸으며, 농토의 반 이상이 막대한 피해를 받고 흉년을 맞게 되었다.

경제정책에 대한 비난이 심해지자, 마오는 이들을 제거하기 위해 홍위병을 이용한 혁명을 도모하여, 대기근에 대한 기록을 삭제하고, 또다시 통치기반을 확충했다. 대약진 운동은 제2차 세계대전의 전체 사망자 수(3,000만 명~5,000만 명)에 이르는 인구를 전쟁 한 번 없이 굶어죽게 함으로써 경종이 되고 있다.

1962년 대약진 운동의 실패를 인정한 마오쩌둥은 국가 주석을 사임했다. 이 대약진 운동은 인류 역사상 가장 거대한 규모의 원시 공산주의 실험이었다. 비록 4년(1958~1962년)에 불과했지만, 그 결과는 참담했다. 정부 공식 발표로만 볼 때, 비자연적으로 사망한 수가 2,158만 명이다. 주요 사인은 아사였고, 학자들은 인류 역사상 최악의 구황으로 기록하고 있다.

5) 상트페테르부르크(레닌그라드) 공방전

1941년 6월 독일은 독·소 불가침조약을 무시하고 180만 대병력을 투입해 소련을 기습 공격했다. 2개월 이내에 대 소전(對蘇戰)을 승리로 이끈다는 히틀러의 계획에 따라 나치군은 모스크바, 레닌그라드, 우크라이나 3개 방향으로 진격을 개시했다. 레닌그라드는 제정 러시아 시절부터 수도이자, 러시아의 정치적·경제적·문화적 중심지이면서, 유럽을 향한 창구 역할을 하는 도시였다. 소련 정권으로서도 1차 대전 당시 러시아 혁명이 일어나 러시아 공산 정권의 시발점이 되었다. 레닌 사후 그의 이름이 붙은 이 도시는 수도 모스크바 못지않은 상징적, 이데올로기적 중요성도 넘치는 곳이다.

　이곳의 함락은 독일에게나 소련에게나 매우 큰 사건이 될 것이 틀림없었다. 그러나 소련의 방위력이 의외로 강해 독일의 단기 결전 계획은 수포로 돌아갔다. 더욱이 혹독한 겨울 추위로 독일군은 수세에 몰리게 되었다. 다음은 레닌그라드 공방전 시기에 독일군의 고사 작전으로 레닌그라드에서 있었던 처절한 생존의 기록이다.

　나치 북부 집단군의 레닌그라드 공격은 7월 중순에 시작되었지만, 상당히 견고하게 구축된 방어선에 좀처럼 성과를 거두지 못하고 있었다(그림 A-4). 그 이유는 총 시민 총동원령으로 도시 전체를 요새화했기 때문이다. 도시 주변 2,500㎞에 목재 바리케이트 190㎞, 철조망 635㎞, 대전차 함정과 지뢰밭 700㎞, 벙커 5,000개의 도시를 둘러싼 요새를 건축했던 것이다. 독일군의 탱크 진입을 막음으로써 독일군과 3년 가까이 대치하면서 레닌그라드시는 기아에 휩싸이고 말았다.

　서쪽은 바다, 동쪽은 호수, 북쪽은 핀란드로서 지리적으로 아주 불리했다. 나치 독일군은 도시 고사 작전에 돌입해서 공습과 포격으로 인한 화재로 아비규환이었고, 전기, 수도, 연료, 식량이 끊겼다. 이런 가운데도 약 900일 동안 버텼다. 굶주림으로 인해 죽은 인간을 비롯하여 태울 수 있는 모든 것을 난로에 넣었다.

　벽지의 풀을 녹여 먹었고, 모피 가죽을 물로 끓여 먹기도 했다. 농업연구소 직원은 곡물 종자를 지키며 굶어죽기까지 한 눈물겨운 사건들이 점철돼 있다. 호수가 언 기간 중에는 식량과 보급품을 조달했으나, 나치군의 포격으로 많은 사상자와 보급품의 손실이 발생하기도 했다.

　1944년 2월 독일군이 전선이 불리해져 퇴각함으로써 전쟁은 종결되었다. 약 150만 명이 직·간접적으로 포격과 기아 때문에 사망했고, 레닌그라드는 영웅도시라는 칭호를 얻었다. 귀중한 문화유산이 파괴되거나 땔감으로 쓰였으나, "트로이도 로마도 함락되었으나 레닌그라드는 함락되지 않았다"라고 역사에 남는 유산을 얻은 것이다. 대 독일 항전 전사의 부부가 외

아들을 잃었으나, 건강을 회복한 후 1952년 둘째를 출산했다. 러시아 블라디미르 푸틴 대통령이 출생했던 것이다.

6) 일본의 에도(江戶) 4대 기근

에도 4대 기근(江戶四大飢饉)은 일본 에도 시대에 이상기후, 해충, 자연재해, 화산 폭발 등으로 인해 흉작이 연이어져 발생했다. 이들 기근 중에 그 규모가 매우 컸던 네 차례의 기근을 4대 기근으로 부른다. 연대별로 a. 간에이(寬永: 1642~1643년), b. 교호(亨保: 1732년), c. 텐메이(天明: 1782~1787년), d. 덴포(天保: 1833~1839년) 대기근이다. 그중에서도 텐메이(天明) 기근이 가장 심했다고 알려져 있다. 17세기는 전 세계적으로 소빙하기에 해당하는 시기였기 때문에, 전반적으로 한랭하여 냉해 등으로 인한 흉작과 기근이 빈발했다.

텐메이(天明) 기근은 도호쿠(東北) 지방을 중심으로 그 피해가 컸다. 1770년대부터 악천후나 이상냉해 등으로 농산물 생산이 급감하고 있었다. 1783년 아오모리(靑森) 현 이와키산과 아사마산이 분화해 각지에 화산재를 쏟아냈다. 화산의 폭발로 이재민이 발생하고, 화산재는 농작물에 직접적인 피해를 주었으며, 산성비는 논밭을 황폐화시켰다. 일조량이 줄어들어 냉해가 발생하여 농작물에 치명적인 타격을 주었다. 수확할 작물이 없으니 기근이 몰려온 데다, 역병으로 치안 상태는 극도로 악화되고, 쌀가게 폭동을 비롯한 각종 소요가 빈발했다.

여기에 당시 도쿠가와 막부의 중신인 다누마 오키츠구(田沼意次)가 중상주의 정책을 추진하는 것도 문제였다. 중상주의 정책으로 쌀값이 통제되지 않고 폭발적으로 치솟아 일본 전국으로 기근이 확산되었다. 각 번(藩)*에서는 문책을 피하기 위해 아사자 수를 줄였다. 그런 탓에 당시 기록보다 실제 아사자 수는 한 자리쯤 더 많다는 것이 일반적인 견해이다. 당시 난

---

* 일본에서는 에도 시대의 1만 석 이상의 소출을 내는 영토를 보유한 봉건영주인 다이묘(大名)가 지배한 영역과 그 지배 기구를 가리키는 용어이다. 이후 메이지(明治) 시대에는 이 말을 공식 명칭화했고, 지금도 역사 용어로 사용되고 있다.

부(南部) 번에서 기록된 것만 아사자 40,850명, 병사자 23,848명, 가족 전멸로 폐허가 된 집이 10,545채가 되는 등, 상상을 초월하는 대기근이 혼슈를 휩쓸었다. 농촌에 먹을 것이 없어지자 사람들은 도시로 몰려왔고, 불만에 가득 찬 사람들의 분노가 폭발해 미곡상과 고리대금업자들에게 몰매를 가하기도 했다(『나무위키 백과』).

난민들이 속출했을 당시 상태가 양호했던 지역의 사람들이 먹을 걸 나눠주기도 했지만, 몇 개월간 아무 음식도 먹지 못한 위장(胃腸)이 갑작스레 음식을 섭취하면 발생하는 쇼크에 의해 사망하는 사건이 빈번하게 일어나기도 했다. 처음엔 좋은 의도로 지원해 주다가 이후 난민을 받아들이지 않는 지방이 늘어났고, 그러자 난민이 더욱 늘어나게 되는 상황이 벌어지기도 했다.

먹을 게 없던 사람들은 독성을 지닌 피안화(彼岸花)라는 빨간 꽃을 따서 삶아 독을 우려내서 먹었다. 하지만 이 꽃마저 모조리 뽑혀 없어지고, 이후 본격적으로 사람들이 굶어죽었다. 아오모리 현 하치노헤(八戸)시의 타이세인(対泉院)이라는 절에는 당시의 기근으로 사망한 사람들을 추모하는 비석이 1785년에 건립되어 있다. 비석의 뒷면에는 기근으로 인육까지 먹었다는 이야기가 기록돼 있다.

나. 세계의 주요 기근 발생 연표

다음의 기근 발생 연표는 추정 사망자가 기록된 것을 중심으로 연도와 사건 원인, 발생 지역과 추정 사망자 수를 나타냈다. 지구상에서 일어난 기근 상태가 각 나라, 각 지역에 따라 얼마나 많았을 것이며 기록이 되지 않은 기근은 또 얼마나 많았을 것인가! 북아메리카와 대양주를 빼고는 어디에서나 찾을 수 있었다. 특히 중국, 인도, 러시아에서 기근 발생 빈도가 높았다.

표 A-2. 세계의 기근 발생 연표

연대	내용	지역	추정 사망자 수
BC 431년	고대 로마 시대 기록된 최초 기근	고대 로마	
BC 26년	근동과 지중해 지역의 기근	유대지역	2만 명 이상
535~536년	극심한 기후변화	세계적 현상	
800~1000년	극심한 한발로 인한 기근과 물부족 (자신들의 문명파괴로 인한 내부 붕괴로 시작)	중남미 마야지역	100만 명 이상
1064~1072년	7년 기근	이집트	4만 명
1097년	기근과 전염병	프랑스	10만 명
1235년	잉글랜드 기근. 런던 지역에서만 2만 명 사망	잉글랜드	2만 명
1460~1461년	칸쇼(寬正) 기근	일본	8.2만 명
1601~1603년	러시아 역사상 최악의 기근 중 하나. 모스크바에서만 10만 명 사망, 에스토니아 지역 인구의 반이 사망, 폴란드·리투아니아의 침공, 러시아 정치적 불안정, 화산폭발 등의 원인	러시아	200백만 명
1640~1643년	간에이(寬永) 대기근	일본	5만~10만 명
1680년	이태리서해 아래의 섬. 사르디니아(Sardinia)기근	이태리	8만 명
1690년대	스코틀랜드를 휩쓴 기근. 인구의 5~15% 사망	스코틀랜드	6만~18만 명
1695~1697년	에스토니아 대기근으로 인구 20% 사망, 기근은 스웨덴으로 확대, 810만 명 사망	스웨덴제국	15만~17.5만 명
1702~1704년	데칸(Deccan) 지역의 기근	인도	200만 명
1708~1711년	동프러시아(옛 독일왕국)의 기근, 인구의 41% 사망	프러시아	25만 명
1732~1733년	교호(亨保) 기근	일본	16.9만 명
1769~1773년	벵갈의 대기근	현재 인도와 방글라데시	1,000만 명 사망
1770~1771년	체코 지역의 기근	체코	10만 명 이상
1780년대	텐메이(天明) 기근	일본	2만~92만 명
1783~1784년	차리사(Chalisa) 기근. 혹독한 한발	인도	1,100만 명
1789~1792년	도찌바라(Dojibara) 기근(두개골 기근)	인도	1,100만 명
1804~1872, 1913년	오스트리아 갈리시아 지역에서의 14회 연이은 기근	현재 폴란드, 우크라이나	40만~55만 명

연도	내용	지역	사망자
1810~1811년, 1846년, 1849년	중국의 4대 기근	중국	4,500만 명
1837~1838년	아그라(Agra) 기근. 극심한 가뭄	인도	100만 명
1845~1849년	아일랜드 대기근, 감자역병으로 기근 발생함. 150만~200만 명 이민	아일랜드	150만 명
1850~1873년	장발적(長髮賊) 반란, 한발, 기근으로 이 기간 중 6천만 명 이상 인구 감소	중국	6,000만 명
1860~1861년	인도 북서지역 도아브(Doab)의 기근. 극심한 한발	인도	200만 명
1866년	벵갈만 올리사(Orissa) 지역 기근. 강수량 부족	인도	100만 명
1866~1868년	핀란드 기근. 인구의 15% 사망	핀란드	15만 명 이상
1869년	라즈푸타나(Rajputana) 기근. 부족한 강수량	인도	150만 명
1870~1872년	페르시아 기근. 복합적인 기후 재앙	이란	200만 명
1876~1879년	인도, 중국, 브라질, 북아프리카 지역의 기근, 중국 북부 지역에서 1,300만, 인도에서 525만 명 사망	인도, 중국, 브라질, 북아프리카와 그 외 나라	1,825만 명 이상
1891~1892년	볼가(Volga)강을 따라 우랄 지방과 흑해까지 확대된 기근	러시아	37.5~50만 명
1896~1902년	한발과 영국의 정책에 기인한 기근의 연속	인도	600만 명
1907년, 1911년	중국 동·중부 지역의 기근	중국	2,500만 명
1914~1918년	1차 대전 중 식량공급의 봉쇄와 메뚜기 피해로 인한 기근(Mount Lebanon 지역)	레바논	20만 명
1914~1919년	1차 대전 중 독일의 봉쇄작전으로 인한 기근	독일	42.4~76.3만 명
1917~1919년	페르시아 기근, 이란 정부는 영국의 정책으로 기인한 것으로 주장(사망자 수는 미국자료)	이란	800~1,000만 명
1921년	러시아 기근	러시아	500백만 명
1921~1922년	러시아 타타르스탄(Tatarstan) 지역 기근. 소련에 대항하는 소수민족 압박으로 정부가 조직적으로 만든 기근으로 연구됨	러시아	50~200만 명
1932~1933년	집단농장화, 정부의 강제매상, 농민들의 가축도살 때문에 일어난 기근	소련, 우크라이나	우크라이나 700~1,000만 명
1936년	중국의 기근	중국	500만 명
1940~1948년	프랑스가 모로코에 설치한 급유시설 분쟁으로 일어난 기근	모로코	20만 명

기간	설명	지역	사망자
1941~1944년	독일군에 의한 900일간의 레닌그라드 봉쇄로 발생한 기근. 약 100만 명이 굶어죽고, 얼어 죽고, 폭격에 의해 사망. 기온 영하 40도	러시아	100만 명
1942~1943년	중국 하남성 기근. 일본군을 방어할 목적으로 황하유역에 위치한 제방 폭파로 인한 기근 발생	중국 하남성	200~300만 명
1944~1945년	일본의 자바 점령치하에서 기근 발생	인도네시아	240만 명
1945년	베트남 기근. 세계 2차 대전에 프랑스와 일본이 인도차이나에 개입되면서 곡물이 전략화되고 물자의 이동이 원활하지 못한 부작용	베트남	40~200만 명
1959~1961년	중국의 최대 기근. 마오쩌둥의 대약진운동을 위한 인민공사의 설립. 집단농장화를 추진 중 재해와 함께 무리한 계획의 실패	중국	1,500~4,300만 명
1968~1972년	아프리카 사하라 사헬(Sahel) 지역 한발로 인한 기근	마우리타니아, 말리, 차드, 니제르 등	100만 명
1975~1979년	크메르 루주에 의한 살해, 강제노역, 기근에 의해 200만 명 사망	캄보디아	200백만 명
1980~1981년	한발과 분쟁이 원인	우간다	3만 명
1984~1985년	에티오피아 기근	에티오피아	40만 명
1991~1992년	소말리아 기근. 가뭄과 시민전쟁	소말리아	30만 명
1996년	북한의 기근. 연구자에 따라 사망자 수 다름. 약 60만 명. 어떤 이는 20~350만 명으로 추정	북한	20만~ 350만 명
1998~2014년	제2콩고전쟁으로 굶주림과 질병으로 사망	콩고민주공화국	380만 명
2011~2012년	소말리아 기근. 2011년 동부 아프리카를 덮은 가뭄	소말리아	28.5만 명
2016~현재	사우디아라비아의 예멘 봉쇄로 인한 기근	예멘	5만 명 이상의 어린이와 미지의 성인들

자료: Wikipedia the free encyclopedia

3. 조선왕조의 기록적인 기근

 조선왕조에서 가장 무섭고 험난한 기근은 18대 현종 재위기간인 1670~1671년(庚戌-辛亥)에 있었던 경신 대기근과 19대 숙종 1695~1696년에 일어난 을병(乙丙) 대기근이었다. 경신은 경술-신해(庚戌-辛亥)년의 머리글자를, 을병은 을해-병자(乙亥-丙子)년의 머리글자를 따온 것이다.

가. 경신 대기근

 전대미문의 기아 사태로서, 조선 8도 전체의 흉작이라는 초유의 사태가 발생했다. 당시 조선 인구의 1,200~1,400만 명 중 약 10%인 120~140만 명이 아사나 질병에 의해 사망한 것으로 추계되고 있다. 가뭄과 이상저온, 풍수해, 병충해, 가축병, 전염병이 겹친 대재앙이었다. 1671년에 조정에서는 백성의 구휼에 적극적으로 나섰음에도 불구하고 엄청난 수많은 백성들이 얼어 죽고, 병들어 죽고, 굶어서 죽었다.

 이상저온으로 우박과 서리, 때 아닌 폭설이 그칠 줄 모르고 내렸고, 가뭄과 홍수까지 덮친 이상한 기상변화였다. 제주도에서 함경도까지 조선 팔도 전역에 전염병이 유행하는 등, 말 그대로 '재앙의 종합 세트'가 한반도를 뒤덮었다. 먹을 수 있는 초근목피는 물론 산야의 짐승과 새들, 나중에는 급기야 인육까지 먹는 참상이 벌어졌다. 그러나 조정에서는 송금(松禁), 주금(酒禁), 우금(牛禁)을 실시해 소나무 남벌, 금주와 소의 도살을 막아 미래를 대비토록 했다.

 경신 대기근 당시 1671년 여름 아사자 발생이 최고조에 달하자, 형조판서 서필원(徐必遠)이 청나라 곡물 도입을 정식으로 현종에게 건의하여, 청나라 쌀을 수입할 것을 논의했다. 그러나 청나라에 약점으로 잡힐 수 있다는 우려와 병자호란(인조 14년, 1637년)으로 인한 악감정, 낮은 기온으로 진창이 되어 버린 운송도로와 더불어 청나라에도 들었던 흉년 등으로 이 방안은 성사되지 못했다. 무서운 대재앙 앞에서 조선의 조정은 가능한 모든 조치를 취했으나, 사람들이 죽어나가는 것을 막을 수는 없었다. 경신대기근은 임진왜란과 병자호란보다 더 많은 사람을 죽게 한 최악의 재앙이었다.

1671년(신해)엔 경술년보다 더한 흉작이 기다리고 있었다. 면역력이 낮아져 전염병은 도시를 중심으로 퍼지기 시작했고, 아사자는 더 늘어났다. 왕실 종친들도 굶주림과 역병에 떨어야 했고, 벼슬아치들도 전염병을 피해 사직서를 내고 한성을 떠났다.

굶주림에 시달리지 않은 사람이 없었기에 인륜은 사치였다. 부모들은 아이들을 버리고 도망갔고, 무덤을 파헤쳐 시신의 수의를 벗겨 입고, 양식이 있으면 강도를 당했다. 나라에서 주는 죽을 받기 위해 같이 서 있던 남편이 죽었어도 죽을 받아먹고 나서야 곡을 한 아내도 있었고, 어머니가 자식을 잡아먹기까지 했던 지옥이 거기에 있었다.

천재(天災)였지만 조정의 행정력과 재난 대비 시스템이 있었기에 그나마 국가를 유지할 수 있었다. 조정은 전국에 의관과 의녀를 파견하고, 진휼청에서는 식량과 의복을 나눠주었다. 하지만 오히려 그 때문에 사람이 몰려 전염병이 더 빠르게 퍼져 나갔다. 비축해 둔 곡식도 별로 없어 진휼청(賑恤廳)*의 식량도 금세 바닥을 드러냈다.

나. 을병 대기근

숙종의 재위 기간 중에는 크고 작은 기근의 재난이 빈번했다. 숙종 8~9년, 숙종 11~13년, 숙종 21~25년, 숙종 30~34년, 숙종 43~44년을 꼽을 수

---

* 조선시대 굶주린 백성들을 구제하고 곡가를 조절하는 업무를 담당했던 관청.

있다. 특히 숙종 21~25년(1695~1699년)에 시작된 재난의 여파는 숙종 34년까지 계속 이어졌다. 숙종 1695년 조선에는 다시 100만 명이 굶어죽는 '을병(乙丙) 대기근'이 왔을 때 조정은 1697년 마침내 청나라에 양곡 지원 요청을 했다. 청나라는 다음해에 압록강변 중강에 쌀 3만 석을 실어와, 1만 석은 무상으로, 2만 석은 유상으로 판매했다.

한여름철인 7월 21일 강계 지방에 서리와 눈이 내리는가 하면, 8월 16일 진주 지방에도 10㎝ 정도의 눈이 내리는 등, 이때의 피해는 전국적이었다. 예상대로 숙종 22년의 기근은 심각했다. 숙종 21년은 봄, 가을 작황이 좋지 않아 오르기 시작한 곡가는 숙종 22년 봄에 이르러 400~600%나 급등하는 등 양식 부족 현상이 심각해져 갔다.

경신 대기근 때와 마찬가지로 자연재해(냉해)로 인한 기근의 발생, 전염병의 유행이라는 악순환이 계속 반복되면서 수많은 인명피해를 가져왔다. 숙종 21년(乙亥) 시작된 흉년은 이듬해 22년(丙子) 23년, 24년까지 지속되었다. 수년간 지속된 재난은 대기근으로 이어지고, 여기에 전염병까지 겹치면서 엄청난 사망자가 발생했다. 1695~1699년의 개략적인 내용은 다음과 같다.

숙종 21년 큰 흉년이 들었다. 봄 농사는 극심한 한발로, 가을 농사는 이상저온 탓에, 그해 한 해 농사는 모두 대흉년을 맞게 된 것이다. 이런 자연재해 상황에서 가을에 접어들면서 곡가가 평소보다 올랐고, 이듬해 봄에 다시 엄청나게 폭등했다. 전라도, 함경도를 비롯한 전국이 흉년을 면치 못했다. 수확해야 할 절기에 이미 굶어죽은 사람이 생겨나기 시작했다. 도성 내에도 걸인이 생기기 시작했다.

예상대로 숙종 22년의 기근은 심각했다. 숙종 21년은 봄, 가을 작황이 좋지 않아 오르기 시작한 곡가는 숙종 22년 봄에 이르러 4~6배나 뛰고, 식량 부족 현상은 심각해져 갔다. 봄부터는 전염병이 돌기 시작하여 전국에서 굶은 유랑자가 생겨났다. 숙종 22년 정월 이미 서울로 들어온 유랑민이 1만 명을 넘었고, 전국에는 각기 수만 명에서 수십만 명이라고 보고되었다. 경상도에서는 3월에 56만 명이라고 했는데, 5월에는 93만 명을 넘어섰다. 전국에는 도적이 들끓고, 도성 안에까지 명화적(明火賊)*이 일어나 민심은 흉흉해져 갔다. 흉년의 참상은 관서(關西: 평안도)가 가장 심각했다. 인육을 먹기도 했다.

숙종 23년에도 전국에 기근이 들었다. 함경도, 평안도, 경기, 충청도가 심각하여, 도성에 시체가 산더미처럼 쌓였다. 여기에 전염병이 겹쳐 함경도와 평안도에 염병 사망자가 1천 명에 이르고, 평안도에서는 보고된 사망자가 1만 명을 넘었다. 거듭되는 기근에 정상을 이탈한 갖가지 일들이 벌어졌다. 도적이 단순한 약탈을 넘어 사람을 죽이고, 굶주린 사람들이 사람고기를 먹기도 했다. 임시 매장한 시체를 캐어 그 살을 먹었으며, 평안도 용천의 여자 둘이 공모해 한 마을 여인을 살해한 후 그 고기를 먹기도 했다.

숙종 24년에도 재해는 잇따랐다. 경기와 충청도에서는 혹독한 재해로 수확할 작물이 없었다. 연이은 흉년으로 곡가는 급등하고, 조정은 죽어 가는 사람을 살리기 위해 청나라에서 곡식 3만 석을 들여왔다.

숙종 21년부터 시작되어 5년에 걸쳐 계속된 을병 대기근의 참상은 숙종 25년에 작성된 기묘 호적을 통해서도 알 수 있다. "병자년(숙종 22년) 처음으로 장적(帳籍)**을 만들기 시작했으나, 흉년으로 멈추었다가 숙종 25년에 와서 비로소 완성했다. 서울을 포함해 호수가 129만 3천 83호이고, 인구가 577만 2천 300명이었다. 계유년(숙종 19년)과 비교하면 호수는 25만 3천 391호, 인구는 141만 6천 274명이나 감소했다. 을해년 이후 기근과 역병이 참혹했기 때문이다."

불과 7년 만에 인구의 19.7%(호구 16.4% 감소)가 감소되었다. 당시 노비의 다수가 호적에 등재되지 않았을 것임을 예상한다면, 희생자의 예상 수치는 경신 기근을 넘어섰을 것이라는 추정이 가능하다. 기록적인 흉년에 뒤이은 전염병의 창궐은 숙종 25년을 기점으로 점차 소멸 추세에 들어섰다.

---

* 도심에서 밤에 불을 켜고 떼로 몰려와 도적질하는 무리.
** 국가가 백성들을 파악하고 조세를 부과하기 위해 조사, 작성하던 모든 종류의 문서를 지칭함.

17세기에는 지구의 평균기온이 섭씨 1도 정도 떨어지는 소빙기(小氷期)가 나타났다고 알려져 있다. 17~18세기에는 전 세계적으로 곳곳에서 기근과 역병이 휘몰아 인구를 앗아간 시기였다.

4
맺는 말

　생존의 기본은 식량이다. 국력의 자신감도 식량이 충분히 공급되는 자급자족의 기초 위에 서 있다. 지구상에 주권국가는 210개가 있고, 193개 나라가 유엔 회원국이며, 17개 국가는 아직 미가입 상태이다. 2016년 국제기구가 공동으로 발표한 보고서에 따르면, 세계 기아 문제에 많은 진전이 있었지만, 최소 52개 나라의 상황은 여전히 '심각' 혹은 '우려'의 식량 부족 수준이라는 것이다.

　2016년 FAO보고서는 영양부족 인구를 8억 1,500만 명으로 추계하고 있다. 기근의 주된 증가 원인은 전쟁과 국내분쟁, 가뭄 또는 홍수 등의 자연재해에 기인한다. 기아의 지속 상태는 영양 부족으로 이어지고, 성장 지연, 빈혈과 질병 유발 등 사회불안을 초래한다. 한국의 기아지수는 이미 산업화된 국가로 분류되어, 10점 이하로서 미국이나 일본과 같은 녹색 부분에 포함돼 있다. 북한은 기아지수 28.8점을 기록하여 전 세계에서 26번째로 기아 문제가 심각한 나라로 분류되고 있다.

　농업기술의 발전과 교통, 통신수단의 발달로 필요한 식량을 확보할 수 있게 되었다. 문제는 식량이 있더라도 특정 지역에 편재돼 있어, 분배가 제대로 이루어지지 않는다는 점이다. '빈곤'이 분배를 가로막고 있어서 20세기에도 기근은 없어지지 않았다. 20세기의 기근은 그 이전의 기근과 양상이 다르다. 1900년 이전에는 주로 흉작이나 재화(災禍) 때문에 기근이 생겼지만, 최근 100여 년 동안의 기근은 전쟁, 그리고 정치이념으로 인해 발생했다.

 가장 많은 사상자를 낸 1, 2차 세계대전을 통해 전쟁이 얼마나 참혹하고 비인간적인 기근을 유발하는지 볼 수 있었다. 1차 대전에서 군 사상자 약 1천만 명, 민간인 약 7백만 명, 부상자 약 2,100만 명, 실종 약 770만 명이었고, 2차 대전에서 사상자 5~7천만 명, 민간인 사상자(기아 질병 포함) 약 3,800~5,500백만 명이 죽은 것으로 집계되고 있다.

 소련 스탈린 시기의 우크라이나 홀로도모르 대기근(1932년), 중국 마오쩌둥의 인민공사를 통한 대약진 운동(1958~1962년)이 빚은 대기근, 그리고 북한의 주체농업을 주축으로 한 협동농장(1995~1997년)의 실패로 일어난 집단 아사는 모두 공산주의 이념을 실현하려는 과정에서 발생한 참사이다. 1932년 이후 30년마다 발생한 이 사건의 공통점은 공산사회주의에서 발생했고, 정치신념을 실현하려는 과정에서 일어났으며, 또 실정의 잘못을 숨기려고 정보를 엄격하게 통제하고, 재해나 다른 이유에서 기근이 발생한 것으로 포장해 왔다는 공통점을 가진다. 기근의 제일 큰 원인 중 하나가 공산주의 이론이 주장한 '농업 집단화'이다. 그것은 정치적 혼란 때문이 아니라, '정부의 전략' 때문에 발생했던 것이다. 사실상 수많은 주민을 굶겨 죽인 전략이 되어 버린 것이다.

 스탈린은 중화학공업을 중심으로 하는 고속 공업화를 중요한 정책이라고 여겼다. 그러나 당시 낙후한 국가였던 소련은 공업화를 위해 해외에서 기술과 설비를 수입할 돈이 없었다. 시베리아 유전지대를 발견하기 이전 소련은 세계 시장에서 팔리는 상품도 거의 없었다. 스탈린은 긴급히 수출할 만한 상품으로 곡물을 생각했고, 강제로 우크라이나 지역의 농민들을 도시로 강제 이주시켰다. 1930년 대규모 농업 집단화가 시작됐을 때, 농민들은 새로운 제도를 환영하지 않았다. 도시로 떠나지 않던 농촌의 약 2,500만 세대가 2, 3년 내로 집단농장이나 국영농장에서 집단 생활을 하도록 강요당했다. 이것이 집단농장 '콜호스' 조직의 시작이었다. 이에 필사적으로 반발, 저항하던 농민들은 소련군과 비밀경찰로부터 공격을 받고 체포되거나 사살되었다. 우크라이나 홀로도모르는 그렇게 시작되었다.

1958~1959년 마오쩌둥을 비롯한 중국 지도자들은 대약진 운동을 벌였다. 중국의 인민공사는 스탈린의 콜호스보다 더 극단적인 집단화 정책이었다. 대약진 운동의 목적은 나라를 급속도로 현대화하여, 10~15년 만에 세계에서 가장 유력한 국가로 만든다는 것이었다. 1960년 대규모 기근으로 엄청나게 많은 사람이 죽었다. 1959~1962년에 농업 집단화로 굶어죽은 사람은 2천만~3천만 명으로 추계되었다.

그러나 스탈린 정부처럼 마오쩌둥은 기근이 있다는 사실마저 인정하지 않았고, 외국 원조도 구하지 않았다. 그들에게는 공산당의 정당성이 수천만 명 농민들의 생명보다 더 중요했던 것이다. 1960년대 초 중국 정권은 대약진 운동을 조용히 철회했다. 몰수했던 농기구나 일상용품도 되돌려주었다. 그러나 1970년대 말 집단농장을 폐지할 때까지 중국 농민들은 어렵게 살아야 했다.

북한의 1990년대 대기근도 중국, 소련처럼 집단농업의 낮은 효율성과 닮아 있다. 중국과 베트남도 농업개혁을 통해 전통적인 개인농 중심으로 제도를 바꾸자, 만성적인 식량 결핍으로 고생하던 국민들에게 충분한 식량을 공급할 수 있었다. 북한은 이런 사실을 몰랐을까? 모를 리가 없다. 북한 정부는 개인농이 식량 문제를 쉽게 해결하는 제도임을 잘 알고 있지만, 이 방법을 적용하는 것이 지배층의 정치적 자살을 의미한다고 생각한 것이다. 따라서 중국식 개혁을 하지 않고, 정권의 안정을 위해 집단농업을 그대로 유지한 것이다. 북한의 방송 언론매체에서는 항상 100% 이상을 초과달성했다고 선전했다. 하지만 결과적으로 이미 1980년대부터 심해진 식량 위기는 1990년대 중반부터 대규모 기근으로 확대됐다. 이로 인해 수백만 명의 주민이 굶어죽었지만, 김정일 정권은 보장되었다. 소련, 중국, 북한에서 일어난 정치·전략적 기근은 3종 세트처럼 닮아 있다.

조선왕조의 크고 작은 기근 가운데 가장 치명적인 것은 경신·을병의 두 차례 대기근이었다. 전쟁이나 내란이 아닌 기상재해에 따른 전국적인 기근과 전염병으로 수백만 명이 굶어죽은 것이다. 경신 때에는 청나라에 곡물을 요청했다면 도입이 가능했음에도, 청(淸)을 오랑캐로 보고 자존심만 세우다가 실기를 한 것이다. 그러나 예송 논쟁(禮訟論爭)*은 당파 간 남인과 서인이 날을 세워 논쟁했던 것이다.

곤궁한 시절의 유산은 오늘날까지 이어지고 있는 말에서도 찾아볼 수 있다. '식사하셨어요?' '밥 먹었니?' '언제 식사 한 번 하지요.' '국물도 없다', '죽방을 날리다' 등의 용어가 그것들이다. 경신 대기근은 사회 전반에 큰 변화를 가져왔다. 첫째, 1678년(숙종) 최초의 법정 화폐인 상평통보를 발행하여 조세개혁의 기틀이 마련되었다. 대동법(大同法)을 실시해 특산품이나 각종 현물로 바치던 세금을 엽전이나 미곡으로 내도록 했다. 둘째는 벼농사에 있어 직파 방법에서 모내기 이앙 방법으로 발전, 확대되어 벼 수확량이 크게 증가했다. 이는 인구증가에 결정적인 기여를 하게 되었다. 셋째, 고루한 이상만을 추구하고 재난 극복이나 삶에 규제가 많은 성리학이 퇴조하고, 실학(實學)이 태동하게 된다. 그러나 앞날의 불안과 공포가 크게 만연한 당시의 사정으로 미신, 예언, 비기, 도참서, 미륵신앙 등이 크게 유행했다.

어느 나라에서나 기근은 '인륜'이나 '문화유산' 따위를 사치로 만든다. 먹기 위한 전쟁으로 식량 가격의 폭등, 도둑의 성행, 생명을 잇기 위한 초근목피의 식용, 끝으로는 인육을 먹고 가족 구성원을 파는 '인간시장'으로까지 진전되는 과정을 보였다. 식량이 부족하면 인간도 야생의 동물로 회귀하는 진행이 시작되었다.

한국의 2016년 식량 자급률은 23.8%에 불과하다. 곡물 도입량은 16,165천 톤, 금액으로 4,337백만 달러로 약 5조 원이나 된다. 옥수수, 밀, 콩의 수입이 주축을 이룬다. 평화를 구가하는 시기에 돈이 있으면 식량은 수입하면 된다는 말은 맞다. 그러나 전쟁, 무역마찰, 기타 요인이 발생할 경우

---

* 예송 논쟁은 2차례로서, 1차는 1659년 효종(孝宗)의 죽음에 대해 조 대비가 상복을 몇 년 입을 것인가를 두고, 서인은 1년 상(기년복)과 남인은 3년 상(삼년복)을 주장, 서인 1년 상이 채택되었다. 2차는 1674년 효종 비(妃)의 죽음에 대해 조 대비가 이번엔 몇 년의 상복을 입을 것인지를 두고 서인은 9개월, 남인은 1년 상(기년복)을 주장. 그중에서 남인 1년 상이 채택되었다(나무위키).

식량의 수출입은 자유롭지 않으며, 비교 우위의 무역 편익이 적용되지 않는다는 사실이다. 식량 부족이나 절량(絶糧)이 '핵폭탄'보다 더 무서운 무기라고 주장한다면 지나친 과장인가!

참고문헌

1. 김덕진, '대기근 조선을 뒤덮다', 푸른역사, 2014
2. 서완수, '북한의 농업 생산 기반과 식량 부족의 원인', 《북방농업연구 제40권 1호》, 북방농업연구소, 2016
3. 우승엽, 『대기근이 온다』, 처음북스, 2016
4. 이윤정, 김수도, 천준석, 우균, '백두산 화산재 피해 시나리오에 따른 강원도 지역 농작물의 경제적 피해 추정', 《한국 지구과학 학회지 34(6)》, 2013
5. Worldwideconcern, Welthungerhilfe, 'Global Hunger Index, IFPRI, 2016
6. Wikipedia the free encyclopedia
7. http://www.Worldwideconcern.net
8. http://www.welthungerhilfe.de
9. www.ifpri.org